みんなの生物学

中西敏昭 著

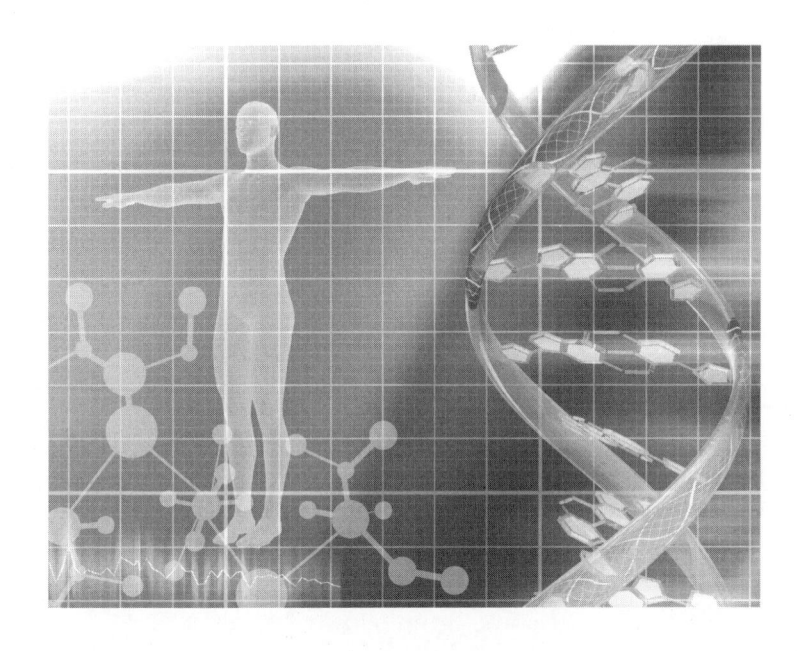

大学教育出版

はじめに

　現代はIT時代からバイオテクノロジーへの時代だといわれています。2003年には国際ヒトゲノム・プロジェクトによるヒトゲノム解読が行われ、ここには有用な遺伝子が数多く埋もれており宝の山といわれています。しかし、新しい科学技術は遺伝子治療、オーダーメイド医療などに利用できますが、営利目的にだけ利用すると大変に危険です。まさに「諸刃の剣」です。専門家だけに任せるのではなく、すべての人が常に考えていく必要があります。

　この分野の本は、なまじ専門家が書くと特定の分野が難しすぎたり、ある分野が簡単すぎたりする傾向があります。専門家でない方が、一般人と同じところに興味がある内容を書くことができると考えました。今までに学習した生物学の知識を整理し、身近な生物現象を日常生活との関連を図りながら理解し、食と生活、健康と病気、遺伝子とバイオテクノロジー、生物多様性と環境問題などを理解するための生物学の基礎知識を28講にまとめたみんなの生物学教本です。

　栄養、食物、看護、医療系の学生のテキストにとどまらず、一般教養科目の生物学などのテキスト、小中高等学校の教員向けの解説書、さらにもう一度生物学を学ぼうと考えている人たちの復習本として利用していただきたいと願っています。また、高校生物の教科書が新課程に移行し、遺伝子、免疫、環境などが「生物基礎」として取り上げられています。大学と高校との接続を円滑に進める参考書としても役立つと思います。

　最近の新聞、雑誌には、新型インフルエンザ、DNA鑑定、iPS細胞、環境問題、生物多様性など生物学、医学、生命科学などの話題が取り上げられています。現代社会で生きるために、それらの内容を理解し、活用できる力（リテラシー）を身につけていただく一助になれば幸いです。最後に、出版元の大学教育出版をはじめご協力をいただいた方々に心より感謝いたします。

2012年5月

中西敏昭

みんなの生物学

目　次

はじめに …………………………………………………………… i

第1講　永遠のテーマ「生命とは何か」 ………………………… 1
　　1. 宇宙のはじまり　*1*
　　2. 太陽系第3惑星～地球の誕生～　*2*
　　3. 海の誕生　*2*
　　4. 生命の芽生え　*3*
　　5. 生命に必要な3つの素材　*5*
　　6. 自然発生説とその否定　*6*

第2講　生命の最小単位；細胞 …………………………………… 8
　　1. 細胞の誕生　*11*
　　2. 真核細胞は原核細胞の共生体　*11*
　　3. 細胞小器官　*12*

第3講　生体をつくる物質 ………………………………………… 17
　　1. 生体をつくる物質～タンパク質～　*18*
　　　　1）アミノ酸　*18*
　　　　2）光学異性体　*19*
　　　　3）タンパク質の立体構造　*20*
　　2. 遺伝子の本体～核酸～　*22*
　　　　1）DNAの構造　*22*
　　　　2）シャルガフの塩基組成の分析　*24*
　　　　3）核酸・遺伝子に関連する研究　*24*
　　3. ATP（アデノシン三リン酸）　*26*

第4講　遺伝情報とDNA …………………………………………… 30
　　1.「DNA」「遺伝子」「ゲノム」「染色体」とは　*30*
　　2. DNAの構造　*31*
　　3. 遺伝子の本体はDNA　*32*

　　　　1）肺炎双球菌の実験　*32*
　　　　2）バクテリオファージの実験　*33*
　　4. DNAの複製〜半保存的複製〜　*34*
　　5. DNA複製のしくみ　*36*

第5講　遺伝情報の分配 …………………………………………………… *42*
　　1. 細胞はなぜ分裂するのか　*42*
　　2. 細胞周期　*43*
　　3. 染色体　*44*
　　4. 体細胞分裂と減数分裂　*44*

第6講　セントラルドグマ ………………………………………………… *48*
　　1. 遺伝暗号の解読　*48*
　　2. 転写（DNA → mRNA）　*50*
　　　　1）RNAポリメラーゼ　*51*
　　　　2）スプライシング　*52*
　　3. 翻訳（mRNA → タンパク質）　*53*
　　　　1）リボソームとrRNA、tRNA　*53*
　　　　2）翻訳の過程　*55*
　　　　3）タンパク質の行方　*56*

第7講　遺伝情報の調節 …………………………………………………… *58*
　　1. 一遺伝子一酵素説　*58*
　　2. オペロン説　*59*
　　3. ホメオティック遺伝子　*61*
　　4. がん遺伝子とがん抑制遺伝子　*62*
　　5. DNA修復のしくみ　*64*
　　　　1）複製時の修復　*64*
　　　　2）ミスマッチの修復　*64*
　　　　3）傷の修復　*64*

第8講 バイオテクノロジー …… 66
1. PCR法（ポリメラーゼ連鎖反応法） *66*
2. DNAシークエンシング～DNA塩基配列の決定法～ *67*
3. 遺伝子組換え *69*
4. 細胞融合 *72*
5. クローン動物 *73*
6. iPS細胞と再生医療 *74*
    1) 幹細胞 *75*
    2) ES細胞 *75*
    3) iPS細胞 *76*
7. 遺伝子診断 *76*

第9講 生物の体内環境 …… 80
1. 血液の組成と働き *81*
2. 酸素解離曲線 *82*
3. 心臓～命のポンプ～ *85*
4. 体循環と肺循環 *87*
5. 血液凝固 *87*

第10講 肝腎な話 …… 91
1. 肝臓～沈黙の臓器～ *91*
2. 腎臓～浄化装置～ *92*
    1) ヒトの血しょうと尿の成分比較 *94*
    2) イヌリンで原尿の量を計算する方法 *94*
    3) クリアランス *95*
    4) グルコースのろ過と再吸収 *95*

第11講 ホルモンによる調節 …… 99
1. インスリン発見の歴史的実験 *100*
2. ヒトの主な内分泌腺とホルモンの働き *101*

3. フィードバック調節　*103*
　　　　1）甲状腺ホルモン（チロキシン）のフィードバック阻害　*103*
　　　　2）性周期のしくみ　*104*

第12講　自律神経とホルモン …………………………………… *107*
　　1. ヒトの神経系　*107*
　　2. 自律神経系　*108*
　　3. 血糖量の調節　*110*
　　　　1）内分泌系による調節　*110*
　　　　2）神経系による調節　*111*
　　4. 肥満遺伝子　*112*

第13講　免疫 …………………………………………………… *117*
　　1. 白血球（顆粒球とリンパ球）　*117*
　　2. いろいろなリンパ球　*119*
　　3. 免疫器官　*120*
　　4. 獲得免疫のしくみ　*122*
　　　　1）抗体　*122*
　　　　2）体液性免疫　*124*
　　　　3）細胞性免疫　*124*
　　　　4）ネズミの皮膚移植実験　*125*
　　　　5）血液型と凝集反応　*126*

第14講　病気と免疫 …………………………………………… *129*
　　1. 過剰防衛　*129*
　　　　1）花粉症　*129*
　　　　2）食物アレルギー　*130*
　　　　3）アレルギーマーチ　*131*
　　2. 無防備　*131*
　　3. 自己攻撃反応　*133*

1）全身性エリテマトーデス　*133*

　　2）関節リウマチ　*134*

　　3）重症筋無力症　*134*

　4. ワクチン　*134*

　　1）新型インフルエンザ　*134*

　　2）癌　*136*

　5. 植物の病気　*136*

第15講　代謝と酵素 ………………………………………………… *139*

　1. 酵素（生体触媒）　*140*

　2. 基質特異性　*144*

　3. 最適温度・最適pH　*144*

　4. 酵素反応　*145*

　5. アロステリック酵素　*147*

第16講　呼吸 ………………………………………………………… *151*

　1. 呼吸　*151*

　2. 解糖系　*152*

　　1）アルコール発酵　*152*

　　2）乳酸発酵　*153*

　　3）呼吸（解糖系＋クエン酸回路＋電子伝達系）　*154*

　　4）解糖系の自由エネルギーの変化　*155*

　3. クエン酸回路（TCA回路、クレブス回路）　*157*

　4. 電子伝達系　*158*

　5. ネガティブフィードバックとポジティブフィードバック　*160*

第17講　栄養素の代謝 ……………………………………………… *163*

　1. 三大栄養素の消化のしくみ　*163*

　2. 呼吸商　*164*

　3. 呼吸商の実験　*165*

  4. β酸化　*166*
  5. 糖新生　*167*

第18講　光合成（炭酸同化）　……………………………………… *169*
  1. クロロフィル（葉緑素）　*170*
  2. 光合成研究の歴史　*171*
  3. 明反応　*173*
  4. 暗反応〜カルビン・ベンソン回路〜　*175*
  5. 窒素同化　*176*

第19講　有性生殖と遺伝　………………………………………… *179*
  1. 受精　*179*
  2. 有性生殖と減数分裂　*180*
  3. 連鎖と組換え　*180*
  4. 伴性遺伝　*183*
  5. 動物の配偶子の形成　*185*

第20講　動物の発生　……………………………………………… *188*
  1. 発生と進化　*188*
  2. 発生のしくみ　*190*
   1）細胞質の働き　*190*
   2）核の働き　*192*
  3. シュペーマンの実験　*193*
   1）原腸胚の交換移植　*194*
   2）原口背唇の移植　*194*
  4. ニワトリの前肢の形成　*196*
  5. アポトーシス　*197*

第21講　植物の発生 ……………………………………… 199

1. 花の構造　*199*
2. 重複受精　*201*
3. 不思議な植物の器官　*202*
   1）サツマイモは根？　ジャガイモは茎？　*203*
   2）葉のつき方と数学　*203*
   3）サボテンのトゲとウツボカズラの捕虫葉　*205*
4. シロイヌナズナの ABC モデル　*206*

第22講　神経 ……………………………………………… 209

1. ニューロン　*210*
2. 興奮の伝導　*210*
   1）伝導のしくみ　*211*
   2）跳躍伝導　*214*
   3）全か無かの法則　*214*
3. 興奮の伝達のしくみ　*215*

第23講　脳と心 …………………………………………… 218

1. 脳の進化　*218*
   1）脊椎動物は中央集権的な神経系　*219*
   2）ヒトの脳　*220*
2. 脳と心　*222*
   1）扁桃体　*222*
   2）海馬　*222*
   3）PTSD（心的外傷後ストレス障害）　*223*
3. 男の脳と女の脳　*224*
4. 夢多き人生は健康の証拠　*225*
5. 脳と食べ物　*226*
6. 脳と病気　*229*
   1）アルツハイマー病（アルツハイマー型認知症）　*229*
   2）パーキンソン病　*229*

第24講　受容器（目と耳） ……………………………………… *231*

1. 目　*231*
    1）視細胞の種類　*232*
    2）遠近調節のしくみ　*234*
    3）明順応と暗順応　*234*
    4）視交叉　*235*
2. 耳（聴覚、平衡覚）　*237*
    1）うずまき管　*238*
    2）半規管（三半規管）　*238*
    3）前庭　*239*
3. 味覚　*239*

第25講　効果器（筋肉） ………………………………………… *241*

1. 筋肉　*241*
2. 骨格筋の収縮実験　*242*
3. 筋収縮のエネルギー　*243*
4. 筋肉の構造　*244*
5. 筋収縮のしくみ　*246*
6. 筋肉痛　*247*

第26講　生物の環境応答 ………………………………………… *249*

1. 動物の行動　*249*
    1）ゴキブリの行動　*249*
    2）ミツバチの行動　*250*
    3）アメフラシの行動　*252*
    4）利己的遺伝子　*254*
    5）ハーローの実験　*256*
    6）刷り込み（インプリンティング）　*256*
2. 植物の環境応答　*258*
    1）植物ホルモン　*259*

2）植物の光受容体～フィトクロム、クリプトクロム、フォトトロピン～　*259*

第27講　生物の進化と多様性 …………………………………………… *264*
　1. 進化のビッグバン～カンブリア爆発～　*264*
　　　1）奇妙なバージェス動物群　*265*
　　　2）遺伝子の爆発　*266*
　2. 植物の進化　*267*
　　　1）植物の陸生化～乾燥への適応～　*268*
　　　2）きれいな花に滅ばされた恐竜　*268*
　　　3）花の戦略と昆虫の戦略～花と昆虫の共進化～　*269*
　3. 進化とそのしくみ　*270*
　　　1）進化の証拠　*270*
　　　2）自然選択説　*270*
　　　3）中立説　*271*
　4. ハーディ・ワインベルグの法則　*272*

第28講　生態系と生物多様性 …………………………………………… *274*
　1. エコロジー　*275*
　2. 環境問題　*279*
　　　1）地球温暖化　*279*
　　　2）大気汚染や酸性雨の原因物質～NOx、SOx～　*282*
　3. 生物多様性　*283*
　　　1）生物の絶滅　*284*
　　　2）生物多様性の保護　*285*
　4. 人は地球の救世主か？　*286*

資　料　季節の話題 ……………………………………………………………… *293*

参考文献 ………………………………………………………………………………… *304*

索　引 …………………………………………………………………………………… *305*

みんなの生物学

第1講

永遠のテーマ「生命とは何か」

　生物の体はタンパク質などの有機物からできている。有機物は植物の光合成などによって無機物である水と二酸化炭素からつくられる。つまり、有機物は生物しか作り出すことができない。では、生物はどのようにして誕生したのか。有機物が先か、生物が先か。この問いは卵が先か、ニワトリが先かの関係と同じである。

　どうして生物が地球上に誕生したのかという問いには、どのようにして地球が生まれたのかという問いを考えなければない。かつて生命の種は宇宙からやってきたという生命天来説（パンスペルミア説）があった。確かに、一昼夜に1億個の隕石が流れ星となって降ってくる。その隕石に花粉のような細胞そっくりの構造が見つかったとか、培養すると増えたという報告があったからである。今日、隕石中に有機物が検出されているのは事実である。それが、生物に由来するかどうかは別にして、生命の起源を探る重要な手がかりである。

1. 宇宙のはじまり

　今から150億年前のぎらぎら輝いていたであろう巨大な光の海（エネルギーのかたまり）から宇宙が誕生した。その中は物質すら形をなさないほどの高温であったと考えられる。このエネルギーがビッグバンとよばれる大爆発をおこし、四方八方に飛び散り、宇宙は真っ暗な闇の時代をむかえた。やがて、エネルギーが分散したために温度が下がり、この宇宙空間に初めて最も軽い分子の水素ガスが現れた。さらに、水素と水素が融合してヘリウムガスを生じるなど、少しずついろいろな物質ができてきたと考えられる。これらの物質は宇宙の塵としてただよっていたが、おたがいに引き合い（万有引力など）、少しずつ大きくなり太

陽などの星が誕生した。再び、宇宙はあちらこちらで星の輝きがみられるようになった。

2. 太陽系第３惑星〜地球の誕生〜

太陽の周りをまわる宇宙塵(うちゅうじん)は、おたがいに集まり、大きな塊をつくった。そのうちの太陽から数えて３番目の惑星が地球で、およそ46億年前に誕生した。「塵も積もれば地球になった？」といえるかもしれない。

誕生直後の地球は宇宙からさまざまな大きさの微惑星が落下し、衝突のエネルギーは地球の原始大気をつくりだした。その主な成分は二酸化炭素や水蒸気であったと考えられている。原始地球では、はるかに高温で活発に火山活動も行われ、厚い雲におおわれていたが、少しずつ冷えて、大量の雨が降り、くぼんだところに海が誕生した。

3. 海の誕生

地球が冷えるにしたがって、原始地球の厚い雲から何日も何日も雨が降り続いた。ノアの箱船という洪水伝説のような豪雨であったと考えられる。地上に降った雨は川となり、一つとなって大きな海が誕生した。やがて、厚い雲をつくっていた水蒸気が雨として地上に降り注ぐことによって、雨は止み、空は晴れあがった。

原始の海は、火山活動によってできた亜硫酸ガスなどが溶け込んだために酸性化していた。そのため、海底の岩石から鉄などの金属イオンが溶け出した。また、大気中の二酸化炭素も海に吸収された。

太陽系の８つの惑星（水星、金星、地球、火星、木星、土星、天王星、海王星）のうち海をもつのは地球だけである。太陽からの適当な距離と、ほどよい大きさが地球という水の惑星を生み出した。水は温まりにくく冷めにくいので、温度変化が少なくてすむ。生命維持の環境としてふさわしい物質である。

『海よ
　ぼくらの使う文字では
　お前のなかに母がある
　そして

母よ
　フランス人のことばでは
　あなたのなかに
　海がある』　（三好達治）

日本語の「海」は「生む」から、フランス語の母（mere）と海（mer）は同じ発音「メール」である。

　生命は海で誕生したといわれる。原始の海は、地上に降り注いだ強い紫外線から生まれたばかりの生命を守り、穏やかな環境で生命を包み込んだ。胎児は羊水とよばれる水の中で育まれ生まれてくる。羊水に含まれているナトリウムイオン、カリウムイオンなどの成分と海水の成分がよく似ている。胎児が体内で羊水に浸って発生するのも原始の海で生まれた生命を連想させる。

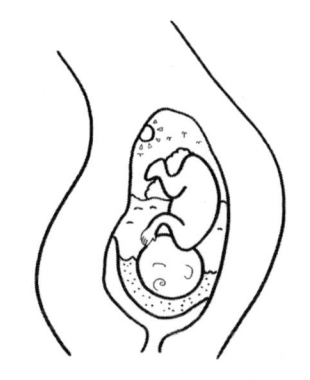

4. 生命の芽生え

　地球は46億年前に誕生した。生命誕生は40億年前、恐竜の全盛時代は1.5億年前、現生人類は5万年前に現れた。図1-1のような46億年の地球の歴史を1年に短縮しカレンダーにしてみると、1月1日に地球が誕生し、最初の生命は2月18日、恐竜は12月19日に全盛時代を迎え、現生人類は12月31日午後11時54分に現れたことになる。

図1-1　生命の歴史

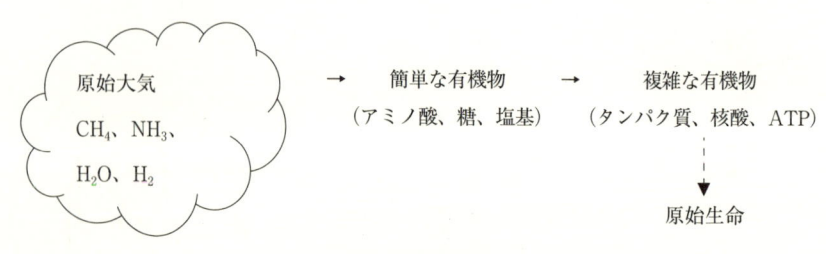

```
原始大気
CH₄、NH₃、    →  簡単な有機物      →  複雑な有機物
H₂O、H₂          (アミノ酸、糖、塩基)   (タンパク質、核酸、ATP)
                                                    ↓
                                                  原始生命
```

図1-2　生命誕生

このカレンダーによると、生命誕生までに約50日が費やされたことになる。この長い時間をかけて生命の素材作りが行われ、生物の進化が始まった。人類の歴史は、わずか6分間にすぎない。

オパーリン（ロシア）は、生命は図1-2のような段階を経て誕生すると考えた。原始大気中でメタン（CH_4）、アンモニア（NH_3）などがエネルギーを得て反応し、簡単な有機物のアミノ酸、糖や塩基がつくられた。さらに生じた簡単な有機物はタンパク質、核酸などの複雑な有機物となり海は栄養豊かなスープとなった。このスープの海でタンパク質や核酸などをいろいろな割合で含んだコアセルベート（coacervate 液滴）が生じ、今日の生物と同じような有機物の成分と割合をもったコアセルベートが最初の生命へ転化したというものである。このコアセルベート説は有機物が生物なしに生じるとは当時考えられていなかったので受け入れられなかった。

それから約20年後、1953年にミラー（アメリカ）はメタン、アンモニアなどを含んだガスに放電することによって、グリシンなどのアミノ酸や塩基が生じることを証明した（図1-3）。因みに、同じ年にはワトソン＆クリックによるDNAの二重らせん構造（double helix structure）も発表されている（p.31）。

ミラーの実験における原始大気は、木星の大気をモデルにしていたが、現在、原始大気は水蒸気と二酸化炭素を主成分とし、ごく僅かにメタンやアンモニアも含まれていたと考えられている。この状態では、ア

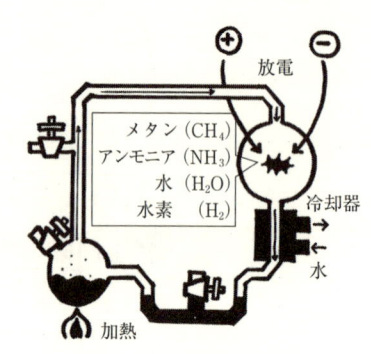

図1-3　ミラーの実験

ミノ酸が生じることはほとんどないといわれている。

　生命の素材はどのようにして生成したのだろうか。隕石を調べるとアミノ酸や塩基があり、星間雲にもこのような反応によってできた有機物が浮遊している。つまり天災の前兆とされた彗星が生命にとって大切な物質の運び屋であると考えられるようになった。また、海底火山の噴出し口（熱水噴出孔）には2メートル以上のチューブワーム（ハオリムシ；ミミズの仲間）やシロウリガイなどが数多く生息している。熱水噴出孔付近にはミラーが実験に用いたガスが存在しているため、ここが生命の誕生した場所とも考えられる。

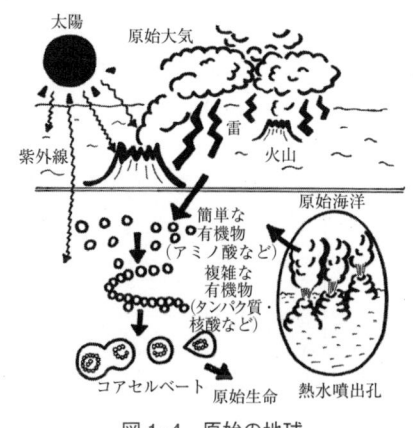

図1-4　原始の地球

　なお、原始大気中には現在の大気の20%を占める酸素（O_2）がなかったことが、生命誕生に幸いしたと考えられている。もし、酸素があれば生じた有機物は直後に分解され、複雑な有機物へと変化しなかっただろう。また、酸素がなかったため上空にオゾン（O_3）層がなく、強い紫外線が地上の奥深くまで降り注ぎ有機物合成のエネルギー源となることができたと考えられる。

5. 生命に必要な3つの素材

　生物にとって不可欠な3つの物質とは、生体を構成するタンパク質（protein）、生命の設計図である遺伝子としてのDNA（deoxyribonucleic acid）、生命活動のエネルギーを含んだ物質ATP（adenosine tri-phosphate；アデノシン三リン酸）である。それぞれの物質についての詳細は第2講「生体をつくる物質」に記している。

　ウイルス（virus）、ウイロイド（viroid；1971年、ジャガイモの病気から見つかった）、プリオン（prion）は、生物の定義にあてはまらないかもしれないが、細胞に侵入すると、自己増殖することができる。これらは、生物が必ずもつ3つの物質のうちの何かをもっていない。ウイルスはタンパク質の下着を着ている

が、ウイロイドは下着なしの丸裸。プリオンはタンパク質のみで、狂牛病、クールー病、クロイツフェルト・ヤコブ病の原因となる。あまりにも小さいため免疫機構の網をすり抜けてしまう。これらをまとめると表1-1のようになる。

表1-1　生体をつくる物質の比較

	プリオン	ウイロイド	ウイルス	生物
タンパク質	○	×	○	○
酵素	×	×	×	○
核酸	×	RNA	DNAかRNA	DNAとRNA
ATP	×	×	×	○

コラム　プリオンとBSE

　2001年9月、国内でBSE（Bovine Spongiform Encephalopathy; 牛海綿状脳症、狂牛病）が発生した。症状は脳がスポンジ状になり、やがて立つこともできなくなって死んでしまう。似たような病気はヒツジ（スクレイピー病）やヒト（クールー病、クロイツフェルト・ヤコブ病）などで確認されている。その原因がタンパク質でできたプリオンである。プリオンタンパク質（正常型PrP）はもともとウシやヒトに含まれているが、異常型のPrPに出会うと、異常型PrPに変化する。この異常型PrPの蓄積によって発症する。この異常型PrPは熱処理や化学処理に強く、種の壁を越えて正常型を異常型に変えてしまう。つまり、ウシの異常型PrPがヒトの正常型を異常型に変えて発症することになる。植食性のウシに肉骨粉などの動物性の飼料を与えたことが原因ではないかといわれている。

6. 自然発生説とその否定

　生物が自然に生まれるという自然発生説は世界各地に残っている。古くはギリシャのアリストテレスが「エビやウナギが汚泥から生まれ、昆虫は草の露から生まれる」と説いた。また、中国では、「雀は海に落ちると蛤になる」、日本全国には「蛇は蛸になる」やアイヌの伝説では「柳の葉がシシャモになる」などという話がある。ヨーロッパの中世ではガチョウやヒツジが実る木があるという話もあった（図1-5）。

　17世紀、ファン・ヘルモント（ベルギー）は、汚れたシャツとコムギからネズミができることを実験で明らかにしたと説いた。自然発生説が信じられてい

た時代では、とんでもない考えがまかり通っていた。さすがに自然科学の進展によってネズミやガチョウが自然に発生するとは信じられなくなったが、「ウジがわく」「ボウフラがわく」などの表現にみられるように下等な生物は自然発生するという考えは否定されなかった。ところが、パスツール（フランス）は、白鳥の首のフラスコを用いて細菌でさえ、「親がいないと子どもは生まれない」ことを証明した（1861年）。

パスツールによって「播かぬ種は生えぬ」と古い自然発生説は否定されたが、生命が完全に自然発生しないということではない。この地球が生命の故郷であるとすれば、どこかで自然発生したはずである。

図1-5　ガチョウのなる樹

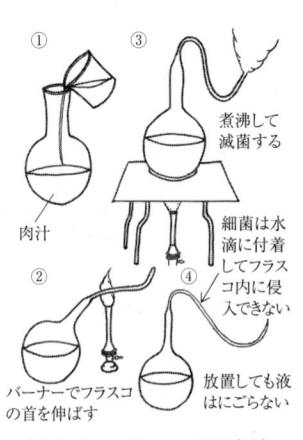

図1-6　パスツールの実験

【確認テスト】
① 生命の起源に関する次の設問に答えよ。

問1　原始大気の組成を考慮し、無機物から有機物が自然にできることを証明した人は誰か。
問2　生命は今から何億年前に誕生したと考えられているか。
問3　火花放電は原始地球の雷を仮定したものであるが、無機物から有機物を生じるエネルギーとして他にどのようなものが考えられるか。代表的なものを2つ答えよ。
問4　地球上の生物が共通に持っている主要な物質を3つ答えよ。

第2講

生命の最小単位；細胞

　地球上の生物はおよそ170万種類、実際には1000万種類にも及ぶといわれている。それらの生物が細胞からなるという**細胞説**（cell theory）はシュライデン（ドイツ）、シュワン（ドイツ）などによって提唱された（1938、1939年）。17世紀中頃、細胞を最初に顕微鏡を使って観察したのがロバート・フック（イギリス）である。フックが見たのはコルクの細胞切片で小さな穴が無数に空いていた。この穴をセル（cell、ラテン語のcellua；小部屋に由来）と名づけた。その後、レーウェンフック（オランダ）は約200倍の単レンズ顕微鏡をつくり細胞を観察した。

　細胞にもダチョウの卵細胞のような約10cmの大きなものから大腸菌のような0.003mm（3μm）の小さなものまで様々である。ヒトは平均10μmで約60兆個、およそ300種類の細胞からできている（図2-2）。

図2-1　ロバート・フックの顕微鏡

赤血球　　白血球（好中球）

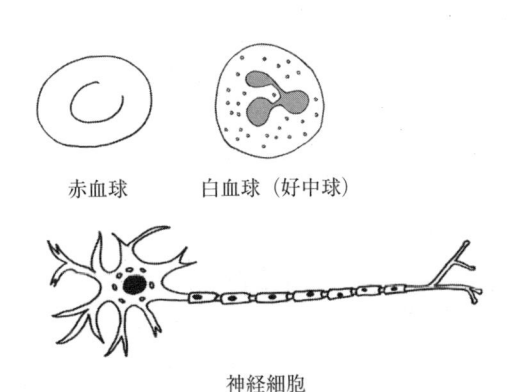

神経細胞　　　　　　　　　　プルキンエ細胞（小脳）

筋細胞（筋線維）

図2-2　ヒトのいろいろな細胞

【参考実験】　　「どこでも顕微鏡」をつくろう

　原理は、オランダのレーウェンフックがつくった単レンズ顕微鏡（半径1mmのガラス玉（レンズ）を2枚の金属板ではさんで、試料を針の先につけてネジで調節するもの）と同じです。いつでもどこでも見ることができるので、「どこでも顕微鏡」と名づけました。

【材料】ガラスビーズ No.2、黒いアクリルシート（20mm×70mm）、透明アクリルシート（26mm×75mm、スライドガラスでも可）、セロハンテープ、押しピン

【方法】

① 黒いアクリルシート（20mm×70mm）の中央に押しピンで穴をあけます。
② ガラスビーズ玉を①の穴に入れてセロハンテープでとめます。
③ アクリルシートの両端をおりまげると、顕微鏡の完成です。

④ 透明なアクリルシートに花粉などの試料（見るもの）をのせて、その上に「どこでも顕微鏡」をおき、指で押しながらピントを合わせて観察します。

※ 絶対に太陽を見てはなりません。

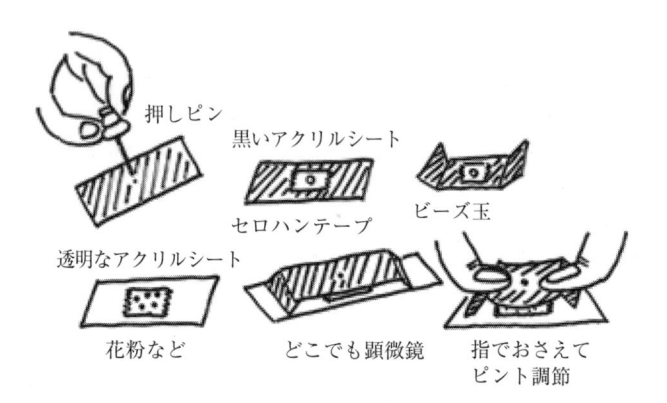

押しピン
黒いアクリルシート
セロハンテープ
ビーズ玉
透明なアクリルシート
花粉など
どこでも顕微鏡
指でおさえてピント調節

【参考】

何倍に見えるかを計算しましょう。物を近くにもってくるとだんだん大きく見えます。物の大きさは距離に反比例して大きくなります。しかし、250mm 以上近づけると焦点を合わせることができません。これが限界です。

倍率は、　250／レンズの焦点距離　で計算します。レンズの焦点距離（f）は

$$f = \frac{n}{2(n-1)} \times 1$$

f：レンズの焦点距離
n：屈折率（ガラスは約 1.5）
r：ガラス玉の半径（mm）

ガラス玉の半径 1mm とすると、

$$f = \frac{1.5}{2(1.5-1)} \times 1 = 1.5$$

レンズの倍率＝250/1.5＝167（倍）　約 170 倍に拡大されて見えることになります。

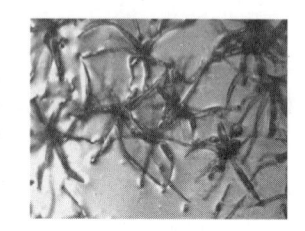

アカメガシワ

アカメガシワの葉の赤い星状毛

1. 細胞の誕生

世界のどの研究機関も生命を誕生させていないので、細胞がどのようにして誕生したのかは分からない。しかし、地球上のすべての生物の体をつくるタンパク質がすべて光学異性体のL型アミノ酸（p.19）からできているということは、最初の生命をつくったアミノ酸が偶然にL型であったということ以外に説明はできない。つまり、祖先はひとつと考えられる。

高等生物の細胞には核（nucleus）という構造がある。このような細胞は真核細胞（eucaryotic cell）という。一方、細菌やシアノバクテリアのように核をもたない細胞は原核細胞（procaryotic cell）とよんでいる。細胞内にある構造を細胞小器官（organelle）というが、代表的なものは核、ミトコンドリア、葉緑体、ゴルジ体、中心体などがある。原核細胞は細胞膜や細胞壁はあるが、核をはじめ他の構造はすべてもっていない。核がないから遺伝子がないのではなく、遺伝子を守る仕切りがないということである。

原核生物では、タンパク質・核酸・ATPの合成など、すべての反応が細胞膜で囲まれた細胞内で行われる。これはかなり効率が悪いので、真核細胞では、呼吸はミトコンドリアという囲いの中で、光合成は葉緑体という囲いの中で反応が起こる。このように、様々な反応が同じ場で起こるのではなく、呼吸の場、光合成の場といった小さく囲まれた場で起こる方が、混乱がなくスムーズに反応を行うことができるためと考えられる。

2. 真核細胞は原核細胞の共生体

およそ35億年前のオーストラリアの地層からシアノバクテリア（*Cyanobacteria*）によく似た化石が見つかっている。また、21億年前の地層からグリパニア（*Grypania*）という真核生物の化石が見つかっている。これ以前の微化石は原核生物だから、この頃に原核生物から真核生物が誕生したと考えられる。この進化には、シアノバクテリアが光合成によって生産した酸素が大きく関係している。細菌による光合成は硫化水素（H_2S）を分解して得た水素を二酸化炭素に付加していた。その後、H_2Sの代わりに水（H_2O）を分解して光合成をするバクテリアが現れた。これがシアノバクテリアの直接の祖先である。シアノバクテリアの出す粘液は砂粒と混じって枕状の堆積物をつくった。これはストロマトライトとよば

れ、いまもオーストラリアの西海岸でみられる。

　酸素は物質を酸化分解する有毒なガスである。そのため、多くの原核生物は殺菌されたと考えられる。しかし、現在でも地表の酸素の毒をさけて地下深くに退避した原始生物の名残の細菌がいる。一方、この酸素の酸化力を有効に利用した生物が好気性細菌である。一部は原始細胞に取り込まれてミトコンドリアになったと考えられている。原始生物は原核生物であり嫌気性であったが、図2-3に示すように相反する嫌気性生物と好気性細菌の共生から新しい生物（真核生物）が進化した。真核細胞が老化するのは、時間がたつにつれて相反する生命体の折り合いがつかなくなることが原因かもしれない。なお、ミトコンドリアは卵に多く含まれ母系遺伝をする。高等生物（真核生物）が行う受精は、ミトコンドリアを多く含む卵とミトコンドリアがほとんどない精子の合体であり、かつての共生の再現とも考えられる。

3. 細胞小器官

　ミトコンドリアはかつての好気性細菌が共生したものであるが、葉緑体もシアノバクテリアが共生して植物細胞が誕生したといわれている。ミトコンドリアと葉緑体には、核とは別のDNAがあり、またタンパク質合成工場であるリボソームをもち、その大きさがともに細胞のもつリボソームより小さく、原核生物のそ

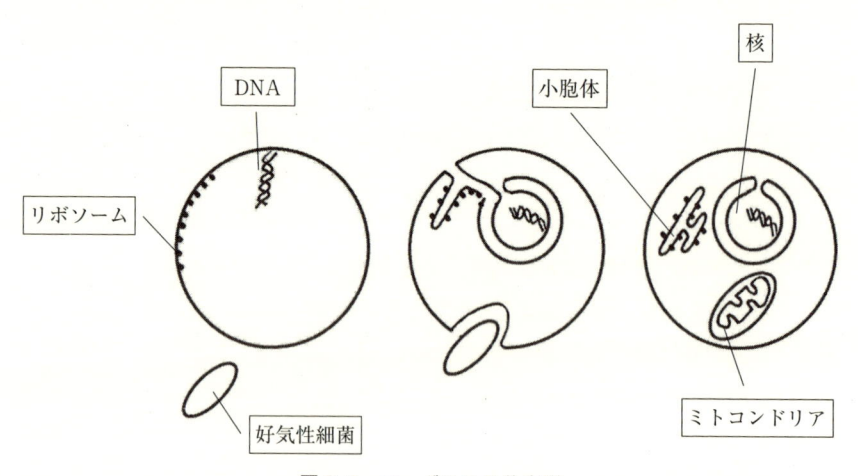

図2-3　マーグリスの共生説

れと同じであることが共生の根拠となる。さらに、内外二重の膜で包まれているという特徴があるが、図2-3のように細胞に取り込まれたためであると考えると説明できる。また、核も二重膜であるが、細胞膜に付着していたDNAが細胞膜に包みこまれたと考えられる。その際、膜に付着していたリボソームが付いた小胞体が粗面小胞体とよばれ、付いていないものが滑面小胞体とよばれている。

① 細胞膜（cell membrane）

細胞膜は単なる袋ではない。**半透性**（semipermeability；例えば、砂糖水（溶液）の水（溶媒）は通すが砂糖（溶質）は通さない性質）をもち、特定の物質のみを通したりする**選択的透過性**（selective permeability）をもっている。さらに、Na^+、K^+、Ca^{2+}、グルコース、アミノ酸などをATPのエネルギーを使って濃度差に逆らって輸送する**能動輸送**（active transport）などがある。

細胞膜はリン脂質とタンパク質からなり、リン脂質は親水性と疎水性という相反する性質をもつ。これが細胞膜の構造をつくる上で重要な要因となっている。なお、細胞膜が液体を取り込むことを飲作用（pinocytosis）、固体を取り込むことを食作用（phagocytosis）という。

② 核（nucleus）

二重膜の**核膜**（nuclear membrane）で覆われており、通常1個（横紋筋、肝臓は多核）存在する。核膜には細胞質との間で物質が出入りする**核膜孔**（nuclear pore）がある。核内には色素で染まる染色体がある。また、タンパク質合成工場のリボソームをつくる原料のRNAが含まれる**核小体**（nucleolus）がある。アメーバの切断実験では、無核片の細胞は死ぬので、核が生命活動に重要な働きをもつことがわかる。なお、酸素の毒性からDNAを守るために、あるいはタンパク質を不必要につくり続けないようにDNAをリボソームから遠ざけるために核が生じたという考えなどがある。

③ ミトコンドリア（mitochondria）

呼吸によるATP生産工場である。核のDNAとは異なる独自のDNAをもつなど、かつての好気性細菌が細胞に共生したと考えられる。ミトとは「糸状」、コンドリアは「粒」というラテン語からきている。ミトコンドリアは図2-4のように二重の膜で覆われており、内膜はひだ状のクリステとよばれる構造をもつ。

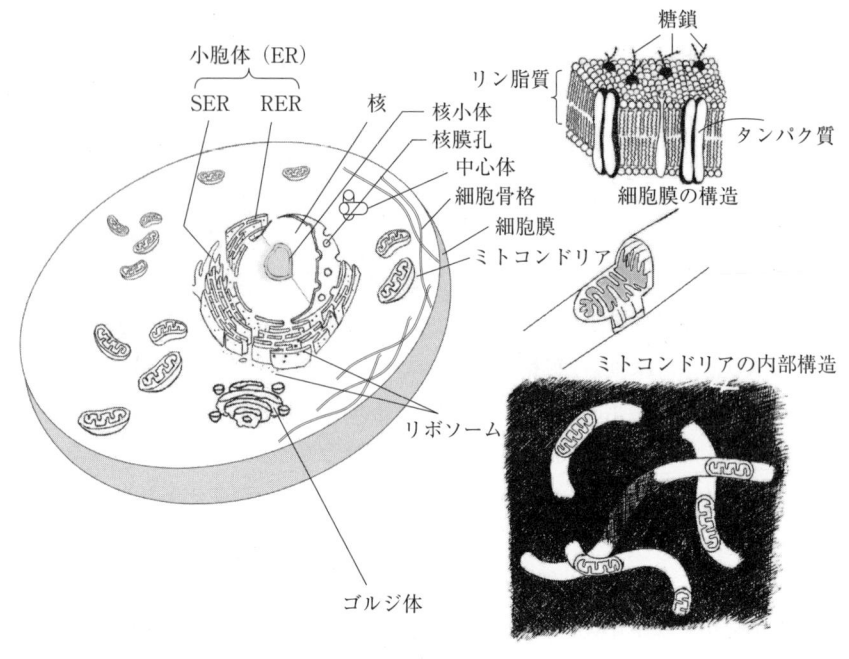

図2-4 細胞の構造

内膜で囲まれた部分をマトリックスという。
　④　葉緑体（chloroplast）
　光合成の場で、シアノバクテリアが細胞に共生したものと考えられる。二重膜をもち、内膜はコインを重ねたようなグラナとよばれる層状構造がある。この中にクロロフィル（葉緑素）などの同化色素が含まれている。それ以外の部分はストロマとよばれ、独自のDNAやリボソームが含まれている（p.170）。
　⑤　小胞体（ER；endoplasmic reticulum）
　配送センターであるゴルジ体にタンパク質を輸送する。核膜とつながり、袋状や筒状の構造をもち、核の周りに何重にも層をつくる。表面にリボソームが付着した粗面小胞体（RER；rough endoplasmic reticulum）は袋状の平たい構造であるが、付着していない滑面小胞体（SER；smooth endoplasmic reticulum）は筒状構造をもつ。SERはリン脂質の合成などに関与している。

⑥　ゴルジ体（Golgi body）

平たい袋状の構造をもち、タンパク質などの物質の配送センターである。すい臓などの分泌の盛んな細胞で発達している。小胞体から運ばれてきた輸送小胞内の物質は、ゴルジ体の内部で、仕分けされてから配送される。

⑦　細胞骨格（cytoskelton）

細胞小器官の間を**細胞質基質**（cytoplasmic matrix）というが、この部分は単なる水溶液ではなく、細胞骨格という構造が存在し、細胞の形の保持、細胞分裂のときの染色体の移動に関係する。骨格のような硬いものではなく、タンパク質の繊維からできている。ⓐアクチン繊維（直径7nm）、ⓑ微小管（直径25nm）、ⓒ中間径繊維（直径10nm）の3種類がある。

ⓐアクチン繊維は細胞膜のすぐ近くにある網目状の構造で、細胞膜を安定化したり、細胞膜にあるタンパク質をつなぎとめたりしている。原形質流動、アメーバ運動、細胞質分裂に関与する。筋細胞ではとくに多く、ミオシン繊維とともに筋収縮を行う。ⓑ微小管は、チューブリンダイマー（チューブリン二量体）が13個で1周する構造がつながる管状繊維である。細胞分裂時の染色体はこの微小管からなる中心体の線路を滑って移動する。また、ダイニンやキネシンのようなモータータンパク質は微小管の線路を滑って、細胞小器官や小胞（膜の一部がちぎれてできた小さな袋）などを移動させる。ⓒ中間径繊維はⓐとⓑの中間の太さである。主に細胞や核の形を保持する働きをもつ。

【確認テスト】
[1]　次の①〜⑧に当てはまる細胞小器官は何か。

①　セルロースを主成分とし、植物細胞の保護に役立っている。
②　細胞分裂に関わり、核が分裂する前に二分して両極に移動する。
③　ふつう1〜数個あり、リボソームをつくるRNAが含まれている。
④　呼吸により細胞の活動に必要なエネルギーを産生する。
⑤　クロロフィルを含み、光エネルギーを使って糖を合成する。
⑥　半透性の膜で、水や物質の透過を調整している。
⑦　細胞の形を保持したり、原形質流動、細胞質分裂に関与する。
⑧　数層の扁平な袋からなり、分泌活動の盛んな細胞に多くみられる。

2 核について答えよ。

問1 核の中には、カーミンなどの色素でよく染まる構造がある。その構造の名称を記せ。
問2 核の最外層には二重膜からなる核膜で核と細胞質が仕切られているが、核内と細胞質の間ではいろいろな物質の交流がある。この構造の名称を記せ。
問3 次のa、bの実験から核はどのような働きをしていると考えられるか。
 a. アメーバを切断すると核を含む部分は生き続けて増殖するが、核を含まない部分は死ぬ。
 b. 単細胞のカサノリは種類ごとに形態の異なるカサをもっている。例えばAとBの2種類のカサノリの核を互いに入れ換えると、A種の核を移植されたB種にはA種のカサが、B種の核を移植されたA種にはB種のカサが形成される。

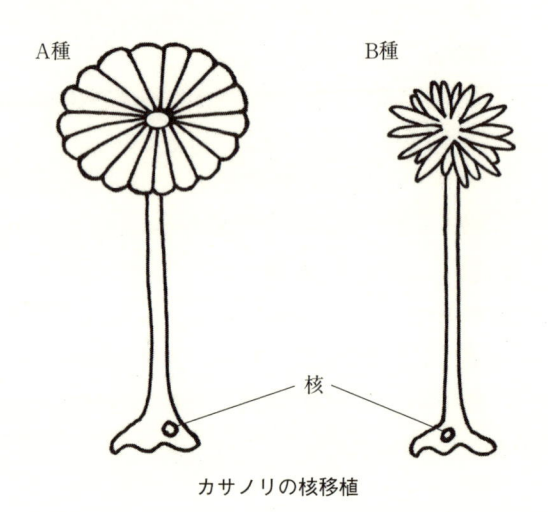

カサノリの核移植

第 3 講

生体をつくる物質

　生物の体はタンパク質などの有機物からできている。有機物は炭素を中心とする物質であり、生体をつくる物質としてタンパク質の他に核酸、ATPが重要である。これらの物質を構成する元素は、C（炭素）、H（水素）、O（酸素）、N（窒素）などの比較的軽い元素である。

　このことは、火の玉のような高温の地球が冷えていく過程で、鉄などの重い元

表3-1　生体をつくる物質

構成物質	構成元素	割合（質量%） ヒト	割合（質量%） 大腸菌	備考
水	HO	66	70	溶媒、化学反応の場、物質の運搬 人が生きていくためには1日最低1.3Lの水が必要
タンパク質	CHONS	16	15	生体構造材料（アクチン、ミオシンなど）、酵素の主成分
脂質	CHO	13	3	脂肪：グリセリン（グリセロール）＋脂肪酸。 リン脂質：グリセリンの3つのヒドロキシル基（-OH）のうち1つがリン酸化合物と結合し、他の2つは脂肪酸と結合したもの。 ステロイド：ステロイド核をもつ。副腎皮質ホルモン、性ホルモン、ビタミンDの骨格
炭水化物（糖質）	CHO	0.4	4	呼吸材料、核酸・ATPの構成物質 単糖類：グルコース、デオキシリボース 二糖類：スクロース（グルコース＋フルクトース）、ラクトース（グルコース＋ガラクトース） 多糖類：デンプン、グリコーゲン、セルロース
核酸	CHONP	微量	7	DNA（遺伝子）、RNA（転写、翻訳）
無機塩類	Na、K、Caなど	4.4	1	ヘモグロビン（Fe）、骨（Ca、P）、ナトリウムポンプ（Na、K）

素は地球の中心に沈み、地表近くに軽い元素が留まる中で、生命は誕生したと考えられる。

哺乳類の胎児は羊水とよばれる水の中で育まれる。それは生命が原始の海で生まれた名残を連想させる。生体をつくる物質の大半は水であり、タンパク質、脂質、炭水化物、核酸、無機塩類などが構成成分となる。それらの割合はヒトや大腸菌では表3-1のようになる。

なお、炭素原子は結合する手の数が4つあるため、多種多様な化合物をつくることができる。複数の炭素原子どうしが結合すれば、さらに複雑な化合物になる。地球の環境では炭素を中心とする化合物は熱力学的には不安定であるが、反応速度的に安定である。つまり、徐々に変化するため、代謝などの生命活動に都合がよい。このため生体をつくる有機物は炭素原子が重要な役割を演じている。

1. 生体をつくる物質〜タンパク質〜

タンパク質は、ギリシャ語で"プロティオス"（最重要を意味する）から"プロテイン（protein）"という。漢字では蛋白質（たんぱくしつ）。「蛋」は卵の意味で卵白からきている。体をつくるタンパク質は20種類のアミノ酸（amino acid）からなる。例えば、結晶が白かったので白を意味するギリシャ語の「leukos」からロイシン（leucine）とよばれた。甘いアミノ酸という意味でグリシン（glycine）。チロシン（tyrosine）というアミノ酸はチーズ（ギリシャ語でtyros）に含まれていた。アスパラギン（asparagine）はアスパラガスの芽から抽出されたために名づけられた。

1）アミノ酸

アミノ酸の基本構造は図3-1のように、炭素の4本の手にアミノ基（amino group）、**カルボキシル基（carboxyl group；カルボキシ基）**、水素が結合している。残りの1本の結合はいろいろで、水素ならグリシン、メチル基（$-CH_3$）ならアラニンとなる。この部位を側鎖（R）とよび、20種類ある。ヒトでは20種類のアミノ酸のうち9種類は体内でつくることができないので、食物として摂取しなければならない。これらを必須アミノ酸※（essential amino acid）という。

※ 必須アミノ酸（*は親水性のアミノ酸を示す。他は疎水性）： *ヒスチジン、*リシン、*トレオニン、メチオニン、バリン、ロイシン、イソロイシン、フェニルアラニン、トリプトファン

タンパク質は通常100個以上のアミノ酸が結合し、何らかの機能をもったものである。アミノ酸を構成する**カルボキシ基**（－COOH）は酸性、**アミノ基**（－NH$_2$）は塩基性を示す。アミノ酸のカルボキシ基の－OHとアミノ基の－Hとから水（H－OH）がとれて、－CO－NH－の結合ができる。これを**ペプチド結合**（peptide bond）という。

アミノ酸がペプチド結合によってつながったものを**ペプチド**（peptide）といい、多数つながったものを**ポリペプチド**（polypeptide）という（「ポリ poly」とは「多くの」という意をもつ接頭語である。例　ポリエチレン polyethylene）。ポリペプチドの鎖には方向性があり、つまり頭と尻尾がある。カルボキシル基がアミノ基と結合せずフリーになっている端をC末端、アミノ基がフリーとなっている端をN末端という。

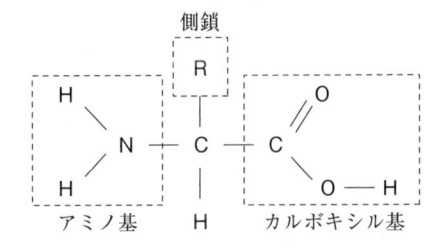

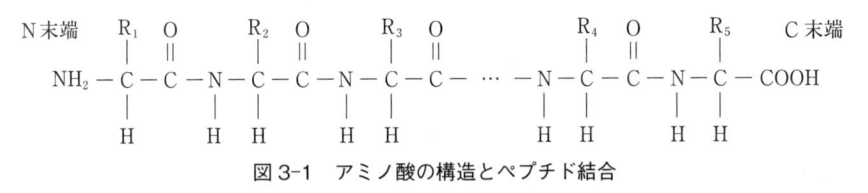

図3-1　アミノ酸の構造とペプチド結合

2）光学異性体

有機物は無機物から自然に生じないといわれていたが、シカゴ大学の院生ミラーの実験によって、原始大気中に含まれていたと考えられたメタン、アンモニアなどからアミノ酸（L型：D型≒1：1）が生成した（図1-3）。その際に生じたアミノ酸には**光学異性体**があり、それぞれL型、D型という。例えば、左手を鏡に映すと右手に、右手は左手になる。この右手と左手は構成している元素は同じであるが構造が異なっている。このようなものを光学異性体（鏡像異性体）という（図3-2）。

生体をつくるアミノ酸は、ほとんどL型、糖はほとんどD型である。なぜ、生体が片方の光学異性体でつくられているのか分かっていない。考えられること

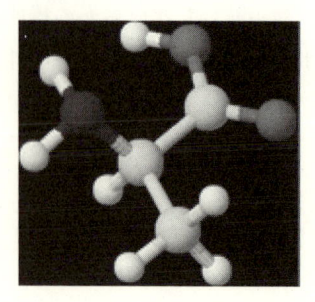

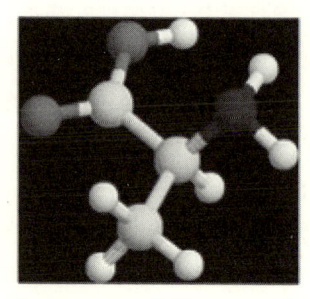

図3-2 アミノ酸の光学異性体

は、最初に誕生した原始生命はひとつだけで、現在の生物はすべてその子孫であるとしか考えられない。

　生命が誕生する40億年以前に、当時降りそそいだ強い紫外線はアミノ酸などが生じても、すぐに分解してしまっただろう。鉱物の細かな穴は紫外線から生じた化合物を守る役目を担った。鉱物の結晶は触媒として働き光学異性体をつくったと考えられる。光学異性体は、分子量・沸点などの物理的、化学的性質にはほとんど差がないが、生理活性では大きな差がある。

　赤ん坊の手足が未発達で生まれたサリドマイド事件のサリドマイドD型は優れた鎮静剤だが、L型は胎児に奇形を生じさせる毒性（催奇作用）があった。また、旨味調味料の主成分であるグルタミン酸ナトリウムの旨味はL型だけで、D型は酸味があるなどの例がある。

3）タンパク質の立体構造

　アミノ酸の配列をタンパク質の一次構造（primary structure）といい、糸のように長い鎖状になる。しかし、このままでは使えない。シャツやタオルにするには織込まないと意味がない。この織込み方はアミノ酸の側鎖が大いに関係している。側鎖は大別すると親水性のものと疎水性のものとがある。親水性のものは、＋の電荷をもつものと－の電荷をもつものに分けられる。タンパク質分子が立体構造をもつとき、疎水性の側鎖は分子の中心部に集まり、親水性のものは水と接する表面に集まる。また、＋の電荷をもつ側鎖と－の電荷をもつものはお互いに接近し、同じ電荷をもつものは反発しあう。さらに分子表面の－NHや－OHは、酸素（O）、窒素（N）が水素を介して弱く結合する（水素結

αらせん構造　　βシート構造　　ヘモグロビンの四次構造

図3-3　タンパク質の立体構造

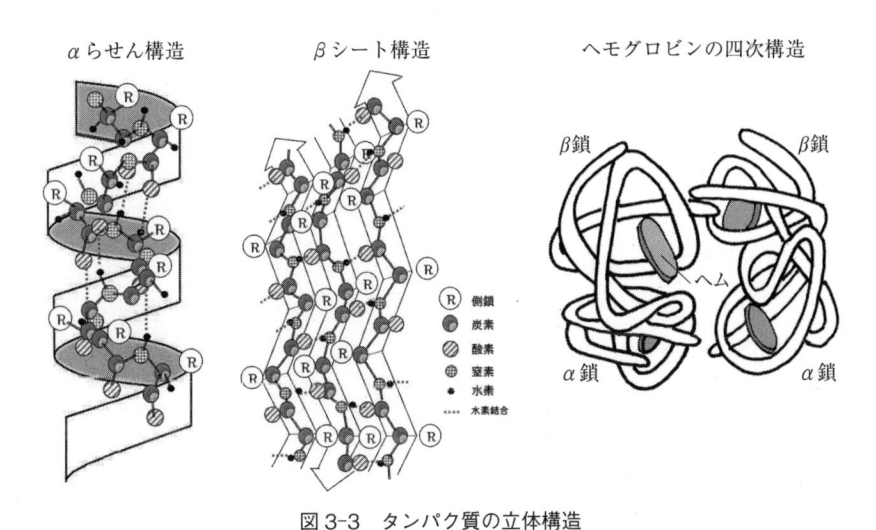

合；hydrogen bond)。このため、部分的にらせん状になったり（αらせん構造；α-helix structure)、じぐざぐに折れ曲がったりする（βシート構造；β-sheet structure)。これをタンパク質の**二次構造**（secondary structure)という。

二次構造のポリペプチド鎖が、S–S結合（disulfide bond；イオウ（S）を側鎖に含むシステインというアミノ酸どうしの結合）によって折りたたまれて立体構造ができる。これをタンパク質の**三次構造**（tertiary structure)という。三次構造をユニットとしていくつかが集まって高次の構造をつくったものをタンパク質の**四次構造**（quaternary structure)という。例えば、ヘモグロビン分子のようにα鎖とβ鎖が2つずつ集まって大きな分子になったものがある。なお、ヒトのタンパク質は約10万種類で、50〜2000個のアミノ酸からなり、因みにインスリンは51個、ヘモグロビンでは約150個である。

コラム　プリオンタンパク質

プリオン病（狂牛病、ヒトのクロイツフェルト・ヤコブ病など）の原因は異常型プリオンタンパク質である。異常型と正常型の違いはアミノ酸の配列は同じであるにもかかわらず、その立体構造が違う。違いが生じる理由はタンパク質に結合する糖鎖の違いによる。この結果、正常型はαらせん構造が多くみられ、異常型はβシート構造

が多くみられる。異常型プリオンタンパク質はタンパク質分解酵素の作用を受けにくく、熱や化学薬品にも耐性があり体内に蓄積されていく。そのため、狂牛病（BSE）に感染したウシから異常型プリオンタンパク質を除くことは困難であり、感染したウシを食べないようにするしか方法はない。

2. 遺伝子の本体〜核酸〜

核酸にはDNA（デオキシリボ核酸、Deoxyribo Nucleic Acidの略）とRNA（リボ核酸、Ribo Nucleic Acidの略）があり、DNAは遺伝子の本体、RNAは形質発現のための遺伝情報の転写や翻訳に関与している。ともに多数のヌクレオチド（塩基＋糖＋リン酸）が鎖状に結合したものであり、糖の種類はDNAがデオキシリボース（deoxyribose）、RNAがリボース（ribose）である。ともに炭素数が5つの五炭糖であるが、2番目の炭素にリボースの場合には−OHが結合しているのに対して、デオキシリボースの方は−Hである。デオキシ（deoxy-）とはoxygen（酸素）が除かれたという意味である（図3-4）。

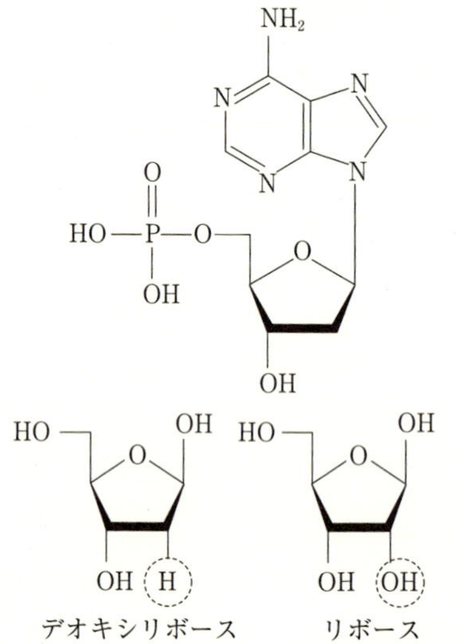

図3-4 ヌクレオチド（上）と糖の種類（下）

表3-2 DNAとRNA

核酸	構造	分子量	存在場所	塩基
DNA	二重らせん	100万〜10億	核、ミトコンドリア、葉緑体	A, G, C, T
RNA	1本鎖	1万〜100万	細胞質、リボソーム	A, G, C, U

1）DNAの構造

生命の設計図であるDNAは核内の染色体として折りたたまれている。DNAの糸はヒストン（histone）とよばれるタンパク質に巻きついてひも状になり、そのひもが細胞分裂時には生物特有の染色体（chromosome）をつくりあげる

(p.44)。ヒトでは男女とも46本あり、形や大きさが同じものが対をなしている。これらの染色体を**相同染色体**（homologous chromosome）という。

DNAは図3-5のような**二重らせん構造**（double helix structure）をもち、A（adenine アデニン）、G（guanine グアニン）、C（cytosine シトシン）、T（thymine チミン）の4種類の塩基がらせん階段の段々になった足場にあたるところにあり、AとT、GとCが対をつくっている（図3-6）。

このらせん階段はヒトでは30億段、サルでも同じぐらいである。サルのDNAもヒトのDNAも同じ量と考えられるが、同じ字数でも凡人が書くとつづり方だが作家が書くと文学作品になるということらしい。因みにウイルスなら数万階段、細菌なら数百万ぐらいとなる。

遺伝子である核酸は膨大な情報を含んでいるが、何らかの間違いが起きると取り返しがつかない。2本鎖であれば、片方が放射線などによって間違っても、他方が正常であれば修正することができるというメリットがある。

ヌクレオチドの糖は炭素原子が5つあり、3番目と5番目の炭素にリン酸が結合して長い鎖になる。ヌクレオチドのリン酸側を5'、糖側を3'という。ヌクレオチドが連結したDNA鎖には方向性があり、一方が5'末端、他方が3'末端

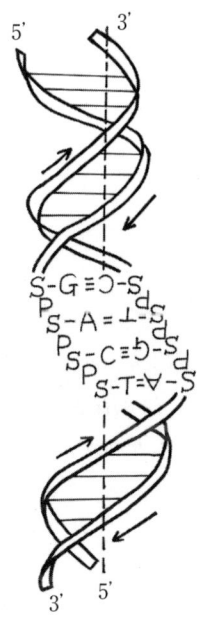

図3-5　DNAの二重らせん構造

図3-6　DNAの相補的な塩基対

図3-7　DNAの鎖の方向

である。図3-7のようにDNAは二本鎖の塩基が、AならT、GならCというように相補的（complementary）に結合し、それぞれの鎖は逆方向を向いている。

2）シャルガフの塩基組成の分析

シャルガフ（アメリカ）は多くの生物からDNAを抽出し、塩基組成を分析した。その結果、下表のようにアデニン（A）とチミン（T）、グアニン（G）とシトシン（C）の分子数が同じであることを見つけた。この研究はDNA二重らせん構造の発見に大きく寄与した。

表3-1　DNAの塩基組成の割合

生物名	A	T	G	C	A／T	G／C
ヒト（肝臓）	30.3	30.3	19.5	19.9	1.00	0.98
サケ（精子）	29.7	29.1	20.8	20.4	1.02	1.02
大腸菌	24.7	23.6	26.0	25.7	1.05	1.01

数字は分子数の割合（％）

3）核酸・遺伝子に関連する研究

DNAが発見されたのは1869年で、メンデルの遺伝法則（1865年）、ダーウィンの進化論（1859年）、パスツールの自然発生説の否定（1861年）とほぼ同じ時代であった。しかし、遺伝子がDNAであるとは多くの科学者は考えておらず、タンパク質こそ遺伝子の本体であると考えていた。1940年代になってDNAが遺伝子の本体であるという証拠を示す実験が行われ、急速に核酸の研究が進展した。

1869　ミーシャーによる核酸の発見（膿中の白血球から）
1928　グリフィス　肺炎双球菌の形質転換
1935　スタンリー　タバコモザイクウイルスの結晶化

1941　ビードル&テータム　一遺伝子一酵素説の提唱

1944　エイブリー　DNAによる肺炎双球菌の形質転換

1950　シャルガフ　DNA塩基組成のうちAとT、GとCの分子が同数

1952　ハーシー&チェイス　バクテリオファージの実験

1953　ワトソン&クリック　DNA二重らせん構造の発見

1957　クリック　セントラルドグマの提唱

1958　メセルソン&スタール　半保存的複製の証明

1961　ジャコブ&モノー　オペロン説の提唱

1961　ニーレンバーグ　遺伝暗号の解読

1968　コラーナ、ニーレンバーグ、オチョアなど　遺伝暗号の解読完了

1973　コーエン&ボイヤー　遺伝子組換え技術確立

1977　利根川　進　抗体遺伝子の多様性

1977　マクサム・ギルバード／サンガー　DNA塩基配列決定法

1985　マリス　PCR法の開発

1997　ウィルマット&キャンベル　クローンヒツジ（ドリー）の誕生

1998　ウィスコンシン大　ヒトES細胞の作成

2003　国際ヒトゲノムプロジェクト　ヒトゲノム解読完了

2006　山中伸弥　iPS細胞（人工多能性幹細胞）の合成

コラム　RNAワールドからDNAワールドへ

　触媒として働くRNAをリボザイム（ribozyme）というが、リボ核酸（ribonucleic acid）と酵素（enzyme）の組み合せたものである。このような物質が発見されて、DNAやタンパク質よりも前に自己複製できるRNAが生命誕生の契機となり、生命活動が行われた時代があったと考えられている。これをRNAワールドという。RNAはDNAと同じヌクレオチドからなり、遺伝情報を有している。また、立体構造があるので、タンパク質と同様に特定の基質と結合できる。当初、遺伝子や酵素の働きをもっていたRNAは、遺伝子としての役割をより安定な物質であるDNAに、酵素としての役割をより複雑な構造をとれるタンパク質に移していったと考えられる。RNAで最も多いのはrRNAであり、rRNAはアミノ酸どうしのペプチド結合を触媒することが明らかになっている。

　RNAは2'の炭素の位置に－OHをもち、DNAに比べて自己分解しやすい。つまり、塩基性の物質と反応して水素原子が奪われ、その結果、隣接する3'の－OHに結合

しているリン原子と反応してヌクレオチドを切断する。DNA は 2' の炭素に -OH がないので、はるかに安定である。また、C（シトシン）は脱アミノ化しやすく、U（ウラシル）ができる。この U は、本来は C であると細胞が勝手に認識して C に戻される。これでは、本来の U との区別がつかなくなり、間違ったタンパク質ができてしまう。そこで、本来の U をメチル化して T（チミン）をつくり、間違いがおきないようにしたのである。このようにして、RNA ワールドから現在の DNA ワールドへと進化したと考えられている。

3．ATP（アデノシン三リン酸；Adenosine Tri-Phosphate）

ゾウリムシが分裂するのも、筋肉の収縮も、電気ウナギが発電するのも、オジギソウの葉が閉じるのも、私たちが思考するのもすべて ATP の中に含まれているエネルギーを利用している。そのため ATP はエネルギーの**通貨**とよばれている。

1929 年、フィスケとサバロウ（ともにアメリカ）は ATP を発見したが、生物のエネルギー源であるとは示さなかった。1934 年にローマンが筋収縮の直接のエネルギー源は ATP であり、クレアチンリン酸がエネルギーの貯蔵物質であることを明らかにした。エネルギーの通貨であるという考えは、1940 年にリップマンによってまとめられた。つまり、生体内のエネルギーは高エネルギーリン酸結合（〜 P; high-energy phosphate bond）として変換されるという。

生物が生命活動に利用するエネルギーは ATP を ADP にしてリン酸結合を切断して得られる。1 モルの ATP の高エネルギーリン酸結合が切れると、約 8kcal の熱量が放出される。化学結合としてそれほど多くのエネルギーを含んでいないが、ATP はマイナスの電荷をもつリン酸どうしを無理やり結合させていること、また 1 つのリン原子が 4 つ酸素原子をもち、1 つは二重結合であり不安定であること、そのために切断すると大きなエネルギーが放出されることから高エネルギーリン酸結合とよばれている。

ATP はアデニンヌクレオチドにリン酸が結合している。他に GTP、CTP、クレアチンリン酸などがあるのに、なぜエネ

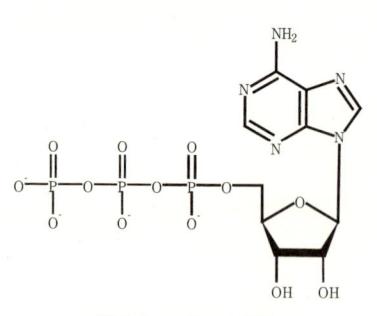

図 3-8　ATP の構造

ルギーの通貨はATPになったのか。これについて明確に説明している文献は見当たらない。たぶん、原始生命のエネルギー源が偶然ATPであったと考えるより仕方がないと思われるが、ATPは水溶性で比較的低分子であり、核酸の素材で特殊な物質ではなかったなどが考えられる。

アデニン（塩基）にリボース（糖）が結合したものをアデノシン（adenosine）といい、アデノシンにリン酸が1つ結合するとAMP、2つならADP、3つならATPとなる。

ATP（Adenosine Tri-Phosphate） **ADP**（Adenosine Di-Phosphate）
AMP（Adenosine Mono-Phosphate）

○ **生物発光**

ホタルはATPの化学エネルギーを97%の効率で光のエネルギーに変換するので、熱が発生しない。そのため冷光とよばれる。ルシフェリン（発光物質）、ルシフェラーゼ（酵素）、ATP、酸素が必要で下記の反応により発光する。ウミホタルはホタルと異なるルシフェリンをもち、ATPがなくても発光できる。

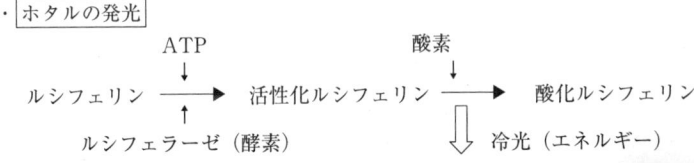

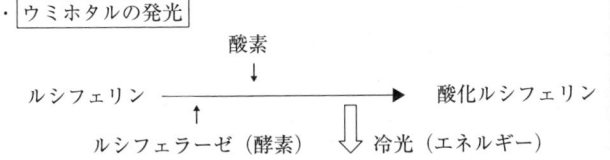

・ホタルの発光

ルシフェリン ─(ATP, ルシフェラーゼ（酵素）)→ 活性化ルシフェリン ─(酸素)→ 酸化ルシフェリン ⇒ 冷光（エネルギー）

・ウミホタルの発光

ルシフェリン ─(酸素, ルシフェラーゼ（酵素）)→ 酸化ルシフェリン ⇒ 冷光（エネルギー）

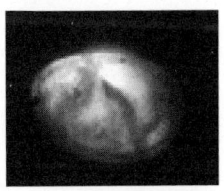

ウミホタル

コラム　ホタルの光で細菌を調べる

ATPはすべての生物のエネルギー源である。細菌もATPをもっている。そこで、ホタルを乾燥させた粉末（ルシフェリン、ルシフェラーゼ含有）を試料に加えるとATPがあれば、その量に応じて発光の強さが変化する。百万分の1g（1μg）のATPを検出できる感度がある。これを「ホタル法」とよび、細菌の検出に利用される。

参考実験　ダイズの種子に含まれる物質検出

目的：生体はどのような物質で構成されているかを化学的な検出法で調べる。
材料・器具：ダイズ、乳鉢、乳棒、100mLビーカー、試験管、試験管立て、スポイド、100mL
　　　　　　メスシリンダー、ろうと、ガーゼ、ガラス棒
薬品：卵白水溶液、グルコース溶液、デンプン溶液、10% NaOH液、1% $CuSO_4$液、1%ニンヒ
　　　ドリン液、フェーリング液、ヨウ素ヨウ化カリウム液、2% HCl

方法と結果

A) 物質の検出方法

　○卵白溶液のビウレット反応
　　①卵白水溶液を2mL試験管にとる。
　　②10% NaOH液を1mL加えてよく振り混ぜる。
　　③1% $CuSO_4$液を少しずつ加えて色の変化を見る。

　　　　　青紫色（タンパク質）
　　　　　赤紫色（ペプチド）

　○グルコース溶液のフェーリング反応
　　10%グルコース溶液にフェーリング液を加え加熱する。

　　　　　オレンジ色に変化

　○卵白液のニンヒドリン反応
　　卵白水溶液を試験管にとり、1%ニンヒドリン液を3滴加えて
　　振りまぜ、加熱し沸騰後、冷やす。

　　　　　青紫色に変化

　○デンプンのヨウ素反応
　　デンプン溶液にヨウ素ヨウ化カリウム液を一滴加える。

　　　　　青紫色に変化

B) ダイズに含まれる物質の検出

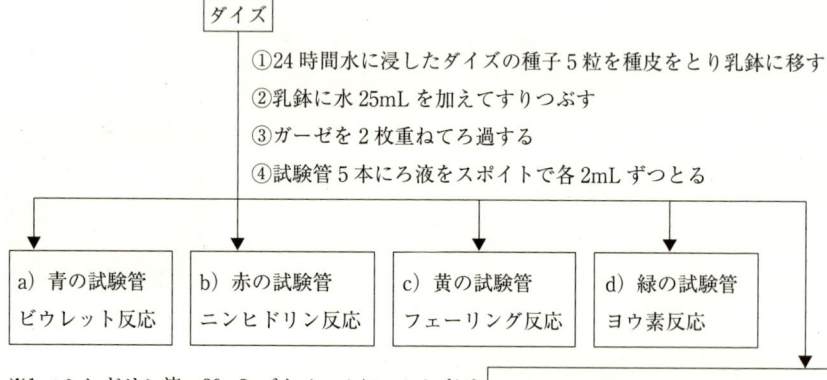

　　　　　ダイズ
　　　　　　│
　　①24時間水に浸したダイズの種子5粒を種皮をとり乳鉢に移す
　　②乳鉢に水25mLを加えてすりつぶす
　　③ガーゼを2枚重ねてろ過する
　　④試験管5本にろ液をスポイトで各2mLずつとる

a) 青の試験管	b) 赤の試験管	c) 黄の試験管	d) 緑の試験管
ビウレット反応	ニンヒドリン反応	フェーリング反応	ヨウ素反応

e) 白の試験管
　①2%HClを1ml加えて加熱する。
　②10%NaOHを0.5ml加えて中和する
　③フェーリング反応をみる。

※1 ニンヒドリン液；30mLブタノールにニンヒドリン1gを加える。
※2 フェーリングA液；$CuSO_4$ 34.65gを水に溶かし、水を加えて500mLにする。B液；KOH125gと酒石酸カリウム・ナトリウム（ロシェル塩）173gを水に溶かして500mLにする。使用するとき、A液とB液の等量を混合する。

【確認テスト】

1　次の (1)〜(5) の各文は生体をつくる物質について説明したものである。該当する名称を記せ。

(1) 核をつくる主な成分の1つで、遺伝に関係する。
(2) 原形質の70%〜90%を占め、細胞内の物質の反応や移動に重要である。
(3) グルコースなどの単糖類、それらの結合した多糖類があり、呼吸材料となる。
(4) アミノ酸が多数つながった高分子化合物で、生体や酵素などの主成分となっている。
(5) エネルギー源として組織に貯蔵されるほか、細胞膜などの成分となる。

2　次のA、B、Cの3人の物質の検出実験について、あとの問いに答えよ。

　3人の試料の中には、タンパク質、脂肪、デンプン、グルコースのうち、各々2つの物質が含まれている（例えば、タンパク質とデンプン）。なお、3人に共通して含まれている物質はなかった。
　A君は、試料にフェーリング液を加えて加熱したが何の変化も認められなかった。しかし、ア2% HClを加えて加熱し、NaOHで中和後に再びフェーリング反応を試みたところ、オレンジ色（橙色）に変化した。B君は、試料にヨウ素ヨウ化カリウム液を一滴おとしたが黄色に変化しただけであった。また、B君にはニンヒドリン反応が認められた。さらに、Cさんはビウレット反応が認められ、脂肪も含まれていた。

問1　下線部アは、次の①〜④のうち何に該当するか。
　① デンプンを分解してCO_2とH_2Oにする。
　② タンパク質を分解してアミノ酸にする。
　③ pHを下げてフェーリング反応の速度を高める。
　④ 唾液に含まれている酵素と同じ働きをする。
問2　ABC3人に含まれていた物質はそれぞれ何か。

3　タンパク質に関する次の設問に答えよ。

問1　アミノ酸とアミノ酸の結合はとくに何とよばれているか。
問2　タンパク質の一次構造について10字程度で説明せよ。
問3　タンパク質の二次構造を1つ記せ。
問4　タンパク質の四次構造の例を1つ答え、説明せよ。
問5　次の化学式、記号をいくつか使ってアミノ酸の一般式を完成せよ。
　　－COOH、－NH₂、C、R、－CO、－CH₃、－H

第 4 講

遺伝情報と DNA

　DNA（デオキシリボ核酸）は台所でも簡単に取り出すことができる。夏休みの小中学生対象のサイエンスショーでもよく取り上げられている。1953 年のワトソンとクリックの DNA 二重らせん構造の発見以来、様々な研究が行われたが、その中にはアヒルのくちばしの色が DNA の注射で変わったという実験や迷路学習をしたプラナリアを学習していないプラナリアに食べさせると RNA 量が増え、学習効果が見られたという実験もあった。もちろん遺伝子の働きはこのような単純なものではないが、遺伝子の研究は急速に発展した。

1.「DNA」「遺伝子」「ゲノム」「染色体」とは

　DNA は、デオキシリボ核酸という物質である（p.22）。この中に A、G、C、T の 4 つの塩基の配列で表わされる遺伝情報が含まれているが、DNA のすべての領域が遺伝子ではない。

　遺伝子（gene）は、メンデル（オーストリア）が形質を表すものとして要素（エレメント）と考えていたものが、染色体上に実在することが証明され遺伝子とよばれるようになった。染色体を構成する DNA のある領域は RNA やタンパク質をつくる遺伝情報をもっている。この領域が遺伝子である。

　ゲノム（genome）は、遺伝子（gene）と群の接尾語（-ome）の合成語で「遺伝子の塊」という意味である。例えば、ヒトゲノムとは体細胞の相同染色体の片方（23 本）や生殖細胞（23 本）に含まれている約 30 億の DNA 塩基配列のことである。この中にはヒトの遺伝子が 2 万 2,000 ほど含まれているが、2003 年にヒトゲノムの解読が国際的な競争の中で終了した。ヒトの設計図がすべて解読されたような報道がなされたが、塩基配列が分かっただけで、その配列がどのよう

な意味をもつのかを解読して初めてヒトの設計図を知ったことになる。

また、**染色体**（chromosome）は色素によく染まり、細胞分裂時には生物種に特有の形や大きさに変わり、顕微鏡で観察される。分裂前は核内に**クロマチン**（chromatin；DNA とヒストンというタンパク質の複合体）として存在する。まるで、DNA という毛糸が、からまないようにヒストン（histon）という糸巻きに巻きつけているようである。この毛糸を編んでできたものが染色体である（p.44）。

2. DNA の構造

1953 年 4 月 25 日のイギリスの科学雑誌『NATURE』にワトソンとクリックの論文が掲載された。その中にクリックの奥さんが描いた**二重らせん構造**（double helix structure）が描かれている。20 世紀の中頃まで、多くの科学者は遺伝子が 20 種類のアミノ酸からなる複雑なタンパク質であろうと考えていた。しかし、ワトソンは「真理は単純で美しいもの」と信じ、DNA こそ遺伝子ではないかと考えていた。

その根拠は、グリフィス（イギリス）やエイブリー（アメリカ）らによる肺炎双球菌の形質転換の実験（p.32）、シャルガフ（アメリカ）の DNA 塩基組成の分析（p.24）、そしてウィルキンズとフランクリン（ともにイギリス）による X 線回析だった。

DNA の構造にはタンパク質の α らせん構造でノーベル賞受賞したカルフォルニア工科大学のポーリングが 3 本鎖のらせん構造を考えていた。ワトソンらは「生物の基本構造は対をなしている」と考え、DNA も対をなす 2 本鎖と信じ、ブリキ板で DNA 模型をつくり構造を組み立て続けた。ある日、A（アデニン）、T（チミン）、G（グアニン）、C（シトシン）の組合せで、A と T を連結した形が G と C の連結した形に非常によく似ていることを見つけ、これが二重らせん構造の発見へとつながった。

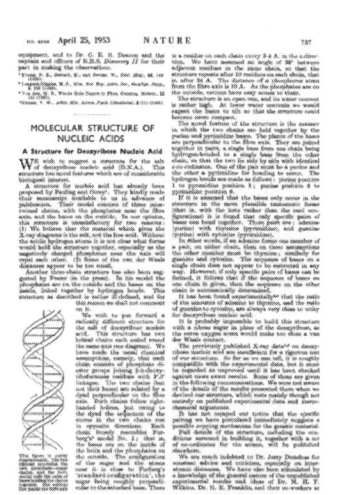

図 4-1　二重らせん構造の論文
NATURE vol.171（1953）より

3. 遺伝子の本体はDNA
1） 肺炎双球菌の実験

　1928年、グリフィス（イギリス）によって、R型菌（非病原性の肺炎双球菌）と滅菌したS型菌（病原性）を混合してネズミに注射すると、ネズミの体内でS型菌が増殖し肺炎で死ぬことがわかった。滅菌によって死んだS型菌が生き返ったのではなく、R型菌がS型菌に変わったことを意味する（形質転換；transformation）。

　R型菌とS型菌の違いは炭水化物のさやでおおわれているかいないかである。R型菌はさやを持たずシャーレで培養すると培養面に凹凸が生じ、ざらざらした状態（Rough）になる。一方、S型菌はさやをもつため培養面はなめらか（Smooth）である。S

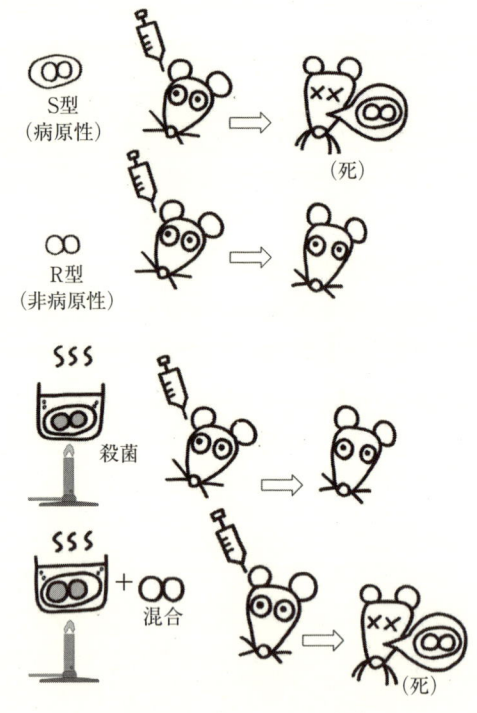

図4-2　グリフィスの実験

型菌はこのさやのおかげで体内に侵入したとき、白血球の食作用から免れ、ネズミに肺炎を起こさせる。R型菌は食べられてしまい増殖できない。善玉のR型菌を悪玉のS型菌に変える働きをもつものこそ遺伝子と考えられる（人間でも細菌でも悪いことをするときは覆面をするようだ）。

　1944年、エイブリー（アメリカ）らはS型菌をすりつぶしたものとR型菌を混合して培養しても形質転換が起きることを見つけた。すりつぶしたものの中に善玉を悪玉に転換をさせる物質（遺伝子）が含まれているはずである。この悪玉の素だけを抽出して善玉と混合し形質転換するかどうかを実験すればよい。しかし、物質を100％抽出することはかなり難しい。多少でも不純物が混じってしまう。その不純物が悪玉の素かもしれない。そこで、考え出されたのが分解酵素で

処理する方法である。
　つまり、S型菌をすりつぶしたものをタンパク質分解酵素で完全に処理する。これでタンパク質は消滅する。このように処理したものとR型菌を混合して培養し、S型菌が出現するかどうかを調べる。結果はS型菌、R型菌がともに検出された。このことから、タンパク質は悪玉の素ではないということになる。同様に炭水化物分解酵素で処理したところ、これも両方の菌が検出された。DNA分解酵素で処理した時だけ、S型菌が検出されなかった。つまり、悪玉の素がDNAだったことになる。このようにして、遺伝子の本体がDNAであるとつきとめた。しかし、当時はタンパク質が遺伝子と考えられていたため、すぐには業績は認められなかった。このようなことは往々にしてあり、メンデルの法則も死後になって再評価された（もちろん、いまだに再評価されない事例の方が圧倒的に多いけれど…）。

2）バクテリオファージの実験

　1952年、ハーシーとチェイス（アメリカ）はバクテリオファージの一種であるT_2ファージを使ってDNAが遺伝子であることをつきとめた。T_2ファージはウイルスの一種でタンパク質からなる頭部の殻と尾部、殻の内部にあるDNAからできている。大腸菌に感染したT_2ファージは大腸菌内部で増殖して無数の子ファージが生じるので、DNAかタンパク質のどちらかが遺伝子と考

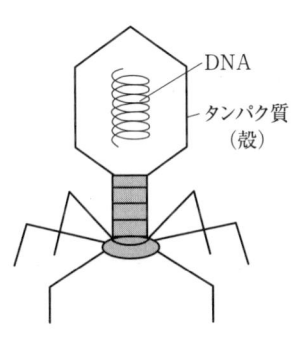

図4-3　T_2ファージの構造

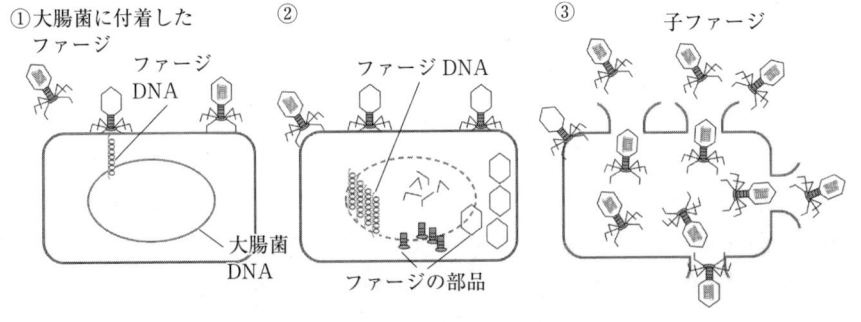

図4-4　ハーシーとチェイスの実験

えられる（図4-3）。

タンパク質はS（イオウ原子）を、核酸はP（リン原子）を必ず含んでいる。大腸菌を放射性同位体 ^{35}S を含む培地で培養し T_2 ファージを感染させると、タンパク質部分が標識された ^{35}S ファージが得られる。別に放射性同位体 ^{32}P を含む培地で培養し T_2 ファージを感染させると、DNA部分が標識された ^{32}P ファージが得られる。ただし、^{35}S、^{32}P の放射能はともにβ線なので同時に標識をつけると区別できない。

^{35}S ファージと ^{32}P ファージを別々に大腸菌に感染させた後、ミキサーで撹拌して、菌体表面からファージをふるい落とした。その後、遠心分離により大腸菌を沈澱させ、沈澱および上澄みに含まれる放射能を測定し、全放射能に対する割合を求めた。その結果を右のグラフで示した。

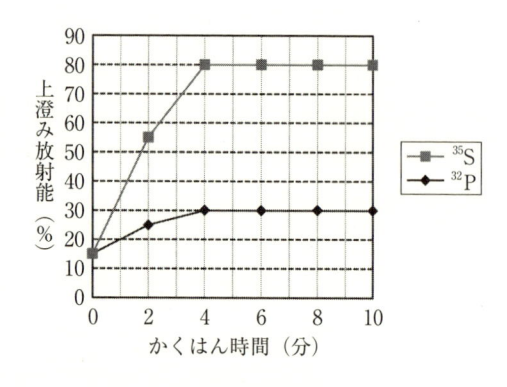

グラフから4分間以上の撹拌では上澄み中の ^{32}P は30%、^{35}S は80%だから、ほとんどのDNAは大腸菌とともに沈澱し、ファージの殻だけ脱ぎ捨てられて多くのタンパク質は上澄みに浮かんだことになる。沈澱した大腸菌からは子ファージが現れたので、大腸菌内部に侵入したのがDNAであり、この結果、遺伝子の本体がDNAと考えられた。なお、この遠心操作では大腸菌に吸着していないファージは全く沈澱しないことが確認されている。

4. DNAの複製～半保存的複製～

細胞分裂で生じた2つの娘細胞のDNAは、それぞれ母細胞の遺伝子DNAとまったく同じ塩基配列をもっている。では、どのように複製されるのだろうか。複製のしかたは（A）**保存的複製**、（B）**半保存的複製**（semiconservative replication）、（C）**分散的複製**などが考えられる。（A）の保存的複製は元の鎖の二重らせんがほどけ、それを鋳型に新しい鎖ができ、元の鎖どうし、新しい鎖どうしが対をつくる複製、（B）は元の鎖と新しい鎖が対をつくったものが2つで

(A) 保存的複製　　(B) 半保存的複製　　(C) 分散的複製

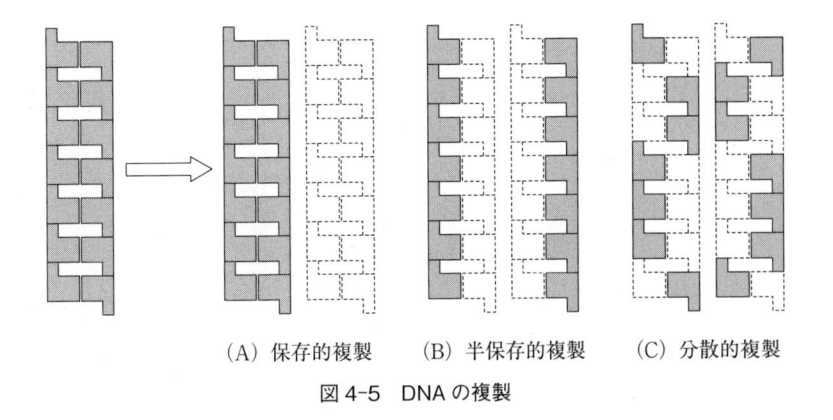

図 4-5　DNA の複製

きる複製、(C) は元の鎖が断片化され、各断片から新しい鎖ができて、それらがつなぎ合わさる複製の仕方である。

　1958 年、メセルソンとスタール（ともにアメリカ）は、これらの複製方法のうち (B) の半保存的複製であることを窒素の同位体 ^{15}N（窒素の重い同位体）、^{14}N（通常の窒素）を使って証明した。

　^{15}N を含む $^{15}NH_4Cl$（塩化アンモニウム）を培地に入れ大腸菌を培養する。大腸菌の窒素同化によって ^{15}N を含むアミノ酸ができ、そのアミノ酸をもとに塩基が合成される。何世代も培養すると、大腸菌 DNA はやがて 2 本鎖ともに ^{15}N を含む重い DNA（$^{15}N-^{15}N$）となる。この大腸菌を、^{14}N を含む $^{14}NH_4Cl$ で数世代培養して、DNA をそれぞれ抽出し重さを比較した。その方法は DNA を塩化セシウムの溶液に浮かべて高速で長時間遠心分離を行う密度勾配分離法が用いられた。遠沈管の底ほど塩化セシウムの密度が高く、遠沈管の口の方ほど低くなる勾配ができ、DNA は同じ密度の位置に層になって集まった（図 4-6 上）。

　図 4-6 下のように、1 回分裂した第一世代では中間の密度をもつ DNA（$^{15}N-^{14}N$）が出現した。第二世代では、中間の密度をもつ DNA と軽い DNA（$^{14}N-^{14}N$）が 1：1 の割合で現れ、第三世代では、中間の密度をもつ DNA と軽い DNA が 1：3 の割合になった。これは DNA が半保存的複製されることを証明している。

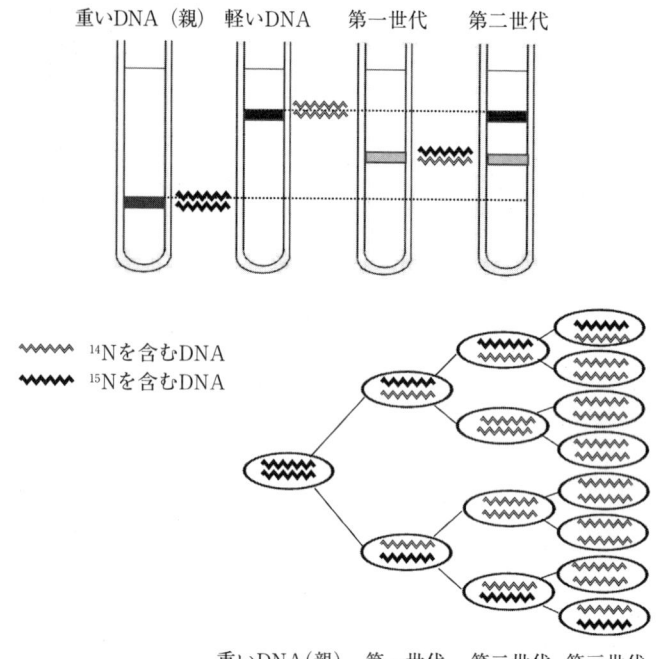

重いDNA（親）　軽いDNA　第一世代　第二世代

〰〰〰 ¹⁴Nを含むDNA
〰〰〰 ¹⁵Nを含むDNA

重いDNA(親)　第一世代　第二世代　第三世代

図4-6　半保存的複製

5. DNA複製のしくみ

　DNA複製について2つの問題点が考えられる。1つは半保存的複製によって新しい鎖が伸長する方向、もう1つは複製の時間である。

　最初の問題点について、DNAの二重らせん構造の端から順にらせんがほどけて、それぞれ新しい鎖がほどける方向にできるわけではない。二重らせん構造の2本の鎖には方向性があり、逆向きになっている（p.24）。DNAポリメラーゼ（DNA polymerase; DNA合成酵素）が鎖を合成していく方向は$5' \to 3'$の方向しかない。図4-7の白い矢印の方向には複製できるが、黒い矢印の方向には複製できない。そこで、黒い矢印の方向ではDNAポリメラーゼが$5' \to 3'$の方向しかない鎖を伸ばせないので、DNAポリメラーゼが新しい鎖を行きつ戻りつを繰り返しながらDNA断片として合成するしかない。この断片は発見した岡崎令治の名に因んで岡崎フラグメントとよんでいる。断片化したDNAは、DNAリ

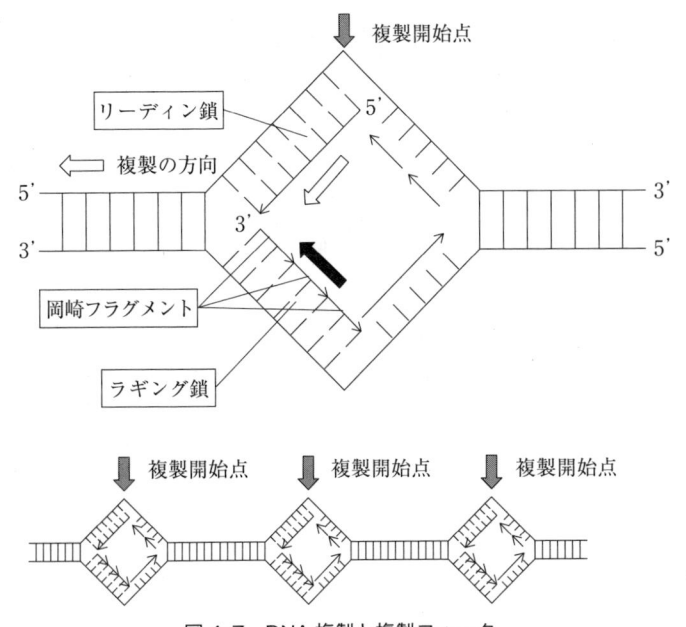

図 4-7 DNA 複製と複製フォーク

ガーゼ（DNAligase）という酵素によって結合され、新しい鎖ができる。この鎖をラギング鎖（lagging strand）という。一方、白い矢印の方向には DNA ポリメラーゼが順調に鎖を伸ばしていける。この新しくできた鎖をリーディング鎖（leading strand）という。なお、複製の先頭で二重らせんの鎖をほどく酵素は DNA ヘリカーゼ（DNA helicase）とよばれている。

　もう1つの問題点について、ヒトでは1細胞あたり約30億の塩基対がある。DNA ポリメラーゼは1秒間に約 2000 個のヌクレオチドを結合できるので、DNA 複製時間を単純に計算すると $(3 \times 10^9 個/2000 個)/60 \times 60 \times 24 ≒ 17$ 日かかる。これでは細胞分裂に時間がかかりすぎ、十分な代謝を行うことができない。

　複製時間の問題については、原核生物では複製開始点が1カ所であるが、真核生物では複製開始点が染色体あたり数百あり、同時進行で両方向に複製が開始されるので、かなり速く複製できる。また、その形が Y 字型になるので**複製フォーク**（replication fork）とよばれている。

【参考実験】 バナナから遺伝子を取り出そう
　　　　　Try to extract DNA (gene) in the banana

【Introduction】

The tadpole becomes a frog. It doesn't become a catfish, even if it continues growing. You look like your father or mother because of your genes. Genes are made of a material called DNA.

オタマジャクシはカエルの子です。大きくなってもナマズになりません。君がお父さんやお母さんと似ているのも、君の遺伝子のためです。遺伝子はDNAとよばれる物質でつくられています。

［材料と器具］バナナ、割ばし、スプーン、フォーク、紙コップ、透明なコップ、茶こし、ガーゼ、台所用洗剤、食塩、消毒用アルコール（エタノール）

［方法］

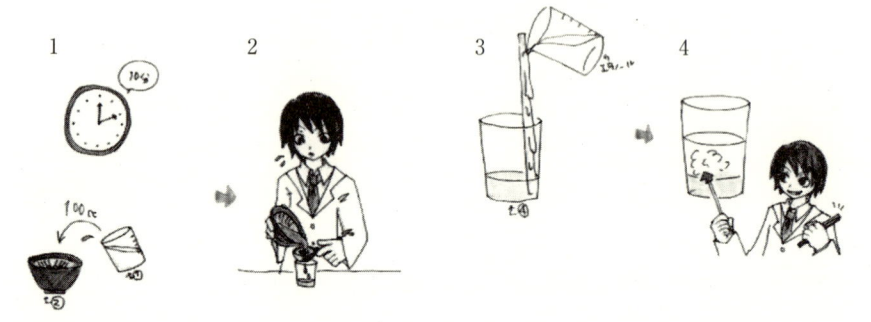

① 1本のバナナの3分の1を紙コップに入れ、フォークでよくすり潰します。
② DNAを取り出す液をつくります。小さじ一杯の塩と洗剤を水20mLに溶かし、すり潰したバナナに加えます。
③ 静かにかき混ぜます。つよく混ぜると糸状のDNAがこわれてしまいます。
④ 茶こしか二重のガーゼでろ過し、透明なコップに入れます。
⑤ 等量の冷やしたアルコールを層がわかるように割りばしでゆっくりとそそぎます。
⑥ しばらくすると、層のあたりに白いふわふわした綿のようなものが見え

ようになります。これが、生物の設計図である DNA（遺伝子）です。

発展
・取り出した DNA を風乾し、10％食塩水に溶かし分光光度計の 200 ～ 300nm で吸収スペクトルを測定すると、260nm に吸収ピークが現れる。
・DNA 染色液で染めてみる。

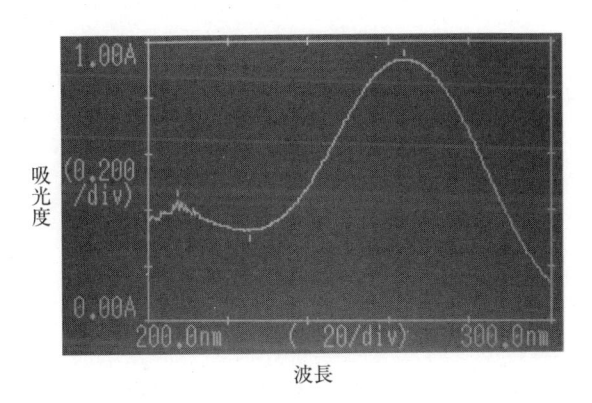

吸光度

波長

【Materials and method】
Banana, disposable wooden chopsticks, tea spoon, fork, paper cup, clear cup, tea strainer, gauze, kitchen-detergent, salt, ethyl alcohol
① Placed one-third of a banana in a paper cup, and mash it well with a fork.
② Make a solution: dissolve a teaspoonful of salt and detergent in 20 mL water and add to the mashed banana.
③ Stir it GENTLY. If you stir it hard, DNA chains may be damaged.
④ Filter it through a tea strainer or twofold gauze, and pour it in a clear cup.
⑤ Pour the same amount of chilled alcohol slowly (so that you can see a layer) along chopsticks into the clear cup.
⑥ After a while, something like white cotton appears around a layer. It is DNA.

| コラム | 日本人に多い酒に弱いSNP |

　SNP（スニップ；Single Nucleotide Polymorphism）とは一塩基多型とよばれ、遺伝子の塩基配列の一カ所が個人によって異なっている状態のことで、ヒトでは500万～1000万カ所程度ある。代表的なものに鎌状赤血球貧血症がある。これはヘモグロビンをつくる遺伝子の塩基配列の1つの「A」が「T」に変化したことで1個のアミノ酸が置換され異常ヘモグロビンが生じたことが原因である。また、日本人に多いSNPに酒に弱いSNPがある。アルコールは肝臓でアセトアルデヒドに分解され、最終的に酢酸になり解毒される。酒に弱い人は、このアセトアルデヒドを酢酸にする酵素の遺伝子の塩基配列の「G」が「A」に変化したため、酵素タンパク質がうまくできず、酵素が働かないことが原因である。他に日本人の心筋梗塞を高めるSNP、糖尿病、脳梗塞を高めるSNPが知られている。病気だけでなく、心の働き（共感しやすい、新しいもの好きなど）に関するSNPも報告されている。

【確認テスト】

1 遺伝子の本体に関する次の文を読み、各問いに答えよ。
　グリフィスはネズミに肺炎を起こす病原性のS型菌と非病原性のR型菌を使って実験を行った。殺菌したS型菌を注射するとネズミは死ななかった。殺菌したS型菌と生きたR型菌を混合して注射したところ、ネズミは肺炎で死んだ。体内から見つかった菌を他のネズミに注射すると、ネズミは肺炎を起こして死んだ。①これは生きたR型菌が殺菌したS型菌の何らかの物質の影響を受けてS型菌に変わったためと考えられた。
　エイブリー（アベリー）はS型菌をすりつぶして得た抽出液をR型菌と混合して培養すると、同じようなことが起こることを見つけた。また、S型菌の抽出液を②タンパク質分解酵素で処理して生きたR型菌と混合した培地には、生きたR型菌と生きたS型菌が見られた。さらに、S型菌の抽出液を（ ア ）分解酵素で処理して生きたR型菌と混合した培地にはR型菌のみが見られた。この結果、遺伝子の本体は（ ア ）であることが明らかになった。（ ア ）はA、G、C、Tの4種類の（ イ ）からなる非常に細長い分子である。その立体構造は（ ウ ）構造とよばれ、（ エ ）とクリックが発見した。

1. 文中（ア）～（エ）にあてはまる最も適当な語句を答えよ。
2. 下線部①のような現象を何というか。
3. 下線部②のタンパク質分解酵素は、次の（1）～（4）のうちのどれか。
　　　（1）リパーゼ　　（2）アミラーゼ　　（3）トリプシン　　（4）カタラーゼ

2 ファージの増殖に関する次の文を読み、下の問いに答えよ。

　T₂ファージは、[1]の一種で、生きた大腸菌に寄生し、その菌体内で増殖する。ファージのからだは、外殻を構成する[2]と、内部にある[3]とからできている。

　放射性同位体³²Pをその[3]の中に含むT₂ファージと³⁵Sをその[2]の中に含むT₂ファージを用い、これらを大腸菌に充分、吸着、感染させた後、種々の時間攪拌して、菌体表面からファージをふるい落とした。その後、遠心分離により大腸菌を沈殿させ、沈殿および上澄みに含まれる放射能を測定し、上澄み中の放射能の全放射能に対する割合を求めた。なお、この遠心操作では大腸菌に吸着していないファージは全く沈殿しなかった。グラフは、上澄みの放射能とかくはん時間との関係を示している。

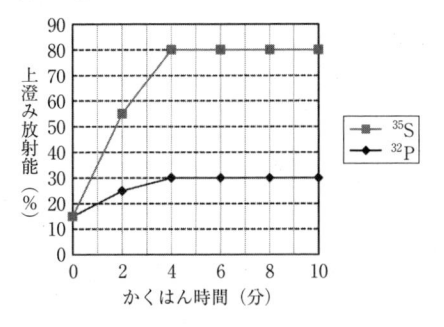

問1　文中[1]〜[3]に適語を入れよ。
問2　上記の実験を参照して、次の中から正しいものを1つ選び、番号で答えよ。
　①　ファージのタンパク質の20%は、4分間以上のかくはん後も大腸菌に吸着していた。また、このタンパク質は菌体内には入って子ファージに伝えられた。
　②　大腸菌にファージが感染すると、ファージDNAの大部分が菌体内に入り、そのDNAは子ファージに伝えられた。
　③　ファージのタンパク質の80%は4分以上のかくはんによって遊離したが、DNAは全く遊離しなかった。それゆえ、DNAは遺伝子の本体と考えられる。
問3　上記の実験を参照して、次の文中の[ア]〜[オ]内に最も適当な数値を記せ。
　(a) かくはんしないとき、上清の³²Pは全体の[ア]%であり、上清の³⁵Sは[イ]%である。このことから、使用した全ファージの[ウ]%が大腸菌に吸着したと思われる。
　(b) 8分間かくはんすると、使用した全ファージのうち[エ]%のファージがDNAを含んだまま振り落とされ、[オ]%のファージがDNAを含んでいないタンパク質の殻だけになって振り落とされたと考えられる。

第5講

遺伝情報の分配

　すべての生物は、それぞれ独自の遺伝情報をもっている。その遺伝情報はDNAという物質の中に暗号として納められている。DNAの中には形質を支配する多数の遺伝子が含まれているが、7割ほどのDNAは意味をなさないジャンクDNAで、かつて侵入したウイルスの名残といわれている。

　体細胞が分裂して2つの細胞になるときには、まったく同じ遺伝情報が、それぞれの細胞に分配される。また、減数分裂では遺伝情報は組換えなどにより生殖細胞（卵や精子など）にいろいろな組み合わせで分配され、多様な形質をもった子が生まれてくる。

1. 細胞はなぜ分裂するのか

　細胞の寿命は、赤血球120日、皮膚の細胞28日、角膜表皮細胞7日、小腸の上皮細胞1.5日、脳の神経細胞では100年以上といわれている。ヒトの体をつくる細胞数は約60兆であるが、死んでいく細胞は1秒間に約5,000万である。そうすると、60兆÷5,000万／秒＝14日となり、僅か2週間でヒトの体は消滅してしまう。そうならないのは細胞が新生しているからである。

　単細胞のアメーバを使った実験では、体が大きくなると一部を切断し、核の量と細胞質の量との割合をできるだけ一定に保つと分裂しない。これは細胞全体を制御する核の守備範囲があると考えられる。その範囲を超えると細胞を二分して細胞を制御すると考えられる。また、細胞の体積と表面積との関係からみると、体積は三乗で増加し、面積は二乗でしか増加しない。つまり、細胞が大きくなるにつれて単位体積あたりの表面積は小さくなる。この状態では、物質のやり取りをする表面積が小さくなるので、細胞の物質代謝が衰える。そこで、細胞分裂に

よって単位体積あたりの表面積を大きくするために分裂すると考えられる（図5-1）。

しかし、細胞は無限に分裂を続けるのではない。ヒトの細胞を培養すると約50回で分裂が終わる。このようなしくみにテロメア（telomere）というDNA領域が関係している（p.46）。1回分裂するごとにテロメアが短くなり、まるで回数券のように50回で無くなってしまうためである。50回の分裂では、2^{50}だから約1,100兆倍になる。なお、がん細胞だけはテロメアを伸ばせるので無限に分裂を続けることができる。ヒーラ（Hela）細胞は、1951年に亡くなったアメリカの女性（Helen Lake）の子宮頸がんの細胞だが、今も全世界の研究室で生き続けている。

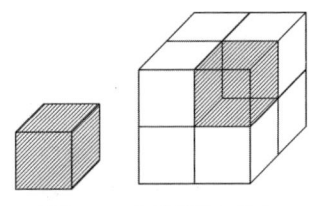

図5-1　物質代謝の効率

2. 細胞周期

細胞が1回分裂して次の分裂に入るまでを細胞周期（cell cycle）という。細胞周期は間期（G；gap期）と染色体が見える分裂期（M；mitosis期）に分けられる。間期はG_1期（DNA合成準備期）、S期（DNA合成期、S；synthesis期）、G_2期（分裂準備期）からなり、分裂期は前期、中期、後期、終期からなる。ヒトの結腸上皮細胞では細胞周期は39時間、分裂期は1時間、G_1期は15時間、S期は20時間、G_2期は3時間であり、タマネギの根端細胞では細胞周期は21時間、分裂期は2時間、G_1期は10時間、S期は7時間、G_2期は2時間である。他の細胞でも細胞周期にしめる分裂期の割合は低い。なお、細胞周期から外れた状態は分化した細胞が該当するが、肝再生や植物のカルスなどのように、成長因子、ホルモンなどの働きによって再び細胞周期にもどることがある。

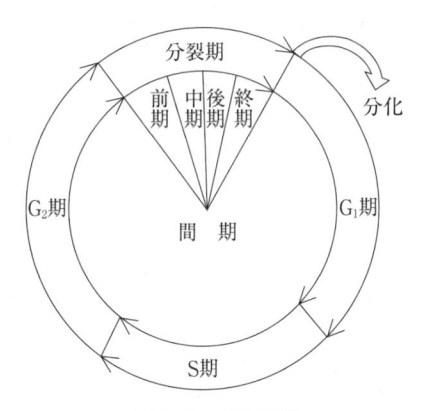

図5-2　細胞周期

3. 染色体

生物種に特有の形や大きさをもつ染色体は分裂期に観察される。分裂前は核内にクロマチン(chromatin；DNA とヒストンというタンパク質の複合体) として存在する。まるで、DNA の糸が絡まないようにヒストン(histon) という糸巻きに巻きついている。この糸を束ねて染色体 (chromosome) がつくられる。

分裂期の染色体は複製されて染色分体 (chromatid) を構成し、動原体 (kinetochore；紡錘糸が結合して染色体を移動させる) の部分でつながり X 字の形をしている。

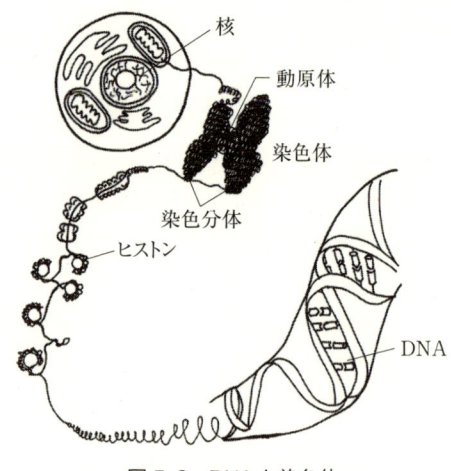

図 5-3　DNA と染色体

ヒトでは 46 本あり、形や大きさが同じ染色体が対をつくる。これらの染色体を相同染色体 (homologous chromosome) という。相同染色体の片方は母親由来、他方は父親由来である。生物が生きていくために不可欠な染色体の 1 セットには生物の設計図 (ゲノム；genome) がある。それを n で表すと、体細胞は 2n、生殖細胞は n となる。

4. 体細胞分裂と減数分裂

細胞分裂には生物体を構成している体細胞が分裂する体細胞分裂 (mitosis) と生殖細胞 (卵、精子、胞子など) が生じるときに行われる減数分裂 (meiosis) がある。いずれも分裂期になると生物種に特有の染色体が現れて、核を均等に分ける核分裂 (nuclear division) がおき、引き続いて細胞質をほぼ二分する細胞質分裂 (cytokinesis) が起きる。分裂期は前期、中期、後期、終期に細分される。核分裂は後期から終期にかけて完了し、細胞質分裂は終期の途中から始まる。各期の特徴は次の通りである。

前期；相同染色体・紡錘体 (mitotic spindle；染色体の分離を行う) の出現。

減数分裂では相同染色体が対合（synapsis）した二価染色体（bivalent）が出現する。
中期；染色体が紡錘体の中央の赤道面に並ぶ。
後期；染色体が両極に移動する（核分裂）。
終期；細胞質分裂が起きる（植物では細胞板で二分、動物ではくびれて二分）。

減数分裂は母細胞と比べて、染色体数・DNA量が半分になり、両親から受け継いだ相同染色体のどちらか片方が卵や精子などの配偶子に分配される。そのため、染色体数2n＝4の生物では、配偶子における染色体の組合せは2^2通り、2n＝6の生物では、2^3通りとなる。ヒトは2n＝46なので、配偶子における染色体の組合せは、2^{23}通りとなり、受精によって生まれる子の染色体の組合せは、$2^{23} \times 2^{23}$で約100兆通りになる。また、遺伝子の組換えや突然変異が起きるので、一卵性双生児をのぞき同じ遺伝子をもった人間が生まれる可能性はほとんどない。そのため、減数分裂は多様な形質を生み出す原動力となる。

表5-1　体細胞分裂と減数分裂の比較

項　目	体細胞分裂	減数分裂
母細胞（分裂する細胞）	体細胞	生殖母細胞
娘細胞数（分裂で生じた細胞）	1回の分裂で2個	1回の分裂で4個
相同染色体	対合しない	対合して二価染色体
核分裂	1回	2回
細胞質分裂	1回	2回
染色体数	同数（2n → 2n、n → n）	半減（2n → n）
DNA合成量	母細胞の2倍	母細胞の2倍
娘細胞のDNA量	母細胞と同量	母細胞の半量

体細胞分裂の模式図

間期 — 核、核小体、核膜、中心体
前期 — 染色体
前期 — 星状体
中期 — 紡錘系
後期
後期
終期
間期 — 娘細胞

減数分裂の模式図

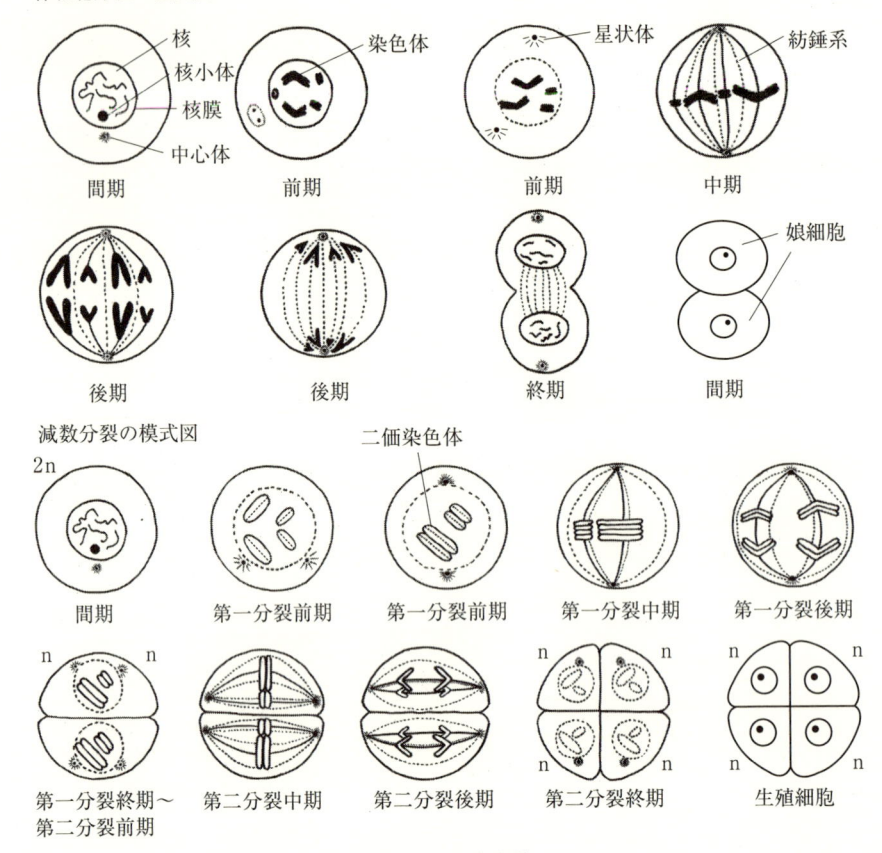

2n 間期
第一分裂前期 — 二価染色体
第一分裂前期
第一分裂中期
第一分裂後期
第一分裂終期〜第二分裂前期（n, n）
第二分裂中期
第二分裂後期
第二分裂終期
生殖細胞

図5-4　細胞分裂

コラム　死なない細胞〜生命の回数券〜

　ヒトの体細胞を培養すると50回程度で分裂できずに死んでいく。ところが、老人からとった細胞では分裂回数が少なく、若い人ほど分裂回数が多くなる。これは、染色体の末端にあるテロメア（telomere）とよばれる構造が関係している。テロメア部位のDNAは、TTAGGGという塩基配列が約2,500回繰り返されている。このテロメアDNAは細胞分裂ごとに50〜200塩基対が失われる（原因はDNA複製のとき、DNAのラギング鎖ではプライマー※を置く余地がなく末端まで完全に複製できないためである。結局、DNAの3'末端は短くなる）。その結果、若い人のテロメアは長く、老人は短くなり、テロメアが短くなると染色体がうまくつくれずに分裂できなくなる。

テロメアが「生命の回数券」とよばれる所以である。

胎児のテロメアが長いのは、卵や精子のような生殖細胞にはテロメアーゼというテロメアを伸ばす酵素がありテロメアをリセットして元の長さにもどすことができるからだ。体細胞にはないテロメアーゼを復活させれば、不老不死になれるのだろうか。残念ながら、そんなことをすれば細胞が、がん化してしまい逆に命を縮めることになってしまう。がん細胞が無限に増殖することができるのはテロメアーゼをもっているからだ。

※ プライマー（primer）；DNA複製時に、DNAポリメラーゼがDNAに結合する足場になるRNAの断片。

【確認テスト】

① 図1は細胞周期、図2はある植物の根端細胞の染色体を模式的に示した。

問1 図1の②、④、⑩は何期とよばれているか。
問2 細胞周期から外れて⑤の方向に向かうことを何というか。
問3 図2の染色体像は、図1の⑥〜⑨のどの時期のものか。
問4 この細胞の染色体数はいくらか。
問5 図2のAとa、Bとb、Cとcは形や大きさが同じ染色体である。このような染色体を何というか。
問6 細胞分裂で生じる娘細胞の染色体の組合せとして正しいものをすべて選び、記号で答えよ。
　（ア）AABBCC　　（イ）ABC または abc
　（ウ）AaBbCc　　（エ）AAaBBbCCc
　（オ）AA または bb または Cc

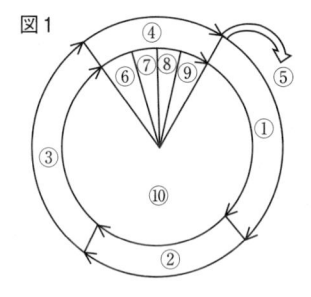

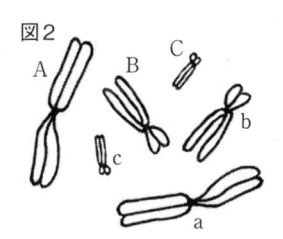

第6講

セントラルドグマ

　二重らせん構造の発見者、クリックはDNAの形質発現のしくみについてセントラルドグマ（中心教義）を提唱した。DNAの遺伝情報はmRNA（messenger RNA；メッセンジャーRNA、伝令RNA）にコピー（転写；transcription）されて核から細胞質に送り出され、遺伝情報の通りにアミノ酸が連結されタンパク質が産生される（翻訳；translation）。このような流れ（DNA→mRNA→タンパク質）をセントラルドグマ（central dogma）という。

1. 遺伝暗号の解読

　DNAの遺伝暗号（genetic code）はどのようにしてタンパク質に解読されるのだろうか。DNAを構成するヌクレオチドは4種類（AGCTの塩基による違い）、タンパク質を構成するアミノ酸は20種類ある。もし、1つの塩基がアミノ酸の暗号であるとすれば、4つのアミノ酸しか決められない。もし、2つの塩基の組み合わせがアミノ酸の暗号であるとすれば、組み合わせによって16種類のアミノ酸を決定できるが、それでも不足する。もし、3つの塩基の組み合わせ（トリプレット；triplet）がアミノ酸の暗号であるとすれば、64通りの組み合わせがあり、20種類のアミノ酸を十分に決定できる（表6-1）。

表6-1　塩基の組み合せ

塩基の数	組み合せ	種類
1	④	$4^1 = 4$
2	④④	$4^2 = 16$
3	④④④	$4^3 = 64$

　1961年、ニーレンバーグ（アメリカ）はウラシルのみからなる人工RNA（ポリウラシル）を、大腸菌から抽出したタンパク質合成系（転移RNA、タンパク質合成酵素など、リボソーム、20種類のアミノ酸、ATP）に加えると、フェニ

表 6-2　コラーナの実験

実　験	人工 RNA	ポリペプチドに取り込まれたアミノ酸
I	CACACACAC...	ヒスチジン、トレオニン
II	CAACAACAA...	アスパラギン、グルタミン、トレオニン

ルアラニンだけからなるポリペプチドが合成できた。このことから UUU はフェニルアラニンの遺伝暗号であることが明らかになった。その後、コラーナら（アメリカ）は CACACA... および CAACAA... の繰り返し配列をもつ mRNA を合成し、タンパク質合成を行わせたところ、表 6-2 のようなアミノ酸からなるポリペプチドがそれぞれ得られた。

　塩基 3 つが暗号になっているとすれば、実験 I の遺伝暗号は最初から読むと CAC、ACA の繰り返し、2 番目の塩基から読むと ACA、CAC の繰り返し、3 番目からでは CAC、ACA の繰り返しとなる。結果はヒスチジン、トレオニンが交互に繰り返すポリペプチドが合成されたので、ACA、CAC はヒスチジン、トレオニンのどちらかの暗号であることがわかる。同様に実験 II では CAA、AAC、ACA の暗号がアスパラギン、グルタミン、トレオニンのどれかに対応していることはわかるが決定できない。2 つの実験では共通した暗号（ACA）とアミノ酸（トレオニン）があるので、人工 RNA の塩基配列 ACA がトレオニンの暗号であるとわかり、アミノ酸列 CAC がヒスチジンを指定していることがわかる。多くの研究者がこのような実験を地道に重ねることによって、1968 年に遺伝暗号が解読された（表 6-3）。

　mRNA の遺伝暗号をコドン（codon）といい、翻訳の際にアミノ酸を運ぶ tRNA（transfer RNA；トランスファー RNA、転移 RNA）の遺伝暗号をアンチコドン（anticodon）という。コドンは 3 つの塩基（トリプレット；triplet）で読まれる。

　アミノ酸を決定するコドンはロイシンのように 6 種類あるものやメチオニン、トリプトファンのように 1 種類だけのものもある。しかし、1 つのコドンは必ず 1 つのアミノ酸を決める[※]。これは重要なことである。タンパク質はアミノ酸の配列が 1 つでも異なると立体構造が大きく変化してしまう可能性がある。つまり、タンパク質の何番目かにロイシンを配列する場合、CUU、CUC…でもよい

表6-3 mRNAの遺伝暗号（コドン）

1番目の塩基	2番目の塩基								3番目の塩基
	U（ウラシル）		C（シトシン）		A（アデニン）		G（グアニン）		
U	UUU	フェニルアラニン (Phe)	UCU	セリン (Ser)	UAU	チロシン (Tyr)	UGU	システイン (Cys)	U
	UUC		UCC		UAC		UGC		C
	UUA	ロイシン (Leu)	UCA		UAA	停止	UGA	停止	A
	UUG		UCG		UAG		UGG	トリプトファン	G
C	CUU	ロイシン (Leu)	CCU	プロリン (Pro)	CAU	ヒスチジン (His)	CGU	アルギニン (Arg)	U
	CUC		CCC		CAC		CGC		C
	CUA		CCA		CAA	グルタミン (Gln)	CGA		A
	CUG		CCG		CAG		CGG		G
A	AUU	イソロイシン (Ile)	ACU	トレオニン (Thr)	AAU	アスパラギン (Asn)	AGU	セリン (Ser)	U
	AUC		ACC		AAC		AGC		C
	AUA		ACA		AAA	リシン (Lys)	AGA	アルギニン (Arg)	A
	AUG	メチオニン (開始)	ACG		AAG		AGG		G
G	GUU	バリン (Val)	GCU	アラニン (Ala)	GAU	アスパラギン酸 (Asp)	GGU	グリシン (Gly)	U
	GUC		GCC		GAC		GGC		C
	GUA		GCA		GAA	グルタミン酸 (Glu)	GGA		A
	GUG		GCG		GAG		GGG		G

開始コドン AUG（initiation codon）、停止コドン UAA、UAG、UGA（stop codon）

が、CUCがロイシンだけでなく他のアミノ酸の暗号になっては都合が悪いということである。

2. 転写（DNA→mRNA）

　DNAは核内にあり、タンパク質合成工場は細胞質にあるリボソーム（ribosome）だから、遺伝情報を伝えるメッセンジャーが必要となる。その役割を果たすのがmRNAである。mRNAがコピーするのはDNAのどちらか片方の鎖である。遺伝情報をもつ方がセンス鎖で、鋳型の方をアンチセンス鎖という。
　mRNAがコピーするのはアンチセンス鎖であり、これを鋳型にすれば相補的な塩基配列となりDNAのセンス鎖と同じ塩基配列になる。ただし、RNAでは

T（チミン）の代わりにウラシル（U）となる。

1）RNA ポリメラーゼ

　転写の主役は DNA から RNA を合成する RNA ポリメラーゼ（RNA polymerase；RNA 合成酵素）である。RNA ポリメラーゼは、原核生物では 1 種類であるが、真核生物では I、II、III の 3 種類ある。RNA ポリメラーゼ I は rRNA（リボゾーム RNA）の合成、II は mRNA（伝令 RNA）の合成、III は tRNA（転移 RNA）の合成を行う。

　このうちの RNA ポリメラーゼ II は図 6-1 のように、12 種類のポリペプチドがサブユニットになった複雑な構造をしている。そのうちの 1 つが尾のような構造をもっており、7 個のアミノ酸が数十回繰り返している（ヒトの場合は 52 回、ショウジョウバエでは 43 回など）。この尾の部位が次に示す未熟な mRNA を成熟させる場となっている。

　RNA ポリメラーゼ II は DNA のプロモーター（promoter）領域に結合し、DNA 二重らせんの約 10 塩基対をほどきながら、5'→3' の方向に mRNA を合成する（アンチセンス鎖の 3'→5' の方向に読み取っていく）。

　このようにして合成された mRNA は未熟であり、成熟した mRNA になるためには、いろいろな修飾を受ける。この過程をプロセッシング（processing）という。1 つは mRNA の頭（5' 末端）に帽子をかぶせること（キャップ構造；7-メチルグアニル酸の付加。mRNA である目印となる、リボソームとの結合が容易、RNA 分解酵素からの保護）、2 つ目は尻（3' 末端）に 100～300 個のポリ A テール（AAAAA…）の尻尾をつけること、3 つ目は不要な部分（イントロン）を削除するスプライシング（splicing）である。

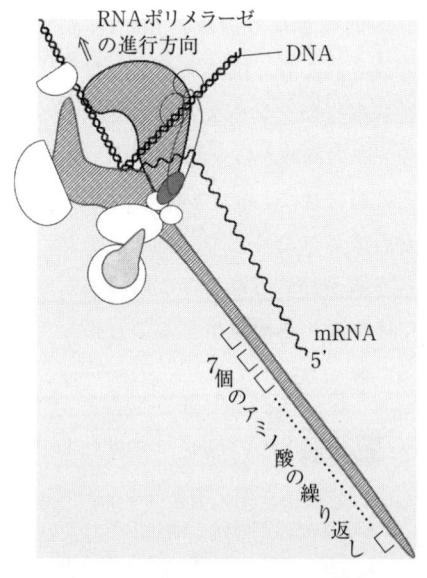

図 6-1　RNA ポリメラーゼの構造

2）スプライシング

　ヒトの場合、全DNAのうち遺伝子に相当する部分は3割、後の7割はジャンクである。驚くべきことにジャンクDNAの大半がウイルスの名残である。大昔、細胞に感染したウイルスがヒトのDNAの中にDNAを組み入れ、潜りこんだままの状態になってしまったものと考えられている。

　遺伝子のうちタンパク質の遺伝情報をもつ部位はエキソン（exon）とよばれ断片化している。遺伝子のうちタンパク質の遺伝情報を含まない部分をイントロン（intron；実際はtRNA、rRNAなどのRNAを合成する部位と考えられている。なお、原核生物にはイントロンがない）という。エキソンとイントロンの比は、1：20ほどであるから、エキソンはDNA全体の1.5% $\left(30\% \times \dfrac{1}{21}\right)$ 程度にしかならない。

　mRNAの情報を翻訳するとき、イントロンが残っていると正常なタンパク質ができないので図6-2のように削除される。これをスプライシング（splicing）という。細胞によって、DNAの同じ領域から異なるエキソンが選択されて複数のmRNAが合成されたり、抗体タンパク質や神経細胞のタンパク質などではエキソンの領域から一部が選択され、その組合せによって多様なmRNAが合成されたりして、新しいタンパク質がつくられる。これによって多様な生物が誕生することになる。

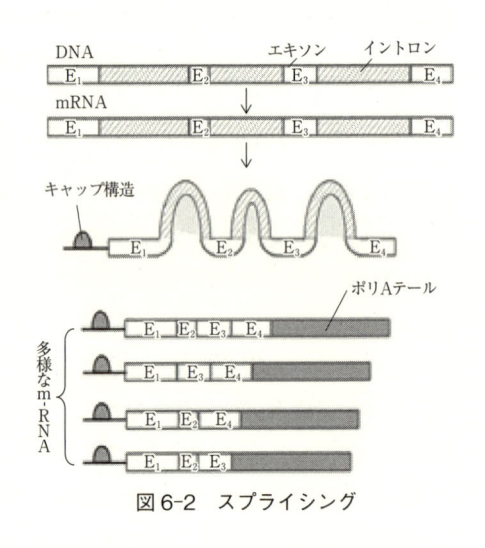

図6-2　スプライシング

コラム　ヒトのDNAの中身とは

　ヒトのDNAの7割を占めるジャンク領域の半分はウイルスDNAの名残と思われる塩基配列が何回も繰り返されている。例えば6000〜8000塩基配列の「LINE」とよばれるウイルスDNAの断片領域は、ヒトでは85万回もある。また、ジャンクのサテライト領域には数個から数十個の塩基配列が何回も繰り返されている。この繰り

返し回数は個人によって異なっている。そこで指紋のようにDNA指紋として個人を特定できるので、親子鑑定や犯罪捜査に利用されるようになった。これがDNA鑑定だ。

親子でも繰り返しの回数は異なるが、正確には子どもは両親の繰り返しをミックスしたものになる（下図）。実際には血液、毛髪、だ液などの細胞からDNAを抽出して鑑定する。なお、2007年に食品擬装が問題になったが、牛肉コロッケに豚肉や鶏肉が混じっていることなどはDNA鑑定をすればすぐにわかってしまう。

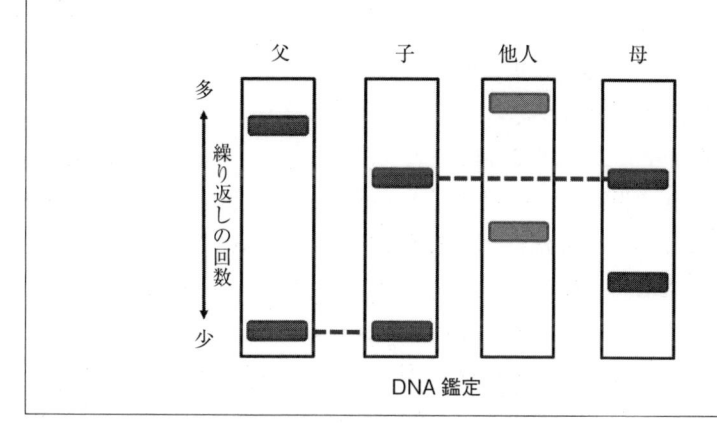

父　　子　　他人　　母

多 ← 繰り返しの回数 → 少

DNA鑑定

3. 翻訳（mRNA → タンパク質）

転写されたmRNAの遺伝情報を読み取って暗号通りにアミノ酸を結合しタンパク質を合成する工場がリボソーム（ribosome）である。工場だけでは製品がつくられず、そこで働く者が必要である。tRNA（transfer RNA；転移RNA）はアミノ酸を運んでくる役割をもつ作業員である。では、実際にどのようにしてタンパク質ができるのだろうか。

1）リボソームとrRNA、tRNA

リボソームの3分の2はRNA（rRNA）からできている。リボソームのリボとはリボ核酸（RNA）でできたソーム（粒子）という意味だ。残り3分の1はタンパク質からなる。rRNA（ribosomal RNA；リボソームRNA）の役割は単にリボソームというタンパク質合成工場の鉄筋の役割だけではない。その量から鉄筋であるRNAがすべてタンパク質で覆われているのではなく、かなりの量が裸のままむき出しになっている。このrRNAはmRNAやtRNAと相補的に結

合し固定する役割をもっている。ま
た、リボソームでアミノ酸がペプチ
ド結合する際の触媒としての働きを
もっている。つまり、リボソームは
RNAでできた酵素（リボザイム）だっ
たのである（p.25）。

　リボソームは図6-3のように2つ
のサブユニットからなる。大サブユ
ニットは触媒として、小サブユニッ
トはmRNAを結合する。大小2つに
またがってtRNAの指定席が3つある。A（aminoacyle）部位、P（peptidyl）
部位、E（exit）部位で、A部位はアミノ酸を結合したtRNA（アミノアシル
tRNA）の席、P部位はペプチドを結合したtRNA（ペプチジルtRNA）の席、E
部位は何も結合していないtRNAの出口となる。

　tRNAの二次構造は三つ葉クローバー型で、実際の分子構造はローマ字のL
を逆さにした形をしている（図6-4）。1本鎖であるが、4カ所で水素結合し、中
央付近にはmRNAと結合するアンチコドンがあり、3'末端にはアミノ酸が結合
している。

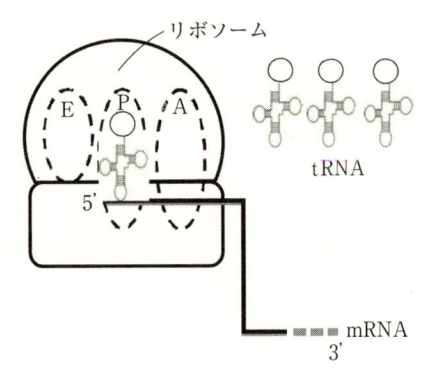

図6-3　リボソームの構造

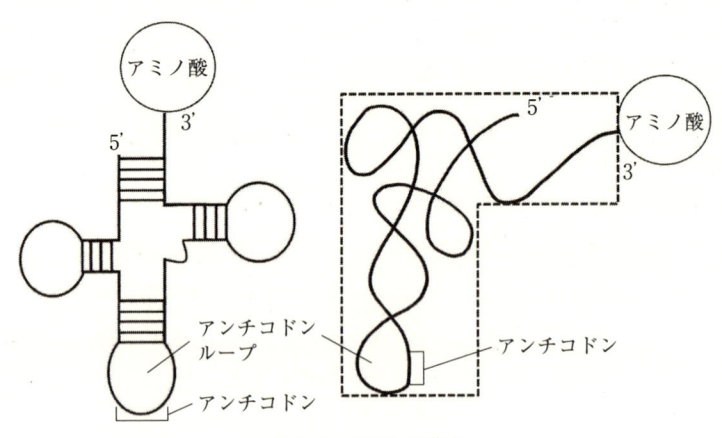

図6-4　tRNAの構造

2) 翻訳の過程

① 翻訳開始時に、mRNAがリボソームの小サブユニットに結合し、開始コドンであるAUGと相補的なアンチコドンUACをもち、3'末端にメチオニンを結合したtRNAが特別にP部位に座る。また、リボソームの大サブユニットが加わり翻訳機ができる。

② 空いているA部位に次のコドンに対応するアミノアシルtRNAが座る。

③ 2つのtRNAは仲良く次のE部位、P部位にずれ、並んだアミノ酸どうしがペプチド結合してつながる。

④ E部位のアミノ酸が離れた最初のtRNAはリボソームから退席し、空いているA部位に次のtRNAが座り、P部位のtRNAに順番にアミノ酸が並んでいく。

　mRNAの終止コドンがA部位に座ると、終結因子（tRNAの偽物；tRNAとよく似た逆さL字型の分子構造をもつタンパク質）がA部位に座り、翻訳が終了してポリペプチド鎖ができる。

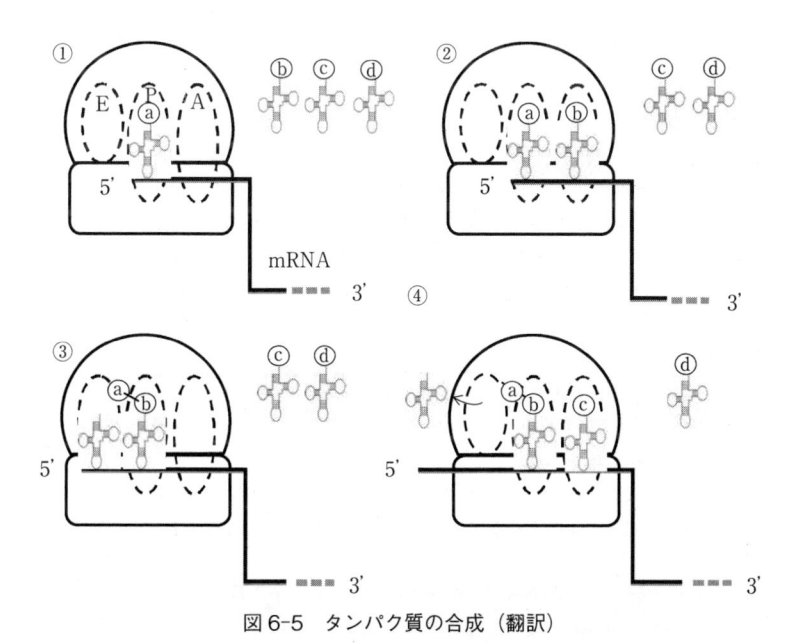

図6-5　タンパク質の合成（翻訳）

3) タンパク質の行方

産生されたポリペプチド鎖は折りたたまれてタンパク質となり、細胞内で酵素となったり、核、ミトコンドリアなどの細胞小器官に運ばれたりして機能する。配送先はタンパク質にシグナルとして書き込まれていて目的の場所に輸送できる。また、細胞外に出ていくタンパク質も同様にシグナルがあり、小胞体に結合する（粗面小胞体）。そこからゴルジ体という配送センターを経由して目的地に配送される。

【確認テスト】

1 生物の a ほとんどすべての遺伝情報は、細胞の核内のDNAに保存されている。さまざまな遺伝情報はDNAを鋳型として［①］RNAへと［②］され、さらにタンパク質へと［③］される。この過程は、細胞質にでた［①］RNAに多数の［④］が付着し、種々のアミノ酸がそれぞれ特有の［⑤］RNAの働きにより結合することにより進行する。

問1　文中の①〜⑤に適語を入れよ。
問2　下線部aのすべてではない理由として、核外にDNAが含まれていると考えられる。DNAを含む核外の構造とは何か。2つ答えよ。

2　遺伝子に関する次の計算問題に答えよ。
問1　DNAに含まれている塩基をモル数で表した比のうち、T_2ファージDNAと大腸菌DNAとで異なる可能性のあるものの番号を記せ。
　①　(A+C)／(G+T)　　②　(G+C)／(A+T)　　③　(A+G)／(C+T)　　④　A／T
問2　mRNAの塩基組成（モル比）が、A：30%　G：20%　C：16%　U：34%　であるとすれば、2本鎖DNAの塩基組成のうちTのモル比はそれぞれ何%か。
問3　大腸菌の2本鎖DNAの分子量は2.4×10^9であり、ヌクレオチドの平均分子量は約300である。1個の遺伝子を10^3塩基対と仮定すると、大腸菌はおよそ何個の遺伝子をもつことになるか。

3　人工的に合成したmRNAをタンパク質合成系（リボソーム、rRNA、酵素などを含む）に加え、実験的にポリペプチドをつくらせ、この中に取り込まれたアミノ酸を調べることで塩基配列とアミノ酸の対応を知ることができる。
　　CACACA...およびCAACAA...の繰り返し配列をもつmRNAを合成し、タンパク質合成を行わせたところ、表1のようなアミノ酸からなるポリペプチドがそれぞれ得られた。

実　験	人工RNA	ポリペプチドに取り込まれたアミノ酸
I	CACACA...	ヒスチジン、トレオニン
II	CAACAA...	アスパラギン、グルタミン、トレオニン

この結果から、共通した塩基の組合せに基づいて mRNA の塩基配列｜ア｜がアミノ酸｜イ｜を、塩基配列 CAC がアミノ酸｜ウ｜を指定していることがわかる。

問1　文中の｜ア｜～｜ウ｜に当てはまるものを次の中から選び、番号で答えなさい。
　1　CAC　　　　2　ACA　　　　3　CAA　　　　4　AAC
　5　ヒスチジン　6　トレオニン　7　アスパラギン　8　グルタミン

問2　mRNA の3つ組の遺伝暗号を何というか。

問3　mRNA は二本鎖 DNA の片方の鎖のみの遺伝情報を転写する。その理由として適当なものを1つ選び、番号で答えなさい。
　1　両方を転写すると、生じた RNA どうしで相補的に結合した二本鎖 RNA となり、リボソームでの読み取りができなくなるため。
　2　DNA は異なる方向性をもつ鎖が相補的に結合しているが、どちらの鎖も同じ遺伝情報をもっているため。
　3　DNA の片方の鎖は tRNA とリボソーム RNA の遺伝情報であるため。
　4　DNA の片方しか転写しないが、相同染色体があるので、結果的には両方の鎖の遺伝情報を読みとっている。
　5　DNA の隙間に RNA ポリメラーゼが2つ同時に入ることができないため。

問4　AとCが2:1の割合で混じっている人工 RNA には、最大何種類のコドンがあるか。また、このコドンの中で、Aが2個、Cが1個よりなるコドンが占める割合はいくらか。

第7講

遺伝情報の調節

　遺伝子はタンパク質をつくる遺伝情報をもっている。また、体をつくる細胞は基本的に同じ遺伝子をもっている。しかし、心臓の細胞が心臓として働き、筋肉の細胞が筋肉として働くなど、細胞の形質に違いがある。もし、どの細胞も同じように遺伝子が働き、同じタンパク質を産生していたら、形質に違いは生じないことになる。

　1945年、ビードルとテータム（ともにアメリカ）は遺伝子の形質発現のしくみついて、**一遺伝子一酵素説**（one gene-one enzyme hypothesis）を提唱した。遺伝子は酵素合成を支配することで形質を支配しているという説である。また、1961年、ジャコブとモノー（ともにフランス）は遺伝子が遺伝子を調節するしくみについて、**オペロン説**（operon theory）を提唱した。

1. 一遺伝子一酵素説

　アカパンカビの野生株は、糖、無機塩類、ビオチン（ビタミンの一種）しか含まない**最少培地**（minimal medium）で生育できる。この野生株にX線を照射すると、最少培地では生育できない突然変異体が生じる。この中にアルギニン（arginine；アミノ酸）を最少培地に加えると生育する**アルギニン要求株**（arginineless mutant）があった。この要求株を用いた実験結果（表7-1）より、アルギニン要求株には3つの変異株があり、アルギニンの合成は次のような経路であること明らかになった。

　つまり、変異株Ⅰは遺伝子Ⅰの突然変異により酵素Aが異常を受けた株であり、酵素B、Cが正常であればアルギニンを合成できる。変異株Ⅱは少なくとも遺伝子Ⅱに突然変異が起きた株、変異株Ⅲは少なくとも遺伝子Ⅲに突然変異

表 7-1 アルギニン要求株の実験
(＋；生育 −；生育しない)

株＼培地	最少培地	最少培地に加えた物質		
		オルニチン	シトルリン	アルギニン
野生株	＋	＋	＋	＋
変異株Ⅰ	−	＋	＋	＋
変異株Ⅱ	−	−	＋	＋
変異株Ⅲ	−	−	−	＋

前駆物質 ──→ オルニチン ──→ シトルリン ──→ アルギニン

酵素A　　　　　酵素B　　　　　酵素C

↑　　　　　　　↑　　　　　　　↑

遺伝子Ⅰ　　　　遺伝子Ⅱ　　　　遺伝子Ⅲ

が起きた株と考えられる。このように1つの遺伝子が1つの酵素合成を支配することで形質発現を行うという説を**一遺伝子一酵素説**（onegene-one enzyme hypothesis）という。なお、酵素をはじめ各種タンパク質は複数のポリペプチド鎖から構成されるので**一遺伝子一ポリペプチド説**（one gene-one polypeptide hypothesis）に発展し、概ね正しいと考えられている。

　この説の例として、ヒトのフェニルケトン尿症がある。この病気は、血液中に多量に含まれたフェニルケトンが尿中に排出されるとともに乳児の脳の発育不全などをひき起こす遺伝病である（フェニルアラニンを必要最小限しか含まない特別なミルクを与える食事療法を行う）。これはフェニルアラニンをチロシンにする遺伝子の変異によって、正常な酵素がつくられず、フェニルアラニンがフェニルケトンになるのが原因である。

2. オペロン説

　大腸菌の代謝基質はふつうグルコースであるため、ラクトース（乳糖）を利用しない。ところが、グルコースの代わりにラクトースを入れると、しばらくしてラクトースを分解してグルコースとガラクトースに分解するβガラクトシダーゼなどの酵素群（パーミアーゼ、トランスアセチラーゼ）が同時に合成され、ラクトースが利用できるようになる。

大腸菌の DNA には元来これらの酵素タンパク質を合成する**構造遺伝子**（structural gene）群とそれに接するオペレーター（operator；ラクトース利用係のスイッチに相当する DNA 領域）がある。ラクトースがないときは、オペレーターの部位に**調節遺伝子**（regulatory gene）によってつくられたタンパク質（調節物質）が結合し、オペレーターのスイッチを OFF にしている。そのため、β ガラクトシダーゼなどの酵素群は合成されない。この抑制をするタンパク質はとくにリプレッサー（repressor）とよばれている。

　ラクトースがあると、ラクトースがリプレッサーと結合するため、リプレッサーはオペレーターと結合できず、オペレーターのスイッチが ON になり、β ガラクトシダーゼなどの酵素群が合成され、ラクトースが利用できるようになる。

ラクトースがなければ、リプレッサーがオペレータに結合しているので、RNA ポリメラーゼは構造遺伝子群の mRNA を合成することはできない。

ラクトースがあれば、リプレッサーがオペレータに結合しないので、RNA ポリメラーゼは構造遺伝子群の mRNA を合成し、酵素群がつくられる。

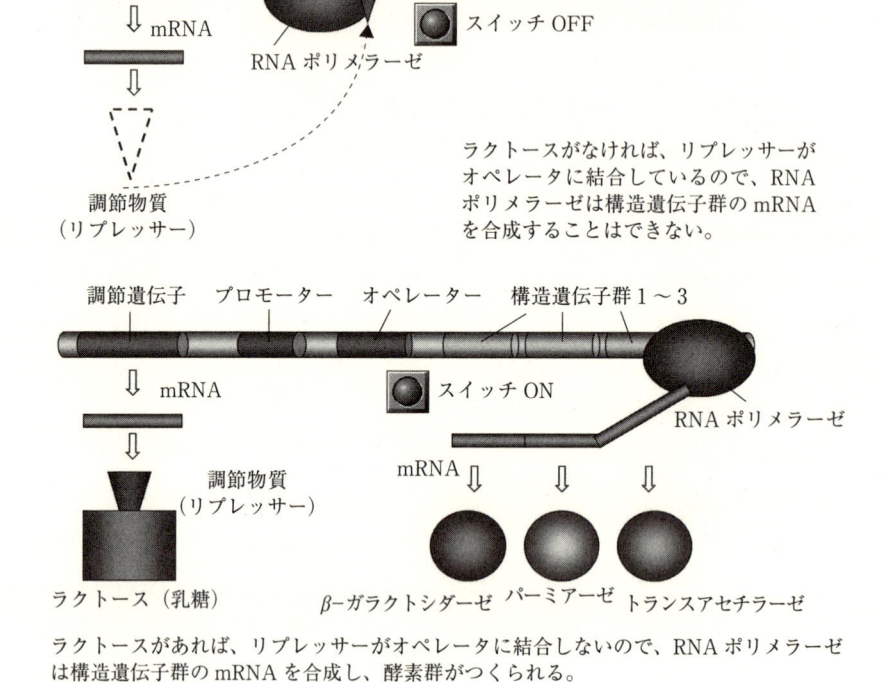

図 7-1　オペロン説

また、大腸菌はふつうトリプトファン合成に関する酵素群が働いているが、トリプトファンを培地に加えると、これらの酵素群がつくられなくなる。このしくみも同じように説明できる。さらに、DNA がすべて転写されてタンパク質を合成するわけではなく、**プロモーター**（promoter；RNA ポリメラーゼが最初に結合して転写を開始する DNA 領域）やオペレーターのような非転写の領域もある。細菌では、プロモーター、オペレーター、構造遺伝子群をセットにして**オペロン**（operon）とよび、転写の単位となっている。なお、調節遺伝子は転写により調節物質（タンパク質）を合成しオペレーターを制御しているが、オペロンと離れた領域にある。

3. ホメオティック遺伝子

双翅目のショウジョウバエには四枚翅（図 7-2）や触角の生える位置に肢ができるような変異がみられる。このような本来の器官ではなく別の器官に置き換わることを**ホメオーシス**（homeosis）といい、これに関与する調節遺伝子を**ホメオティック遺伝子**（homeotic gene）という。

これらの遺伝子は 180 個の塩基対が共通しており、この領域を**ホメオボックス**（homeobox）とよぶ。ホメオボックスをもつ遺伝子を**ホメオボックス遺伝子**（homeotic gene）という（ホメオティック遺伝子はホメオボックス遺伝子のファミリーと考えられるが、ホメオティック遺伝子はホメオーシスをおこす遺伝子という意味合いは薄れ、同じ意味で使われている）。ホメオボックスからつくられる共通のアミノ酸配列は 60 個に相当し、この部分を**ホメオドメイン**（homeodomain）という。ホメオドメインは DNA に結合し調節物質として遺伝子を活性化する働きをもっている。そのため、この部分に変化が起きると、眼の色が変わったとか、体色が変わったとかのような小さな変異ではなく、四枚翅とか触角が肢になるような大きな変異が見られる。つまり、翅や肢をつくるには多くの遺伝子が関与し、ホメオティック遺伝子は上位の

図 7-2　ショウジョウバエの突然変異（四枚翅）

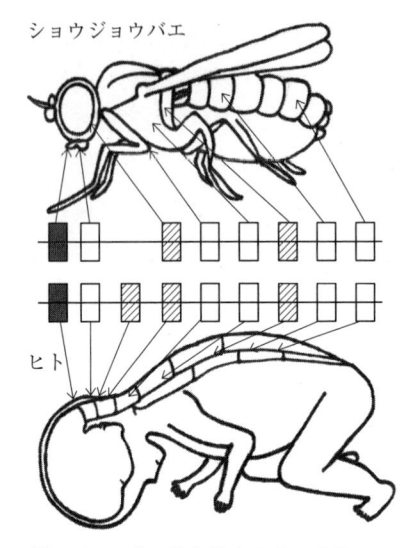

図7-3 1本の染色体上のホメオティック遺伝子の配列

マスターキー遺伝子（master-key gene）として多くの遺伝子を支配下においているためである。

　同じことがニワトリの翼でも見られる。ニワトリの翼をつくるために数千の遺伝子が働いている。あるタンパク質をニワトリのわき腹に埋め込むともう1つ翼ができる。このタンパク質をつくるのが翼のマスターキー遺伝子である。この遺伝子は数千の遺伝子を働かせて翼をつくっている。

　ショウジョウバエで見つかったホメオティック遺伝子はプラナリア、アフリカツメガエル、マウス、そしてヒトでも見つかった。いずれも共通の180の塩基対があり、しかも頭尾軸に沿って順に並んでいることが明らかになった（図7-3）。信じられないことだが、ショウジョウバエの触角に肢をつくるホメオティック遺伝子と同じ位置にあるマウスのホメオティック遺伝子をショウジョウバエに入れると触角に肢が生えてくるのが観察されている。また、ヒトのホメオティック遺伝子をハエの同じ位置に代わりに入れても、正常なハエが生まれてくる。

　生命が誕生して40億年。すべての生物は遺伝子をもち、その遺伝子の僅かの変化で多様な生物が誕生してきた。約10億年前に現れた酵母菌にもホメオティック遺伝子が見つかっている。さらに、植物にもホメオボックスの代わりにマーズボックスをもつホメオティック遺伝子があり、花の構造を決めている（p.206）。地球上の生物は、ホメオティック遺伝子を受け継ぎながら進化してきたと考えられる。

4. がん遺伝子とがん抑制遺伝子

　がん（癌；cancer）は日本人の死亡原因のトップであり、身近な病気である。がんは一部の細胞に変異が起こり際限なく増殖を繰り返し塊をつくる。これを腫

瘍（tumor）、あるいは新生物（neoplasma）とよぶ。転移（metastasia）をしていない状態なら、良性腫瘍（benign tumor）であり切除すれば治る。しかし、転移する力をもったものはがん（cancer：悪性腫瘍）となり、恐ろしい病気となる。

しかし、がんはインフルエンザのように最近になって現れたわけではない。紀元前3000年前のエジプトで、がんが死亡原因と考えられるミイラが発見されているので、その歴史は古い。がんは脊椎動物の病気であり、4.5億年前に魚類が生まれたころに現れたと考えられる。

がんは遺伝子の病気であり、もともとは正常な遺伝子だったものが、塩基配列が僅かに変化して、がん遺伝子（oncogene）となった。車のアクセルに相当するがん遺伝子が踏み続けられ、ブレーキ役のがん抑制遺伝子（tumor-suppressing gene；*p53*遺伝子、*Rb*遺伝子など）が故障して、正常細胞が暴走したものが、がん細胞である。また、がん細胞は正常細胞がもっていないテロメアーゼをもっているため不死身となり無限に増殖する。

がんの原因は、発がん性物質、放射線（紫外線、X線、α線、β線など）、ウイルス（ヒトのT細胞白血病、子宮頸がんなどは関与するが、大部分は関与していない）の3つの因子が考えられる。

がんに罹らないようにするには、この3つの因子から避けることが大切である。タバコは身近な発がん因子を含んでいる。タバコの煙に含まれているベンツピレンは、体内にある酵素*p*-450（有毒物質を解毒する働きをもつ）によって逆に発がん性の高い物質に変化する。禁煙（No-smoking）は本人だけでなく周囲の人をも、がんから身を守る最大の予防である。また、カビ毒素も発がん性があるので、カビの生えたものを食べないこと、また、食物繊維を多く食べて発がん性物質を排出したり、緑黄色野菜からビタミン類・色素を摂って活性酸素をなくしたりすることも予防になる。

安保徹（新潟大）によると、がん細胞のエネルギー源は解糖系（p.152）中心で、すぐにエネルギーを産生できるから成長が早い。ただし、解糖系は、エネルギー効率は悪い。逆にミトコンドリア系の呼吸は、エネルギー産生は遅いが、エネルギー効率はよい。子どもは解糖系中心なので、たくさん食べる必要があり、おやつもいる。大人になるにつれてミトコンドリア系に移行し、70歳過ぎると

ミトコンドリア系中心になり、あまり食べなくてもエネルギーの調達ができる。老人のがんの進行が遅いのは、がんのエネルギー不足によるらしい。

5. DNA修復のしくみ

DNAは遺伝情報を含むので間違いが起きると生命維持ができなくなる。そのために安全装置として、DNAの修復機構が3つある。①複製時の修復、②複製後のミスマッチの修復、③紫外線などの外部からの傷の修復である。

1) 複製時の修復

DNAポリメラーゼは10万回に1回ぐらいの割合で複製ミスが起きる。このミスはDNAポリメラーゼ自身が修正するため、10億回に1回の割合にまで減少することができる。

2) ミスマッチの修復

DNAポリメラーゼ自身が修正できなかったミスがあると水素結合がうまくできずに構造が歪になった部位ができる。この部位をミスマッチ修復タンパク質が認識して切除し、DNAポリメラーゼが修復する。

3) 傷の修復

DNAは絶えず点検が行われているが、放射線、紫外線や活性酸素などの外部からの影響でDNAが傷つけられることがある。例えば、紫外線による傷としてT（チミン）が隣り合った部位でTどうしが結合してしまうチミンダイマー (thimine dimer) ができる。本来、TはAと相補的につながるはずが、Tの相手にGやCが入る確率が高くなり、塩基配列のミスにつながる。DNAポリメラーゼが、このチミンダイマーを除去し、修復する。色素性乾皮症の人はこれに関わるDNAポリメラーゼがつくられないために、昼間、日光にあたるだけで皮膚がんにかかりやすくなる。

【確認テスト】

① 遺伝子と形質発現に関する次の各問いに答えよ。

アカパンカビの野生株は、グルコース、無機塩類、ビオチンしか含まない最少培地で生育できる。

右表は、この野生株にX線を照射した後、最少培地で生育できなかった3つの株を最少培地にいくつ

株番号	最少培地に加えた物質			
	アルギニン	シトルリン	グルタミン酸	オルニチン
1	+	+	−	−
2	+	−	−	−
3	+	+	−	+

かの物質を加えた培地で生育の有無を調べた結果である。これらはアルギニン合成経路のどこかが機能していない。

グルタミン酸 ──→ （ ① ）──→ （ ② ）──→ アルギニン
　　　　　　　Ⅰ　　　　　　Ⅱ　　　　　　Ⅲ

問1　上の文の①、②に適当な物質名を入れよ。
問2　アルギニンの合成経路のⅢの反応が進まない株の番号を記せ。

2　大腸菌での酵素合成の誘導に関する次の文を読み、あとの問いに答えよ。
　大腸菌の基質はふつうグルコースであるため、ラクトースを直接利用することはできない。ところが、グルコースの代わりにラクトースを加えると、しばらくしてラクトース分解に関する酵素（以後はβと略す）群が合成され、ラクトースが利用できるようになる。
　大腸菌のDNAにはβなどの酵素タンパク質を合成する構造遺伝子群とそれに接する（　ア　）がある。（ア）はラクトース利用係のスイッチに相当する。ラクトースがないと、（ア）に（　イ　）遺伝子によってつくられた（　ウ　）とよばれるタンパク質が結合し、スイッチをOFFにするため、βなどの酵素群は合成されない。ラクトースがあると、ラクトースが（ウ）と結合するため、（ウ）は（ア）と結合できず、（ア）のスイッチがONになり、係が働くためβなどの酵素が合成されラクトースが利用できるようになる。

問1　次の文の（ア）～（ウ）に適語を入れよ。
問2　ジャコブ・モノーによって提唱されたこの遺伝子発現の調節の考え方は何説とよばれているか。
問3　遺伝子がタンパク質を合成するためにはmRNAがつくられる。RNA合成にはRNAポリメラーゼがDNAの読み取り開始点に結合する。このDNAの部位を何というか。
問4　遺伝子が遺伝子を調節して形質発現がみられるが、ヒトにもショウジョウバエなどにも共通した180塩基対からなる領域がある。この領域を何というか。

第8講

バイオテクノロジー

　生物学は1970年代になって大きく飛躍した。遺伝情報を含むDNAを切ったり貼ったりする技術を手に入れ、**遺伝子組換え**ができるようになった。また、**細胞融合**という全く異なる2つの細胞を1つにすることもできるようになった。それによって、品種改良、インスリン、インターフェロンなどの有用物質の合成、遺伝子治療などが可能になった。しかし、良いことばかりではなく災害（バイオハザード）が起きることも想定しなければならない（1979年、ソ連、研究所からの病原体の漏出による住民死亡、1988年、アルゼンチン、遺伝子組換えのウイルスで死者、1988年、日本の製薬業による遺伝子組換え薬品による大規模薬害など）。

1. PCR法（ポリメラーゼ連鎖反応法；polymerase chain reaction）

　目的とするDNAの任意の部分をDNAポリメラーゼによって、倍々に増やす技術で、僅か数時間で百万倍に増やすことができる。方法は、約95℃で1分ほど加熱すると、DNAの2本鎖が解離して1本鎖になる①。温度を約55℃に急激に下げて1分間おくと、予め作っておいたDNAプライマーが目的のDNAの相補的な部位に結合する（アニーリング、②）。温度を約72℃に上げて1〜2分すると、DNAプライマーの部位から5'→3'方向に目的のDNAが伸長し2倍に増える。このサイクルを繰り返せば多量の目的のDNAを複製できる（図8-1）。ただし、PCR法では増やしたいDNAの3'末端の塩基配列がわかっていないとDNAプライマーが作れず、DNAを増やせない。また、温度が高いので耐熱性のDNAポリメラーゼが必要である。このような高温に耐えるポリメラーゼは温泉地帯にすむ細菌から抽出されている。

図 8-1　PCR 法

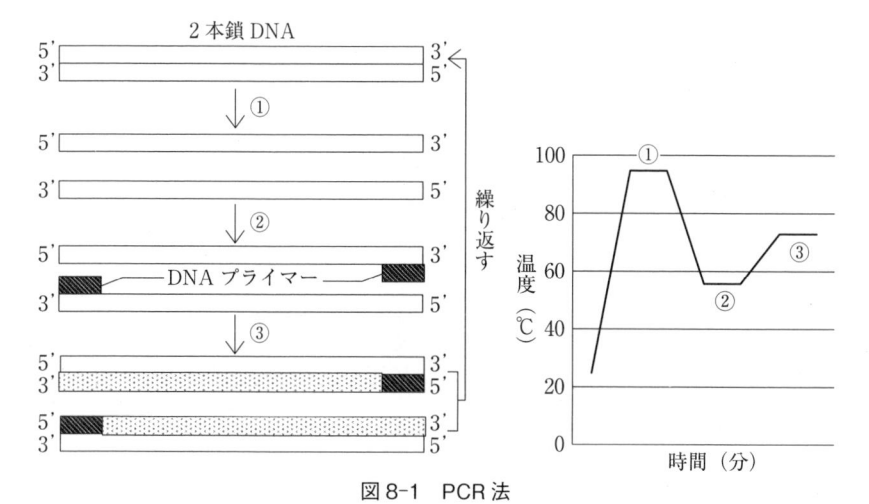

2. DNA シークエンシング～DNA 塩基配列の決定法～

　映画「ジュラッシック・パーク」は琥珀の中に封じ込められていた蚊が吸った恐竜の血液からDNAを取り出し、PCR法でDNAを増幅しスーパーコンピュータで解析して恐竜のDNAを復元し、ティラノサウルスなどの恐竜を蘇らせるというストーリーである。近年のバイオテクノロジーの目覚ましい発展によって、このようなことが考えだされたが、そのためには恐竜のDNAの塩基配列を調べなければならない。

　DNAの塩基配列を決定する方法の1つとしてマクサム・ギルバート法がある。DNAの鎖には方向性があり、それぞれ5'末端、3'末端とよばれている。この5'末端に放射性^{32}Pで標識（ラベル）したDNAを4つ用意し、アデニン（A）の部分だけ、グアニン（G）の部分だけ、シトシン（C）の部分だけ、チミン（T）とCの部分で選択的に切断する薬品を用いてそれぞれDNA断片をつくる。

　これらのDNA断片を電気泳動（図8-2）によって分子の大きさの順にふりわ

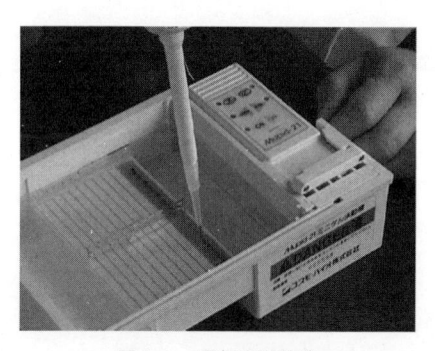

図 8-2　電気泳動装置

図8-3 マクサム・ギルバート法

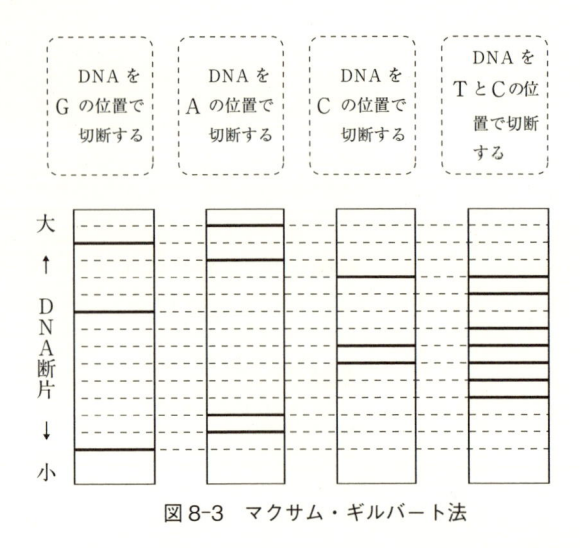

けре。小さい分子ほど速く移動し、X線フィルムをあてると、移動したDNA断片のうち放射性^{32}Pで標識されたものだけが感光し黒い帯となって見える（図8-3）。例えば、DNAをGの位置で切断すると、末端からGのある部位までの種々の長さのDNA断片を生じ、末端から何番目にGがあるかが分かる。どの塩基の部分で切断したDNA断片であるかに注意して、この帯を短い断片から順に読みとると、DNAの塩基配列を決定することができる。

　図8-3の場合であれば、一番小さなDNA断片が下端になるので、順に読んでいくと、5'末端から「GAATTCCTGTCAGA…」の順に配列していることがわかる。

　現在、用いられているのはサンガー法で、DNAの切断ではなく、DNAポリメラーゼを使ってDNAを合成する方法である。その際に、材料である4種類のヌクレオチド（dATP, dGTP, dCTP, dTTP）以外に、少量の異なるジヌクレオチド（ddATP, ddGTP, ddCTP, ddTTP）をそれぞれの試験管に1つずつ加えておき、それが取り込まれた時点でDNA合成が停止し、DNA断片ができることを利用したものである。ジデオキシヌクレオチは2'の炭素の他に3'の炭素もヒドロキシ基（−OH）をもたないので、取りこまれた時点でヌクレオチドが連結できずDNA断片が生じる。

マクサム・ギルバード法と同じように、この5'末端に放射性^{32}Pで標識（ラベル）すると図8-3の最後のデータのようにTとCの2つの位置で切断するようなことがなくなるので、わかりやすくなる。また、現在は^{32}Pの代わりに4種類の蛍光色素付のジデオキシヌクレオチドを用いて、より簡単に塩基配列が分析できるようになった。

3. 遺伝子組換え

遺伝子組換え（gene recombination）は、目的の遺伝子を含むDNA領域を切り出して、別のDNAに貼り付けるカット&ペーストのDNA組換えの手法である。これを行うためには、鋏とのりが必要である。はさみに相当するのが制限酵素（restriction enzyme）、のりに当たるのがリガーゼ（ligase）である。制限酵素はDNAの特定の塩基配列の部位を切断するが、細菌に侵入してきたファージ（ウイルス）のDNAを切断する働きをしてファージから身を守る役目を果たしている。

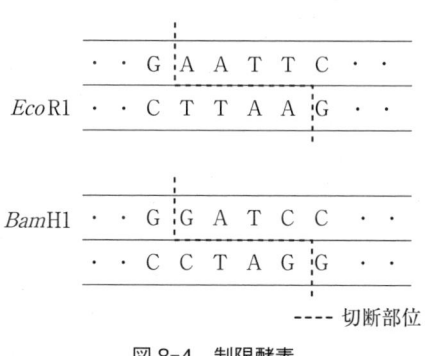

EcoR1（エコアール1）という制限酵素は初めて大腸菌（Ecoli）のR株から見つかったので、このような名前がつけられた。切断する部位は、5'…GAATTC…3'（3'…CTTAAG…5'）の回文（「たけやぶやけた」など）になっている。他にBamH1（バムエイチ1）、Pst1（ピーエスティー1）などがある（図8-4）。

```
EcoR1   ··G│AATTC··
        ··CTTAA│G··

BamH1   ··G│GATCC··
        ··CCTAG│G··
```

---- 切断部位

図8-4　制限酵素

実際の手法は目的のDNAを制限酵素で切断し、同じ酵素で目的のDNAの運び屋であるベクター（vector）も切断する。両方の切断面が同じなので、これがのりしろとなり、リガーゼで接着できる。このようにして目的のDNAを組換えたベクターを細胞に感染させて遺伝子を働かせるのが一般的である。

大腸菌には本来のDNA以外に小さな環状のDNAがある。これをプラスミド（plasmid）といい、細菌が生きていくためにはとくに必要ないが、何か有効な

図 8-5　遺伝子組換え

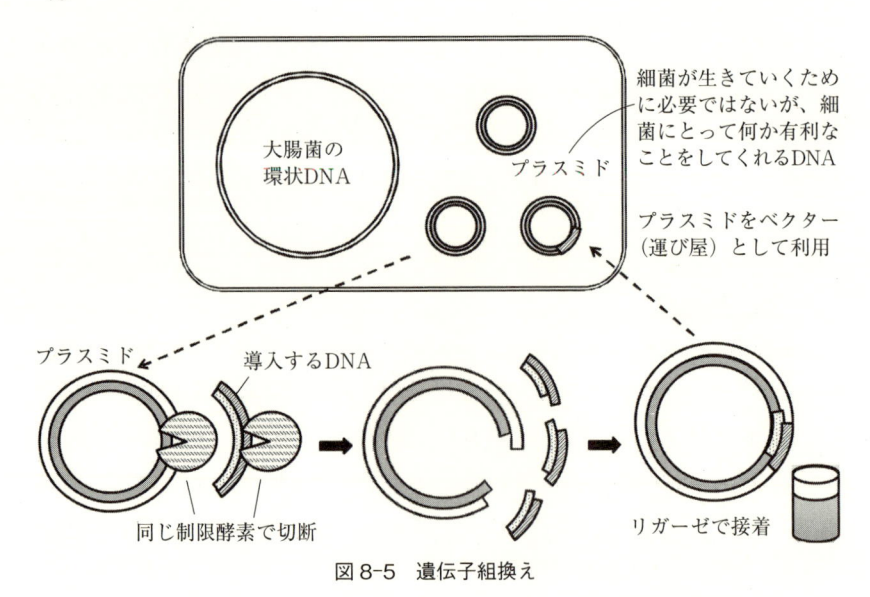

働きをもつ DNA である。制限酵素もこの DNA 領域の遺伝子が発現したものである。このプラスミドはベクターとして利用される。ベクターにはウイルス（レトロウイルス、p.76）も利用される。

　例えば、大腸菌（K12 株；自然には存在せず、十分な培地でないと生育できない。病原性大腸菌 O157 のように毒素をつくることはしない）にオワンクラゲの GFP（Green Fluorescent Protein；発光タンパク質）遺伝子を導入する。ベクターは、大腸菌由来のプラスミドで、アラビノースオペロンとアンピシリン耐性遺伝子（amp 遺伝子）を含んでいる。このオペロン領域に上記のはさみとのりに相当する酵素を使って、外来遺伝子の GFP 遺伝子を組み込み、大腸菌の形質転換の状況を確認する実験を行った。図 8-6 は、その結果を示している。

※　プレート 3 では大腸菌のコロニーが見られなかったのは、培地中のアンピシリンにより菌の増殖が抑制されたためである。プレート 4 にはアンピシリンが含まれていないため、大腸菌は一面に増殖した。

　プレート 1・2 で増殖できた大腸菌は、プラスミドが組み込まれたものだけである。この大腸菌ではアンピシリン耐性遺伝子によって、培地中のアンピシリンが分解されたため、プレート 4 よりは少ないコロニーが見られた。プレート 2 では、アラビノースがあるため、プラスミド中のアラビノースオペロンにある GFP 遺伝子が働き、発光タンパク質がつくられたために発光が

第8講 バイオテクノロジー 71

プレートの種類	プレート1	プレート2	プレート3	プレート4
培地添加物 amp（アンピシリン）	+	+	+	-
培地添加物 ara（アラビノース）	-	+	-	-
培地添加物 プラスミド（DNA）	+	+	-	-
プレート上のコロニーの状態 ●：発光 ○：白色（発光なし）	○○○○○○	●●●●●●●	（なし）	○○○○○○○○○○○
コロニー形成の有無	+	+	-	+
発光の有無	-	+	-	-
説明 ※ amp；アンピシリン（菌の増殖を抑制する抗生物質）	プラスミドが導入された菌だけが増殖してコロニーを形成。アラビノースがないのでGFPは誘導されていない。	プラスミドが導入された菌だけが増殖してコロニーを形成。アラビノースがあるのでGFPが誘導されて発光する。	アンピシリンにより菌の増殖は抑えられている。	アンピシリンはないので、菌はプレート一面に増殖する。

図8-6 遺伝子組換え実験

見られた。発光の有無は、培地を紫外線ランプで照射して観察する（図8-7）。

ヒトの遺伝子を大腸菌に組み込んでヒトのタンパク質を生産することはインスリン、成長ホルモンやインターフェロンなどで実用化されている。しかし、大腸菌がつくるタンパク質には糖鎖が付け加えられていない。大腸菌の代わりにウシなどの哺乳類の細胞を使えば糖鎖を付けることができる。このためウシの卵に目的のヒトの遺伝子を組み込んで子ウシをつくり、子ウシが成長して乳汁中に目的のタンパク質を分泌させることが行われている。このように有益な遺伝子を遺伝子組換え技術で受精卵などに導入し、動物そのものを工場として医薬品や有効なタンパク質を産生させることが研究されている。このような動物をトランスジェニック動物（transgenic animal）という。

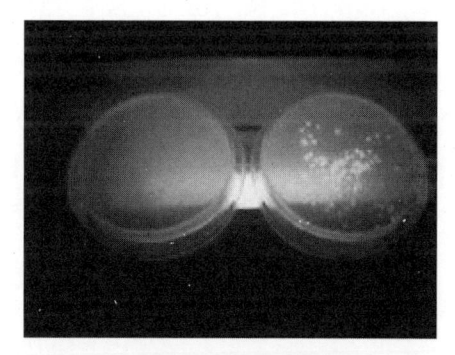

図8-7 光る大腸菌

4. 細胞融合

1978年、メルヒャース（ドイツ）は細胞融合（cell fusion）によってポテトとトマトの雑種であるポマトをつくった（図8-8）。葉や花は両者の中間のようなものになったが、地下部のイモは貧弱で食用にならず、地上部もトマトらしきものが実るだけで実用的ではなかった。これは、1つの植物が光合成によってつくる有機物量は一定だから、貯蔵物を地下と地上に分散すれば中途半端はものになるのは予測できる。むしろ、トマトの根とジャガイモの葉をもった植物ができなかったことが幸いであったかもしれない。

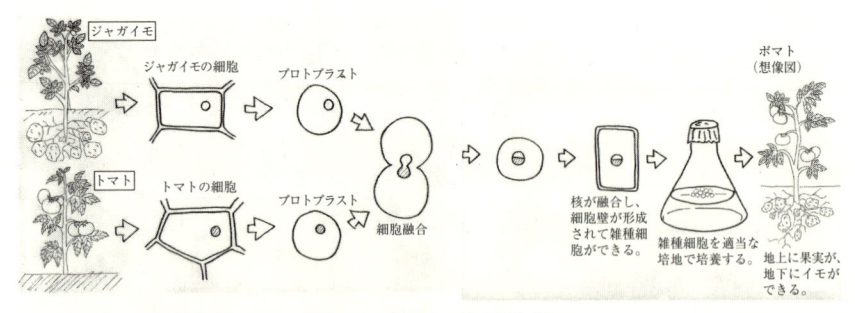

図8-8　ポマト（細胞融合）

異なる植物を融合させるためには、セルラーゼやペクチナーゼの2種類の酵素で処理して細胞壁のない裸の細胞（プロトプラスト protoplast）をつくる。セルラーゼは細胞壁の主成分であるセルロースを分解し、ペクチナーゼは細胞の接着剤であるペクチンを分解し細胞をバラバラにする酵素である。

異なる植物のプロトプラストをポリエチレングリコールなどの融合促進剤を添加すると細胞融合が起きる。ポリエチレングリコールの代わりに電気刺激を与えて融合させる場合もある。図8-9はパンジーとコマツナの融合の様子である。融合が完了すると細胞分裂が起きカルスとよばれる未分化の細胞の塊ができる。これを寒天培地などで組織培養

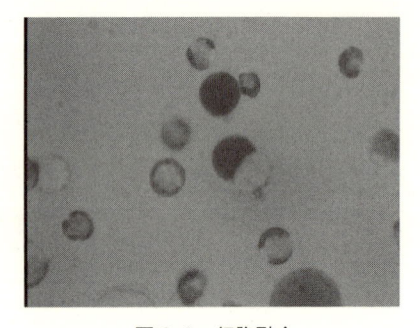

図8-9　細胞融合

すると新しい形質をもった植物が誕生する可能性がある。現在、実用化されているものにオレンジとカラタチを融合させた「オレタチ」、ハクサイとキャベツの融合した「バイオハクラン」などが知られている。

　細胞融合の利点は、受精では近縁種しか融合できないのに対して、いろいろな細胞を融合させることができることである。極端な場合、植物と動物の細胞を融合させることもできる。例えば、ヒトのがん細胞とタバコのプロトプラストを融合させた例もある。魚とヒトから人魚、ヒトとネズミからねずみ男ができると思われるかもしれないが、植物と動物の場合は、融合しても細胞分裂が起きないので怪しい生物が誕生することはない。

5. クローン動物

　植物の挿し木や取り木、ジャガイモのイモやサツマイモのつるなどの栄養体生殖はクローン植物である。クローン（clone）とは、同じ遺伝子を持つ個体や細胞の集団のことである。

　クローン動物（cloned animal）として有名なのが、1996年、ウィルムット（イギリス）らによって乳腺細胞（体細胞）からつくられたクローンヒツジである。このクローンヒツジは巨乳の歌手の名前をとってドリーと名づけられた。ドリーはポニーという子羊を出産した。これによってドリーは完全なヒツジであり、体細胞の核にも受精卵と同じ設計図があることが証明された。しかし、ヒツジの平均寿命の半分の6歳で死亡したことはクローンであったことが原因なのかどうかは不明である。

　ドリーは未受精卵や受精卵ではなく、分化した乳腺の体細胞から作り出されたことが注目された。ドリーの誕生には3匹の雌ヒツジが関係している。1匹（A）は乳腺細胞の提供、2匹目（B）は卵細胞の提供、

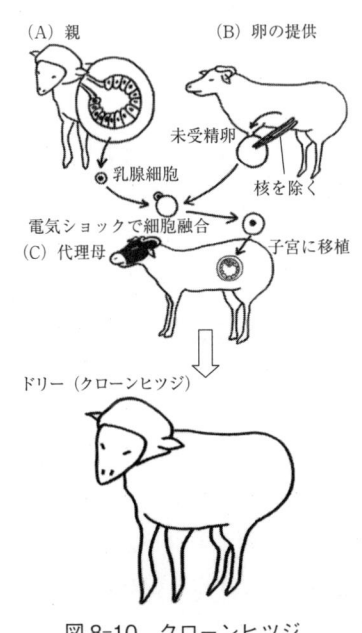

図8-10　クローンヒツジ

3匹目（C）は子宮の提供（代理母）である。Aからとった乳腺細胞を栄養分の乏しい培地で培養し細胞周期のG_1期（p.43）に留め、Bの卵細胞から核をとった細胞との間で電気刺激による細胞融合を行う。この細胞がうまく発生したら代理母Cの子宮に着床させる。このようにして、誕生したのがドリーである。ドリーは母Aと同じ遺伝子をもっていることも証明されている（親子のクローン）。この技術を使ってヒトの血液凝固因子をつくる遺伝子が導入されたトランスジェニック動物のポリーと名づけられたクローンヒツジも誕生している。

6. iPS細胞と再生医療

「トカゲの尻尾切り」とは敵に襲われると尻尾を切って、敵が動く尻尾に気を取られている間に本体のトカゲは逃げてしまうことだ。人間社会ではトップが部下に責任を負わせて逃げることの喩に使われる。切れた尻尾は元通りになるが、このように体の一部分が失われても元に復元することを**再生**（regeneration）という。しかし、さすがにトカゲも胴体を半分に切られると再生できない。ところが、胴体を切っても切ってもそれぞれが再生して元通りになる生物がいる。それが再生力のチャンピオンのプラナリアである（図8-11）。

ヒトも皮膚が傷ついても自然に治るし、骨折しても骨が再生するがプラナリアの比ではない。ヒトの皮膚にある幹細胞は皮膚に、骨の幹細胞は骨にしかなれない。プラナリアのように万能ではない。臓器移植も免疫機構という防衛反応によって型（MHC、p.121）が合わないと他人のものは移植できない。ところが、ES細胞やiPS細胞の発見によって、再生医療（regenerative medicine）が大きく前進した。その研究の中心になっているのが山中伸弥教授をはじめとする日本の研究者である。

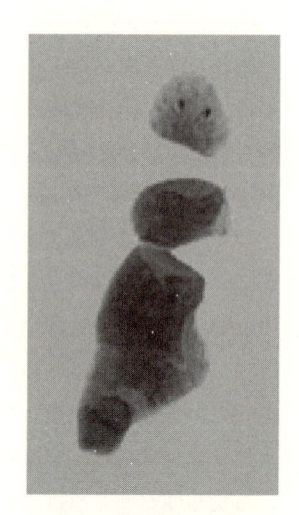

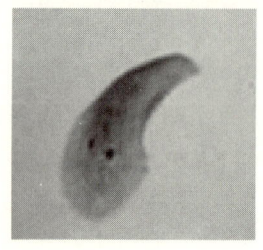

図8-11　プラナリアの再生

1）幹細胞

　古くなった細胞は壊されて、新しい細胞と置き換えられる。この新しい細胞をつくりだすのが**幹細胞**（stem cell）である。受精卵はすべての細胞をつくりだせるが、ヒトの皮膚の幹細胞は皮膚だけを、血液の幹細胞は赤血球や白血球だけをつくりだす。すべての細胞に同じ設計図（遺伝子）が含まれていても、白血球が皮膚細胞になったり、神経細胞になったりはできない。これは設計図の中の一部の遺伝子だけが働くためである。これが細胞の**分化**（differentiation）である。ちょうど1冊の設計図がのり付けされた状態で、他のページが読めないようになっている。そのしくみは**ヒストン修飾**（DNAの鎖を巻きつけるタンパク質のヒストンが変化を受けてDNAを解けないようにきゅっと固定する）と**DNAのメチル化**（シトシンにメチル基が付加されてDNAの遺伝情報が読み取れなくなる）である。受精卵はのり付けがなく、発生が進むにつれてのり付けが強くなる。そのため、一度分化した白血球や皮膚細胞は受精卵と同じではない。幹細胞はのり付けがある程度ゆるくなっていると考えられる。

2）ES細胞

　受精卵が卵割して100個ほどの細胞になったとき、内部にある細胞の塊からつくられた細胞は、**ES細胞**（embryonic stem cell 胚性幹細胞）とよばれ、皮膚、血球、神経細胞、筋肉細胞などあらゆる細胞に分化できる。

　ドリー誕生の技術を使って、卵細胞の核を除いた細胞に臓器移植の必要な患者からとった皮膚細胞などの核を移植する。この細胞が分裂して胚盤胞（胞胚）の段階になったときES細胞をつくれば、あらゆる細胞に分化し、しかも患者と同じ遺伝子をもつので拒絶反応も起こらず再生医療が飛躍的に前進する。しかし、大きな問題点がある。それはヒトの卵細胞を壊すことである。この問題を解決したのがiPS細胞である。

　なお、ES細胞は胎盤には分化できないので、子宮にもどしてもクローンをつくることはできない。また、倫理的、社会的にも問題があるので、ヒトのクローンの作成は禁止されている。

図8-12　胚盤胞（胞胚）

3) iPS細胞

2006年8月、京都大学の山中伸弥教授はネズミの皮膚細胞からどのような細胞にも変化できる万能細胞を作り出すことに成功した。さらに、2007年11月にはヒトの皮膚細胞から万能細胞を作り出した。この細胞はiPS細胞（induced Pluripotent Stemcell 人工多能性幹細胞）とよばれる。

その方法は患者の皮膚の線維芽細胞を取りだし、4種類の遺伝子（*Oct3/4* オクトスリーフォー、*Sox2* ソックスツー、*Klf4* ケーエルエフフォー、*c-Myc* シーミック）を導入するために、レトロウイルス（RETRO virus；逆転写酵素をもつ発がんウイルス）をベクター（運び屋）として用いた。その結果、ES細胞と同じ状態をつくりだすことができた。卵細胞ではなく、体細胞を使うiPS細胞はES細胞の問題点をクリアすることができた。ただし、発がんを起こす*c-Myc*という遺伝子を使うことやレトロウイルスを用いること、さらにレトロウイルスによって運び込まれた遺伝子がDNA中にランダムに組み込まれるので、その位置が重要な遺伝子であれば、その遺伝子の働きがなくなり、致命的な事象が起きるかもしれない。また、うまく多能性幹細胞になっても、ある日突然にがん化する可能性もある。遺伝子の導入をしないiPS細胞などの研究も山中教授をはじめ全世界で行われている。いずれにしても、iPS細胞が今後の再生医療の切り札であることには違いない。

7. 遺伝子診断

病気になると採血、採尿によって患者の情報が得られる。同じように血液から個人のDNAを調べて治療を行うことができる。つまり個人のDNAから将来どのような病気になるか予測し適切な処置をするのだが、重い病気の遺伝子が見つかれば、就職、結婚などに不利になったり、生命保険への加入ができなかったりと様々な問題が起きるかもしれない。DNAの遺伝情報は究極の個人情報なので、機密の保持や勝手に別の目的で使われないようなしくみを確立する必要がある。

遺伝子診断（genetic diagnosis）は、DNAマイクロアレイという数万から数十万の1本鎖DNAが固定されているスライドガラスほどの大きさの器具に、資料の細胞から取り出したmRNAを逆転写して相補DNA（cDNA）を合成し、このcDNAに蛍光の目印をつけておく。cDNAをマイクロアレイに流し込み、

余分の cDNA を洗い流せば、固定されていた DNA と相補的に結合した cDNA が蛍光を発する。これによって遺伝子の種類や働き方を調べることができる。

　一塩基多型（SNP, p.40）と病気との関連がしだいに明らかになっているので、これを調べて個人にあった病気の治療、薬の投与、副作用などの**オーダーメイド医療**（personalized medicine）が可能になる。また、**遺伝子治療**（gene therapy）として、ADA 欠損症の治療が行われている。この疾患はアデノシンデアミナーゼ（ADA）という酵素ができないために免疫力が低く、若くして死亡する遺伝病である。採血して取り出したリンパ球にレトロウイルス（*ADA* 遺伝子の運び屋）を感染させて遺伝子を組み入れ、それを患者に点滴で戻すという治療法で、1990 年にアメリカで初めて行われた。この治療法の問題点は遺伝子導入されたリンパ球に寿命があり、何度も同じ治療をしなければならないことである。そのためリンパ球ではなく、リンパ球の元になる造血幹細胞に遺伝子を導入する方法が考えられる。これなら 1 回の導入ですむのだが、問題は骨髄から数の少ない幹細胞を取り出すのが難しい点である。

【確認テスト】
1　細胞融合に関する次の i、ii の各問いに答えよ。
i)　タバコの葉を細かく切り、ペクチナーゼと（　1　）の 2 種類の酵素を含んだ液に浸すと、細胞の外側の（　2　）が分解され、球形の「裸の細胞」とよばれるプロトプラストが得られる。(ア)、(イ) の 2 品種（ともに 2n=24）のタバコのプロトプラストを混ぜ合わせて細胞融合促進剤で処理すると、細胞が融合し、やがて (ウ) のような雑種を形成する（図 1）。また、紫外線で (イ) 品種の核を破壊してから、細胞融合させると (エ) のような細胞が得られる（図 2）。
　一方、受精によっても雑種をつくることができる（図 3）。また、各図の A、B は核の遺伝子群、a、b は核外遺伝子を示すものとする。なお、雑種 (オ)・(カ) の核外遺伝子と雑種 (キ) の核の遺伝子群・核外遺伝子は省略してある。
問 1　文中 (1)、(2) に適語を入れよ。
問 2　下線部の溶液は、0.6 モル／mL のマンニトール（単糖類）の高張液にしてある。この理由は何か。次の①〜⑤の中から最も適当なものを 2 つ選び、番号で答えよ。
　①　原形質分離を起こさせるため　　②　呼吸のためのエネルギー源の供給のため
　③　プロトプラストの破裂を防ぐため　④　細菌の繁殖を抑制するため
　⑤　能動輸送を促進するため
問 3　(ウ)〜(オ) の雑種の核相はそれぞれ何 n か。

問4 (オ)の細胞の核外遺伝子はどのようになっているか。次の①〜⑤の中から1つ選び、番号で答えよ。
① aのみ存在する。　　② bのみ存在する。　　③ a、bがほぼ均等に存在する。
④ ごく少量のbと多量のaが存在する。　　⑤ a、bともに存在しない。

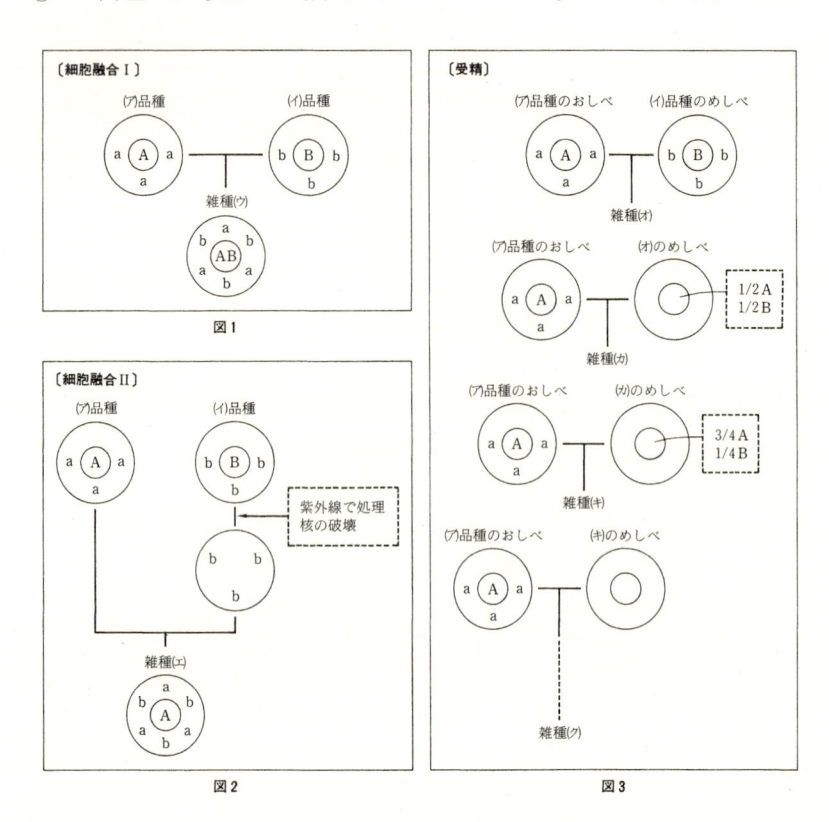

〔細胞融合Ⅰ〕

図1

〔細胞融合Ⅱ〕

図2

〔受精〕

図3

問5 (キ)の細胞の核の遺伝子群の割合はどのようになっているか。次の①〜⑤の中から1つ選び、番号で答えよ。

① $\begin{cases} 5/6A \\ 1/6B \end{cases}$　② $\begin{cases} 1/6A \\ 5/6B \end{cases}$　③ $\begin{cases} 5/8A \\ 3/8B \end{cases}$　④ $\begin{cases} 7/8A \\ 1/8B \end{cases}$　⑤ $\begin{cases} 15/16A \\ 1/16B \end{cases}$

ⅱ) 細胞融合で生じた雑種の確認のために、光合成に関係するルビスコ（フラクションⅠタンパク質）の電気泳動（タンパク質、アミノ酸などの電荷をもつものを電場に置くと、それらの電荷の差によって＋極や－極への移動がみられる）が用いられる。このタンパク質は、核の遺伝子によって合成される部分と葉緑体の遺伝子によって合成される部分とからなり、電

第 8 講　バイオテクノロジー　79

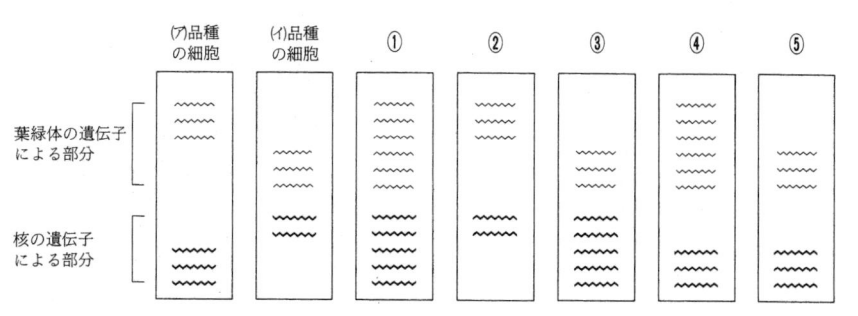

| | (ア)品種の細胞 | (イ)品種の細胞 | ① | ② | ③ | ④ | ⑤ |

図4　電気泳動によるフラクションIタンパク質のバンド

気泳動にかけると図4のようないくつかのバンド（帯）がみられ、このバンドは種によって異なっている。

問6　図1の（ウ）の細胞の電気泳動のバンドは、図4の①〜⑤の中のどれになるか。最も適当なものを1つ選び、番号で答えよ。

問7　図3の［受精］を何代にもわたって行うと、最終的に得られる雑種（ク）細胞の電気泳動のバンドは、図4の①〜⑤のなかのどれになるか。最も適当なものを1つ選び、番号で答えよ。

第 9 講

生物の体内環境

　私たちは暑くなると汗をかいて体を冷やし、寒くなるとがたがたと震えて発熱して体温を常に一定に保つことができる。外界の温度が低下すると、体温も低下し活動ができなくなるヘビやカメなどの変温動物より恒温動物は優位にたつことができた。このように外部環境（external enviroment）が変化しても体内の環境（内部環境；internal environment）を一定に保つことをホメオスタシス（homeostasis；恒常性）という。生物は1つずつ恒常性を獲得しながら進化してきたと考えられる。爬虫類は水中での発生と縁を切り卵殻で囲まれた水を手に入れることによって、陸上へ進出できた。哺乳類は寒さに対する恒常性を得ることによって、主役の座を爬虫類にとって代わることができた。生物の進化にとって、究極の恒常性は永遠の生命といえるかも知れない。
　原始生物は単細胞のため外界の影響を直接受ける。そのため厳しい環境では生きることはできなかった。多細胞生物になると、体内の細胞は外部環境の変化を直接受けないため活動範囲が広がった。また、生命を維持するための組織・器官も進化した。
　私たちの内臓のうち、とくに肝臓、腎臓、心臓は恒常性の維持に不可欠な臓器といえる。そのため、日頃使う言葉にも重要な事柄は「肝腎（肝心）」とよばれてきた。これらの臓器の働きは体内の細胞を常に快適な状態に維持することである。例えば、図9-1のように細胞が体液という風呂に入っているとすれば、風呂を快適な状態にするために、心臓は風呂の水をかき混ぜて（循環）温度を一定にし、肝臓は風呂を消毒して（解毒）清潔に保ち、腎臓は汚れを取り除いて（浄化）水をきれいにする働きをしていると考えられる。
　体内環境の維持には中枢（間脳など）からの2つの指令系統がある。1つは神

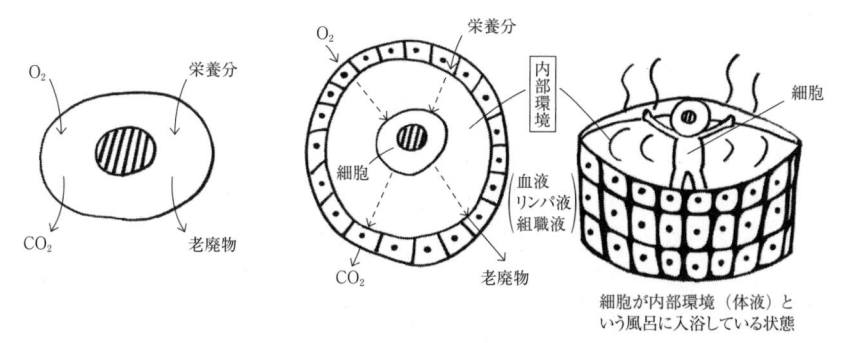

図 9-1　内部環境の維持

経系（nervous system）であり、他は内分泌系（endocrine system）である。この2つの指令系統の特長を生かして恒常性の調節を行うことができる。

1. 血液の組成と働き

血液（blood）は体液の1つであり、他にリンパ液（lymph）、組織液（tissue fluid）がある。リンパ液、組織液は血液の液体成分（血しょう）が血管壁からしみ出したもので、リンパ管内の液をリンパ液という。

血液は有形成分の血球（blood cell）と液体成分の血しょう（blood plasma）

表 9-1　血球の機能

血球	特徴	主な働き
赤血球	直径 $7 \sim 8 \mu m$、 450万（女）〜500万（男）/mm^3 ほ乳類は無核、円盤状、 骨髄で生成、寿命120日	・酸素の運搬 ・二酸化炭素の運搬にも関与
白血球	直径 $6 \sim 20 \mu m$、 $6{,}000 \sim 8{,}000/mm^3$ 有核（核はアポトーシスで断絶）、 球形、 骨髄で生成、寿命4〜5日	・食作用（好中球、マクロファージ） ・抗原提示（樹状細胞） ・細胞性免疫（T細胞） ・体液性免疫（T細胞、B細胞）
血小板	直径 $2 \sim 4 \mu m$、 20万〜40万/mm^3 無核、不定形、 骨髄で生成、寿命7〜10日	・血液凝固（p.87） ・止血

に分けられる。血球は血液の45％を占め、**赤血球**（erythrocyte）、**白血球**（leukocyte）、**血小板**（platelet）からなる（表9-1）。血しょうは血液の55％を占め、水分（約90％）、タンパク質（7％）、脂質（1％）、グルコース（0.1％）、アミノ酸、ビタミン、無機塩類などが溶けている。

血液の働きは、酸素と二酸化炭素の運搬、養分と老廃物の運搬、ホルモンの運搬、熱の運搬、内部環境の維持（水分、pH、浸透圧など）、生体防御（p.117）などがある。因みに血液のpHは弱アルカリ性（約pH7.4）であり、少量の酸やアルカリを加えても変化しない。この働きを**緩衝作用**（buffer action）という。なお、pH7.35以下の状態をアシドーシス（acidosis）、pH7.45以上の状態をアルカローシス（alkalosis）いい、いずれも病的な状態である。なお、pHが6.8以下か、7.8以上になると生命の維持ができなくなる。

2. 酸素解離曲線

図9-2のように、気体は濃度が高い方から低い方へ流れるから、自然に肺から細胞へ酸素が運ばれ、細胞から肺へ二酸化炭素が運ばれる。しかし、高等な多細胞生物では、このような拡散による運搬では内部の細胞に酸素を運び、二酸化炭素を体外へ排出するのに時間がかかり過ぎ、体の中心にある細胞は酸欠になる。そこで、**血管**というパイプでつなぎ、**心臓**（heart）というポンプで循環させるようになった。

ところが、表9-2のように酸素は水にほとんど溶けない。血液100mLに酸素の溶存量が20mLも含まれているのは、赤血球中のヘモグロビン（Hb；hemoglobin；p21）という色素タンパク質がヘム（haem）の部位で酸素と結合し、**酸素ヘモグロビン**（HbO₂；oxyhemoglobin）となるからである。

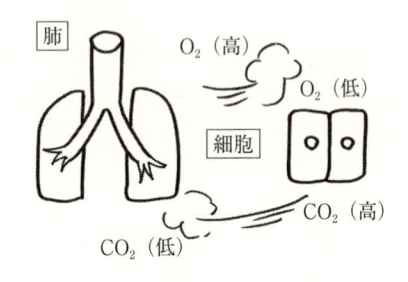

	肺	細胞
O_2	多い	少ない
CO_2	少ない	多い

図9-2 拡散による運搬

表9-2 溶存酸素の比較

	血液	血しょう	水
溶存酸素 (mL/100mL)	20.0	3.0	2.5

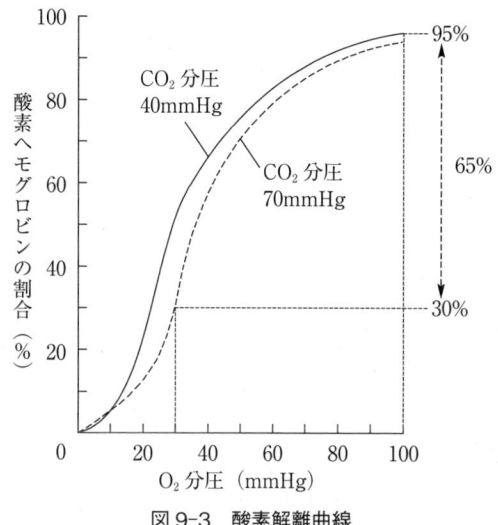

図9-3 酸素解離曲線

　酸素ヘモグロビンと酸素分圧の関係を示した曲線を**酸素解離曲線**（oxygen dissociation curve）という。酸素解離曲線（図9-3）がS字状（シグモイド；sigmoid）にカーブするのは、ヘモグロビンの1つのヘムに酸素が結合すると、立体構造が変化して他のヘムにも酸素が結合しやすくなり、逆に1つのヘムから酸素が離れると、他のヘムからも酸素が離れやすくなるためである。

　　Hb　＋　O_2　⇄　HbO_2（酸素ヘモグロビン）
　（ヘモグロビン）

　ヘモグロビンが酸素を運搬するイメージは、図9-4のようなトラックを考えるとわかりやすい。このトラックの荷台は、肺では広いが、組織では狭くなる。肺で積んだ多くの酸素は組織では滑り落ちてしまう。この落ちた酸素を組織はもらうことになる。肺ではできるだけ荷台を広くし、組織では狭くして落差を大きくすれば、酸素運搬の効率がよくなる。

　荷台が狭くなる条件は、①酸素分圧の減少、②二酸化炭素分圧の増加、③pHの低下、④温度の上昇などで

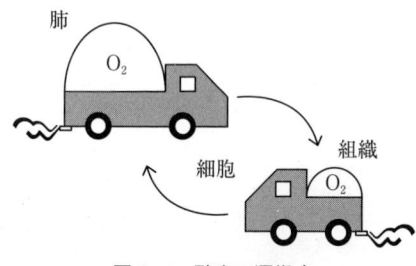

図9-4 酸素の運搬車

あり、細胞や組織の環境条件と一致している。また、肺では①〜④の条件は逆になっており、ヘモグロビンは酸素運搬に最適な運び屋である。

右表のように肺における酸素分圧を100mmHg、二酸化炭素分圧を40mmHgとし、組織における酸素分圧を30mmHg、二酸化炭素分圧を70mmHgとすると、血液が運搬する酸素の量が100mL当たりおよそ何mLになるかを図9-3から計算してみよう。

表9-3 肺と組織のO_2とCO_2の分圧

	O_2分圧 (mmHg)	CO_2分圧 (mmHg)
肺	100	40
組織	30	70

まず、肺における酸素ヘモグロビンの割合は、図9-3のグラフより95%である。同様に、組織では30%である。この差、65%の酸素ヘモグロビンは酸素を解離したことになる。酸素ヘモグロビンが100%（ヘモグロビンのすべてが酸素を結合している状態）のとき、血液100mL当たり20mLの酸素を結合しているとすれば（表9-2）、65%なら20×0.65＝13mLの酸素を結合しており、この酸素13mLが組織に運ばれた酸素量となる。

図9-5は、ミオグロビンとヘモグロビンの酸素解離曲線である。ミオグロビンはヘモグロビンとよく似た構造をもち、筋肉中に含まれていて酸素を貯蔵する役割がある。

ミオグロビンの酸素との結合力は、ヘモグロビンより強いため、赤血球中のヘモグロビンと結合していた酸素を奪って筋肉中に貯蔵できる。クジラが長く潜ることができるのは、筋肉中に多くの酸素が貯蔵されているからである。

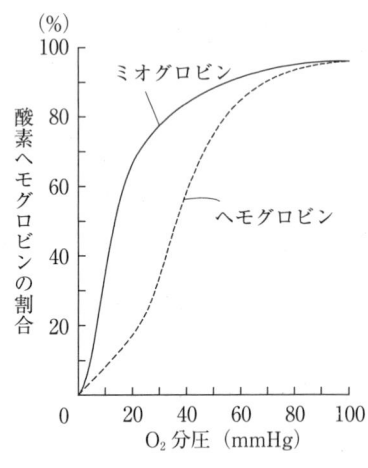

図9-5 ミオグロビンとヘモグロビンの比較

> コラム　赤身の魚、白身の魚

　ミオグロビンのミオは筋肉を表す。筋肉には赤と白の2種類がある。ミオグロビンの量が多いと赤筋、少ないと白筋となる。赤筋は持久力がありマラソンに向いている。白筋は力強く収縮できるが持続力はない。そのため、回遊するマグロやカツオは赤身になり、沿岸地帯に生息しているタイやヒラメは白身になる。因みに人間の筋肉はワインのローゼにあたりバラ色をしている。サケはピンク色（サーモンピンク）をしているが、その色はアスタキサンチンというカロテノイド色素のためで、実際には白身の魚である。

3. 心臓〜命のポンプ〜

　心臓は、握りこぶしの大きさで、重さ250gぐらい、**心筋**（heart muscle；横紋筋の一種）でできている。もともとは血管がふくれてできたもので、魚類は1心房1心室の2つの部屋からできている。ヒトはそれが2つ合わさったようなもので、2心房2心室である。右のポンプは肺へ血液を送るもの、左の方は全身へ送るものである（図9-6上）。心臓から出る血管は**動脈**（artery）とよばれ、心臓へもどる血管は**静脈**（vein）とよばれる。実際には図9-6下のように、動脈は折れ曲がって上方に向いている。また、全身へ血液を送り出す大動脈のある左心室の壁は厚くなっている。

　大動脈は1回で70mLぐらい、1日で7000L、ドラム缶35個ぐらいの血液を送り出す。血の気の多い人でも、血も涙もない人でも、血液は体重の13分の1である。体重50kgの人は3.8kg（ビール瓶6本分）になる。出血は4分の1までで、それ以上は出血死をまねく。心臓が収縮しているときが最大血圧で140mmHg以下、逆に拡張しているときが最小血圧で90mmHg以下なら正常である。この値以上なら高血圧であり生活習慣の見直しが必要となる。

　ヒトなどの脊椎動物は動脈と静脈が**毛細血管**（capillary）でつながっており、赤血球などが血管外へ出ることはないので**閉鎖血管系**（closed blood-vascular system）とよばれる。無脊椎動物のエビ・カニ、昆虫などの節足動物や貝類などの軟体動物（イカ、タコは閉鎖血管系）は毛細血管がなく**開放血管系**（open blood-vascular system）とよばれる。

　心臓は生体から切り離しても拍動を続ける。この自動性は右心房にある**洞房**

図9-6 心臓の構造

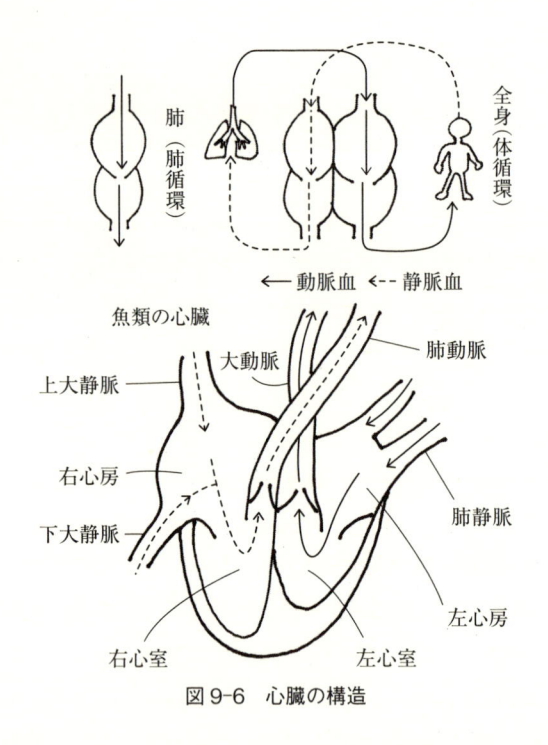

結節（sino-atrial node）というペースメーカー（pacemaker）が1分間に60〜70回の電気的興奮を発生させるからである。この興奮が心房と心室の間にある**房室結節**を介して全体に伝えられる。このペースも**自律神経**（p.108）によって影響を受け、不安や怒りで交感神経が働くと、ドキドキと拍動が早くなったり、寝ているときのように迷走神経（副交感神経）が働けば遅くなったりする。因みに、いろいろな動物の1分間の心拍数は、カナリアで1,000回、ハツカネズミ600〜700回、ニワトリ300回、ウシ60〜70回、ゾウ20回ほどである。

　心臓に痛みを感ずる神経はない。そのため、切っても刺しても痛くない。「傷心」「心痛」という言葉があるが、心臓は痛みを感じていない。痛みは脳が感じる。しかし、その脳も切っても刺しても痛みを感じない。痛みは痛みを引き起こす化学物質が神経を刺激して脳に伝える。また、「心から感謝する」「胸に手を当てて考える」など、かつて心臓が精神の宿る場所と考えられていた。

　キューピットの愛の矢は心臓に刺さっているけれども、いささかグロテスクだ

が、正確には頭に矢が刺さらないと恋は成就しないことになるのでは。

4. 体循環と肺循環

ヒトは２つのポンプをもち、２心房２心室からなる４つの部屋がある。左のポンプは酸素や栄養分をたっぷりと含んだ血液を大動脈から全身に送り出すもので、全身の組織・器官に酸素、栄養分を渡し、逆に二酸化炭素、老廃物を受け取って大静脈を経て心臓にもどる経路（大動脈→全身の組織・器官の動脈→毛細血管→静脈→大静脈）で**体循環**（systemic circulation）とよばれる。右のポンプは肺へ血液を送る経路（肺動脈→肺→毛細血管→肺静脈）で**肺循環**（plumonary circulation）とよばれる。

一般に**動脈血**（arterial blood）は酸素が多く鮮紅色をしているが、**静脈血**（venous blood）は酸素が少ないので暗赤色である。しかし、肺循環での**肺動脈**（pulmonary artery）は酸素が少なく、肺から心臓にもどる**肺静脈**（pulmonary vein）は酸素に富んでいる。

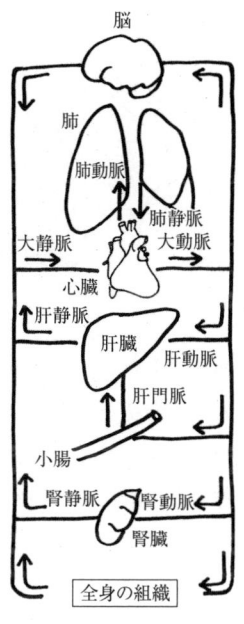

図 9-7 血液の循環

因みに心臓自身に酸素などを送っているのは大動脈の根元から左右に分かれた**冠動脈**である。冠動脈は枝分かれをしながら心臓の細胞に酸素などを送っている。多くの動脈は枝分かれをして細くなると枝どうしがつながってバイパスをつくるのだが、皮肉なことに心臓をはじめ、脳、肺、肝臓、腎臓などの肝心な臓器にはバイパスがない。そのため、もし心臓の冠動脈がつまると、そこから先の細胞は酸素や栄養分がいかず、**心筋梗塞**となり命を落とすことになる。

5. 血液凝固

怪我をしてもやがて血が固まって出血が止まる。これは**血液凝固**（blood coagulation）によって傷口がふさがるためである。このしくみは、血液を試験管に入れて放置すると、底にドロッとした**血ぺい**（blood-crot）という塊とやや

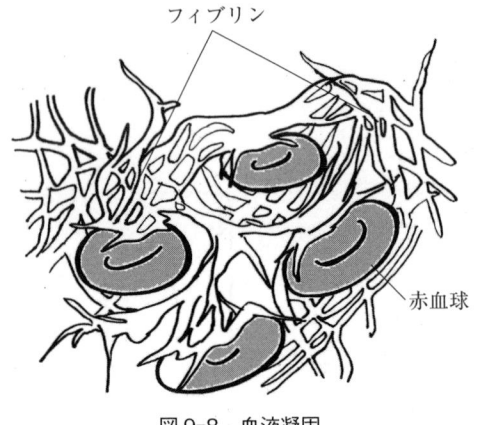

図9-8 血液凝固

黄みがかった血清（serum）という上澄みに分離する。この血ぺいが傷口を塞ぐから出血が止まる。

血小板や傷ついた組織から放出された血液凝固因子によって血しょう中のプロトロンビン（prothrombin）がトロンビン（thrombin；タンパク質分解酵素）に変化する。このときカルシウムイオン（Ca^{2+}）が必要である。トロンビンはフィブリノーゲン（fibrinogen）という可溶性のタンパク質の一部を切断する。これによって、フィブリノーゲン分子どうしが結合し不溶性の繊維状のフィブリン（fibrin）に変化する。このフィブリンが赤血球などの血球をからめて血ぺいとなり傷口をふさいでしまう。

ヒルに血を吸われるとヒルを取り除いてもしばらく血が止まらない。これは、ヒルのだ液中にヒルジンとよばれるトロンビンの働きを阻害する物質が含まれているからである。また、肝臓でつくられるヘパリン（heparin）も同じ働きがあり、血管内で血液凝固が起きるのを防いでいる。

コラム　胎児はどうやって呼吸する

赤ちゃんはお腹にいるときは羊水に浸っているので肺呼吸はできない。もちろん、えら呼吸もしていない。肺は空気がないので、つぶれている。全身からもどった血液は心臓の右心房に入り、卵円孔という左右の心房に空いた穴を経て左心房にワープする。赤ちゃんが生まれてオギャーと泣くと肺に空気が入り肺の圧力が上がると同時に卵円孔がピタッと閉じて心臓は完全に4つの部屋に分離する。これで初めて肺循環と体循環の2つの循環系が機能する。

【確認テスト】

1 血液に関する次の文を読み、下の各問いに答えよ。

脊つい動物の体液は血液、（　ア　）液、組織液がある。体液を循環させる循環系には血管系と（　ア　）系があり、脊つい動物ではこの両方が見られる。血液は有形成分の①赤血球、白血球、血小板と液体成分の（　イ　）からなる。

循環系の中で、血液を全身に送り出すポンプの働きをしているのは心臓である。心臓から出る血液が流れる血管を（　ウ　）、心臓へもどる血液が流れる血管を（　エ　）という。全身から心臓へもどった血液は大静脈を経て心臓の右心房に流れ込み、心臓の（　オ　）から肺に送り出される。

問1　文中の（ア）〜（オ）に当てはまる最も適当な語句を答えよ。
問2　脊つい動物の血管系は、動脈、静脈が毛細血管でつながっている。このような血管系は何とよぶか。
問3　心臓の拍動は自律神経系とホルモンで制御されているが、拍動を促進する際に働く自律神経系の名称とホルモンをそれぞれ答えなさい。ただし、ホルモンは最も適当なものを次の①〜⑤の中から1つ選び、番号で答えよ。
　①　アセチルコリン　　②　アドレナリン　　③　バソプレシン
　④　チロキシン　　　　⑤　インスリン
問4　下線部①の中で、白血球の働きについて20字程度で説明せよ。

2 ヘモグロビンの酸素解離についての次の各問いに答えよ。なお、2つの酸素解離曲線はCO_2分圧が40mmHgと70mmHgの場合であり、表はヒトの肺と組織におけるO_2分圧とCO_2分圧を示す。

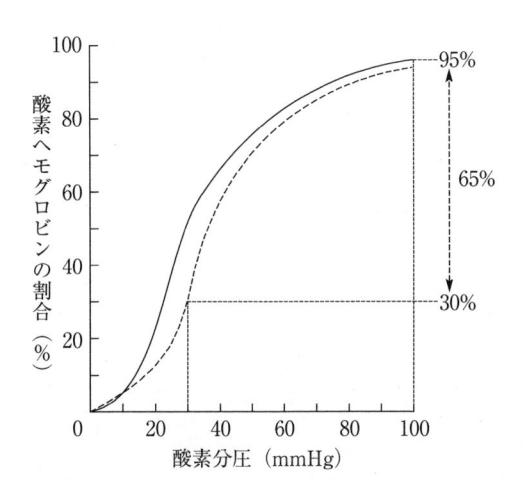

	O_2分圧 (mmHg)	CO_2分圧 (mmHg)
肺	100	40
組織	30	70

[条件]
① 120mLの血液は、25mLの酸素で飽和される。
② 心臓の1回の拍動で、60mLの血液が体内に送り出される。
③ 1分間の脈拍数は60である。

問1 肺から組織に酸素が運ばれるとき、組織において酸素ヘモグロビンのうちの何％が酸素を解離するか。

問2 1分間に体内に送り出される血液は何 mL か。

問3 1分間に組織に与えられる酸素は何 mL か。

問4 組織で生じた CO_2 は、次のような変化をうける。そのとき HCO_3^- は血液中の何によって肺まで運ばれるか。
$$CO_2 + H_2O \rightarrow H_2CO_3 \rightarrow H^+ + HCO_3^-$$

問5 哺乳類の胎児は、必要な酸素を胎盤で母体の血液から得なければならない。母体のヘモグロビンの解離曲線が右図のイであるとすれば、胎児のヘモグロビンの酸素解離曲線は右図ア〜ウのうちのどの場合に酸素が母体の血液から胎児の血液に最も効率よく取り込まれると考えられるか。最も適当なものを1つ選べ。ただし、いずれの解離曲線も胎盤における血液と同じ二酸化炭素分圧であるとする。

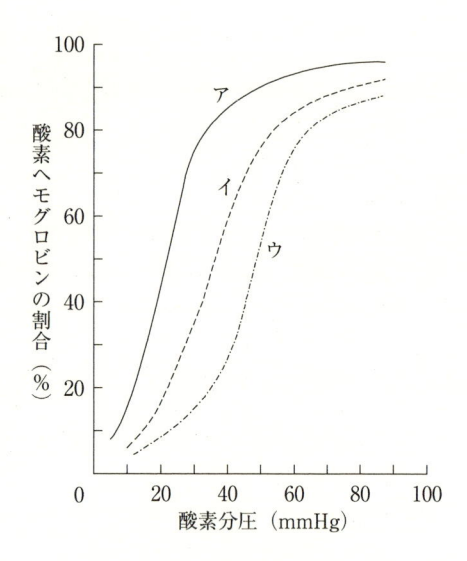

第10講

肝腎な話

　肝臓、腎臓、心臓は生命を維持するために最も大切な臓器である。そのため、重要な事柄は「肝腎（肝心）」とよばれてきた。心臓は第9講で説明したので、ここでは肝腎な話として肝臓（liver）と腎臓（kidney）について解説する。

　肝臓は胆汁をつくり消化管に分泌されるため、大便の色は黄色をしている。胆汁が脂肪の乳化を助ける働きをもつのは二次的なもので、体内にある不要な物質を分解して排泄するのが本来の働きであり、古くなったヘモグロビンの分解産物が、胆汁として排泄されているのである。つまり、腎臓は尿として、肝臓は糞便として不要なものを排泄する肝腎な器官である。

1. 肝臓～沈黙の臓器～

　肝臓は横隔膜のすぐ下、肋骨に隠れたところにある最大の臓器で重さ1.5kgぐらい、右葉と左葉に分かれ、右葉が左葉の3倍ぐらいある。裏側に胆汁（bile）を貯蔵する胆のう（gall bladder）を抱え込んでいる。

　ふつうの内臓は動脈と静脈の2本の血管が出入りするが、肝臓だけは3本の血管が出入りする。肝動脈と肝門脈（hepatic potal vein；静脈にあたる）が入り、肝静脈が出て下大動脈に合流する。肝動脈と肝門脈が肝臓に入る肝門には胆

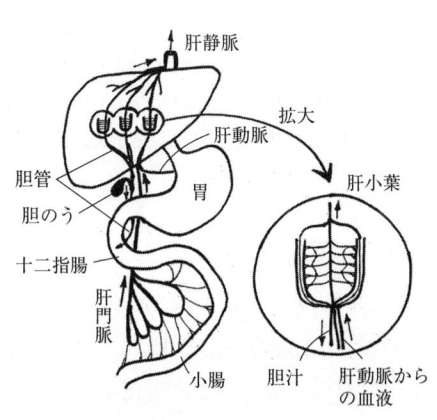

図10-1　肝臓の構造

汁を胆のうや十二指腸に運ぶ胆管があり肝門三つ組を形成する。

40～50万個の肝細胞が集まった大きさ1mmほどの肝小葉（hepatic lobule）が肝臓の基本構造となる。肝小葉の形は六角柱または多角柱で、肝臓には50万ほどが含まれている。老廃物の排泄、胆汁の生産、解毒作用、体温調節の発熱、尿素の合成（オルニチン回路）、血液の貯蔵、グリコーゲンの貯蔵、鉄分の貯蔵、フィブリノーゲン、プロトロンビン、ヘパリンの合成、カロテンからビタミンAの合成など、その働きはおよそ500種類にも及ぶ。肝臓は英語で"liver"というが、まさに"live"（生きる）ために不可欠な器官である。

近頃は栄養過多や運動不足、喫煙、飲酒などによって、内臓脂肪が蓄積し、肥満症、高血圧症、脂質異常症、糖尿病などの病気が引き起こされ、メタボリックシンドロームが問題になっている。肝臓に脂肪がたまった状態は脂肪肝（fatty liver）とよばれ、フォアグラの状態である。肝機能がストップするわけではないので自覚症状がないが、徐々に機能が低下し、沈黙の臓器の肝臓が悲鳴を上げたときには手遅れになって肝硬変や肝がんに進行する。まさに脂肪肝は「死亡肝」につながる。予防は「食べすぎない」「就寝前に食事をしない」「しっかり運動する」など食生活の見直しと「禁煙」「十分な睡眠」などを心がけることである。

コラム 肝機能検査　GOTとGPT

肝臓に炎症があると肝細胞が壊れ、細胞中の酵素が血液中に出てくる。GOT、GPTもアミノ酸のアミノ基を転移するトランスアミナーゼで、肝細胞に多く含まれているので、これらの酵素活性が血液中で高いとすれば肝機能に障害があることになる。とくに、GPTは肝臓に特異的に存在するので値が高いときは肝炎や肝硬変が疑われる。GOTの正常値は10～40単位、GPTでは5～35単位であるが、急性肝炎ではこの値が500～3000単位に急上昇する。また、アルコール性肝障害ではγGTPという別の酵素の活性が高まる。

2．腎臓～浄化装置～

ヒトの胎児は妊娠3週半で体長はおよそ3.5mm、このころ原腎（前腎）が完成するが、1週間後に退化してしまう。体長4mmぐらいの頃、中腎が形成されるが尿をつくらないまま退化する。ただし、中腎の一部は男性の精管に改造される。妊娠4週、体長5mmになったころ、三度目の正直でできた後腎が腰のあ

たりまで伸びて、哺乳類の腎臓となる。ヒトでは腰のあたりに背骨を挟んで左右に1対みられ、ソラマメの形をした握りこぶしぐらいの大きさである。腎臓の働きの単位はネフロン（nephron；腎単位）で、1つの腎臓に100万ある。ネフロンという尿の生成工場はすべてが稼働しているわけではない。稼働しているのは10〜15％ぐらいである。ほとんどの工場は休業している。だから、腎臓の1つを他人に移植しても問題ない。

ネフロンは糸球体（glomerulus）とボーマンのう（Bowman's capsule）を合わせた腎小体（renal corpuscle）と細尿管（uriniferous tuble、尿細管）からなる。ネフロンでの尿の作り方は実に合理的で2段階であり、ろ過（filtration）と再吸収（reabsorption）である。まず、糸球体で必要なもの不必要なものを選別せずにすべてを放出する。その後、細尿管と糸球体から続く毛細血管（capillary）が接する部分で必要なものだけを再吸収する。水分の再吸収には脳下垂体後葉から分泌されるバソプレシン（vasopressin）、Na^+の再吸収は副腎皮質から分泌される鉱質コルチコイド（mineral corticoid）によって促進される。

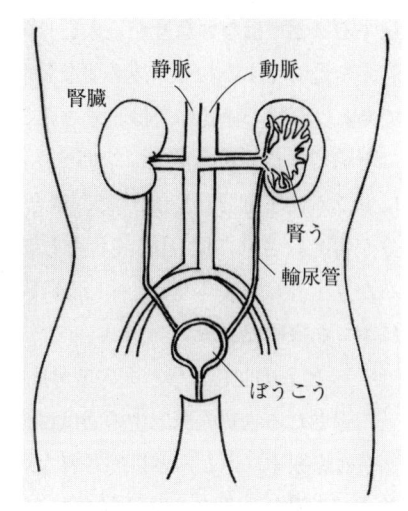

図10-2　腎臓の構造

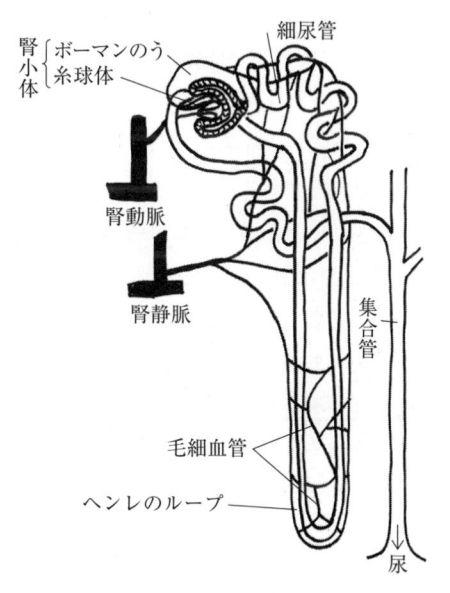

図10-3　腎単位

今は禁止されているが、かつて計画倒産ということを行った会社があった。倒

産するほどではない会社が、人をリストラするのは簡単ではないので、一旦倒産し、全員解雇する。その後必要な者だけを集めて、新会社をつくるというやり方である。腎臓の浄化作用は、まさにこのやり方である。

腎臓で糸球体からボーマンのうへろ過される尿の素（原尿；primitive urine）はドラム缶1個分（180L）で、**集合管**（collecting tuble）へ送られ、さらに水分が再吸収されて尿（urine）として排泄される。その量は原尿の約1%で1日あたり1升ビン1本（1.5～1.8L）程度であり、99%の水が再利用される。まさにエコな臓器である。

1) ヒトの血しょうと尿の成分比較

ろ過される物質の原尿中の濃度は血しょう中の濃度とほぼ同じである。タンパク質は原尿中にほとんど排出されないので尿中にはみられない。グルコースは糸球体でろ過されるので原尿中の濃度は血しょうと同じ0.10%であるが、再吸収されるので尿中にはみられない。

尿素は肝臓で、ともに老廃物であるアンモニアと二酸化炭素を結合させてつくられる。この反応経路はオルニチン回路とよばれる。尿素はタンパク質を分解してつくられ、尿酸は核酸を分解してつくられる。尿酸が血液中に増加して関節にたまると腫れて痛みをもつ痛風になる。クレアチニンは筋肉で、アルギニンなどの代謝産物であるクレアチンからできる老廃物で糸球体からはろ過されるが、再吸収されないため、クレアチニン・クリアランスとして腎機能の検査に使われる（正常範囲は70～130mL／分）。

体に必要な物質である水、グルコース、無機塩類などは多く再吸収され、不要な尿素、クレアチニン、硫酸イオン（SO_4^{2-}）などは再吸収されにくい。そのため濃縮率は高くなる。

2) イヌリンで原尿の量を計算する方法

イヌリンはゴボウなどのキク科植物の根にみられる多糖類（分子

表10-1 血しょうと尿の成分

成分	血しょう(%)	尿(%)	濃縮率
水	91～92	95	1
タンパク質	7～8	−	−
グルコース	0.10	−	−
尿素	0.03	2.0	67
尿酸	0.004	0.05	12.5
クレアチニン	0.001	0.075	75
Na^+	0.32	0.35	1.0
K^+	0.02	0.15	7.5
Ca^{2+}	0.008	0.015	1.9

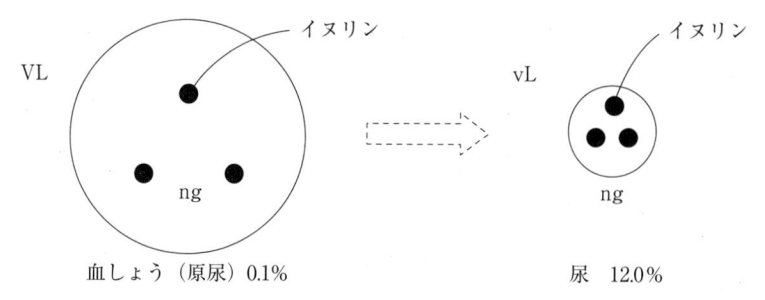

図10-4 原尿中と尿中のイヌリンの濃度

量5500)であるが、高等動物では、これを分解する酵素がないので、ろ過されるが再吸収されずに排出される。イヌリンを静脈注射して、しばらくして血しょう中の濃度と尿中の濃度を測定すると、それぞれ0.1%、12.0%であったとする。

原尿の体積をVL、尿の体積をvL、イヌリン(●)の量をngとすれば、原尿と尿のイヌリン濃度から、次の式①、②が成り立つ。

$$n/V = 0.1 \quad \cdots ① \qquad n/v = 12.0 \quad \cdots ②$$

それぞれの式から、nを求めると、$n = 0.1 \times V \quad \cdots ③$、$n = 12.0 \times v \quad \cdots ④$となり、③と④は等しいので、$0.1 \times V = 12.0 \times v$ となり、$V = (12.0/0.1) \times v$ となる。いま、尿量(v)が1日当たり1.5Lとすれば、原尿は120倍の180Lと求めることができる。因みに(12.0/0.1)は、尿中濃度を血しょう濃度で割っているので濃縮率を示している。

3) クリアランス

老廃物を浄化するために単位時間(1分間)当たりに排出される原尿量をクリアランス(clearance)という。クリアランスのクリアは「きれいにする」ことなので、この値が高いほど、老廃物を含んだ原尿がより多く浄化装置に送られ、きれいにされていることになる。

C;ある物質のクリアランス(mL/分)、U;尿中の濃度、v;1分間当たりの尿量(mL)、P;血しょう中の濃度で表すと、$\boxed{C = (U/P) \times v}$で示される。

尿素では70(mL/分)、イヌリンでは120(mL/分)ぐらいである。

4) グルコースのろ過と再吸収

腎臓の糸球体はグルコースを自由に透過させるので、グルコースの糸球体におけるろ過速度は血糖量に正比例する(図10-5グラフa)。ろ過されたグルコー

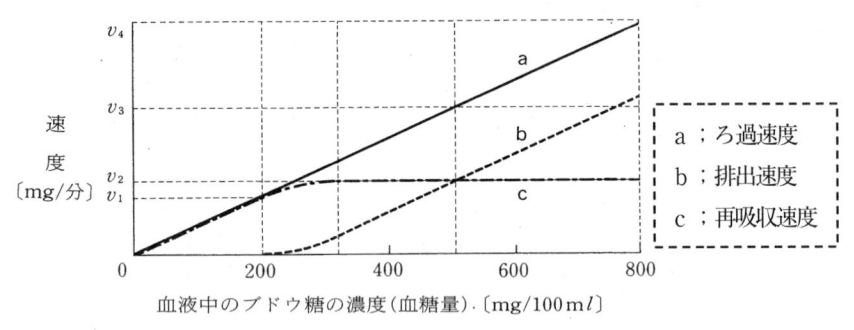

スは細尿管で完全に再吸収されるが、血糖量が正常値の 100mg／血液 100mL の約2倍を超えると、完全に再吸収できずに尿中に排出されるようになる（グラフ b）。これは、グルコースの再吸収速度に限界があることを示している（グラフ c）。ヒトのグルコースの最大再吸収速度は、約 330mg／分であり、図の v_2 に相当する。また、再吸収速度＝ろ過速度－排出速度で表されるので、図のグラフ a と b の差が再吸収速度になる。グラフ a と b が平行関係になっているとき、この差が最大になる。（v_4-v_3）や（v_3-v_2）などがグルコースの最大再吸収速度を示している。

図 10-5　グルコースのろ過、再吸収、排出

コラム　おしっこで病気の判定

健康な人のおしっこはうすい黄色で透明であるが、血尿ではコーラの色になることもある。泡が多いのはタンパク尿、甘い匂いがすれば糖尿、尿量が多くなると糖尿病、慢性腎不全、バソプレシン分泌の異常による尿崩症などが考えられる。逆に少ないときはネフローゼである。ネフローゼは多量のタンパク質が尿に出て、血液中のタンパク質が減少している状態である。原因は糸球体に異常があって起きるのだが原因がわからないものもある。症状は、浮腫（むくみ）が、まぶたや顔の他に足にもみられる。

【確認テスト】

① 次の文章を読み、下の各問いに答えなさい。

　肝臓は人体で最大の化学工場と呼ばれ、物質の合成や分解に関係する多くの働きをしている。例えば、タンパク質は体内で分解されて（　ア　）が生じる。（　ア　）は生体にとって有害な物質なので、①肝臓で無害な化合物である（　イ　）に変えられる。（　イ　）は血流にのって

（ ウ ）へ到達し、そこで尿の形で体外へ排出される。その他にも、肝臓は②グルコースの代謝、体温維持、③胆汁生成、④血液の調節など多彩な働きを行っている。

問1　文中（ア）～（ウ）に当てはまる最も適当な語句を答えよ。
問2　小腸からの栄養素を肝臓へ送る血管の名称を答えよ。
問3　下線部①のように有害物質を無害化する働きを何とよぶか。
問4　下線部②に関して、グルコースは肝臓でグリコーゲンに変換される。この働きを促進するホルモンの名称とそのホルモンを産生する臓器の名称を答えよ。
問5　下線部③に関して、胆汁はある栄養素の消化・吸収を助けている。この栄養素の名称を記せ。
問6　下線部④に関して、肝臓は血液凝固に関係するタンパク質を合成する。血液凝固のしくみを次のキーワードをすべて用いて100字程度で答えよ。
　　【キーワード】　血球、血小板、フィブリン、血ぺい

2　腎臓に関する次の文を読み、各問いに答えよ。
　ヒトの腎臓は後腹膜に左右1対あるソラマメ形の臓器である。腎臓に入った動脈は枝分かれして毛細血管のかたまりである（　A　）となる。これはボーマンのうに包みこまれて腎小体を形成する。ボーマンのうからは（　B　）が伸びている。腎小体と（　B　）を合わせて（　C　）とよび、片方の腎臓に約100万個ある腎臓の基本単位である。
　血液中の血しょう成分は（　A　）でろ過されて原尿ができる。原尿にはタンパク質以外の血しょう成分が含まれている。これらのうち①水分、グルコース、②ナトリウムイオン、アミノ酸などの必要なものは（　B　）や集合管を流れる間に（　D　）に再吸収される。一方、③尿素、尿酸などの老廃物はあまり再吸収されず、濃縮されて尿として体外に排出される。

問1　文中の（A）～（D）にあてはまる最も適当な語句を答えよ。
問2　下線部①の水分の再吸収を促進するホルモンの名称を答えよ。
問3　下線部②のナトリウムイオンの再吸収を促すホルモンを分泌する器官名を答えよ。
問4　下線部③の尿素を合成する器官名を答えよ。
問5　次の表は血しょう、原尿、尿中の各物質の濃度を示したものである。イヌリン（多糖類）はヒトの体内では利用されないため静脈注射すると、ろ過されるが再吸収されない物質である。ヒトの1日あたりの尿量を1.5Lとして、下の (1)～(3) の問いに答えよ。
(1) イヌリンの濃縮率は何倍か。
(2) 1日あたりの原尿量は何Lか。
(3) 1日に再吸収されるグルコース量は何gか。

	血しょう(%)	原尿(%)	尿(%)
グルコース	0.1	0.1	0
イヌリン	0.1	0.1	12.0

3 下図は血液中のグルコース（グルコース）のろ過と再吸収の関係を示している。

問1 図のa～cは、グルコースの腎細管での再吸収速度、糸球体でのろ過速度、尿中排出速度のそれぞれ何を示したものか。次の①～⑥の組み合わせのなかから正しいものを1つ選び、番号で答えよ。

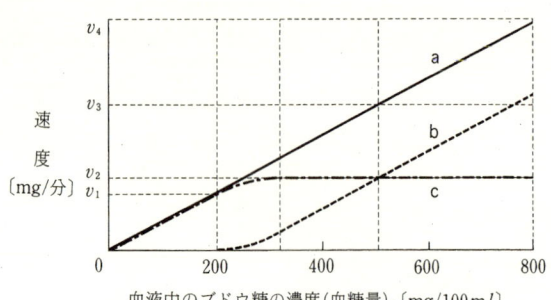

速度〔mg/分〕

血液中のブドウ糖の濃度(血糖量)〔mg/100ml〕

問2 図より、グルコースの最大再吸収速度はどのように表されるか。次の①～⑤のなかから最も適当なものを1つ選び、番号で答えよ。
① v_1
② v_3
③ v_4
④ $(v_1+v_2)/2$
⑤ v_4-v_3

	①	②	③	④	⑤	⑥
腎細管での再吸収速度	a	a	b	b	c	c
糸球体でのろ過速度	b	c	a	c	b	a
尿中排出速度	c	b	c	a	a	b

第11講

ホルモンによる調節

　ホルモンはギリシャ語のホルマオ（hormaein）「刺激する」「よびさます」という意味から名づけられた。その意味のように、**ホルモン（hormone）**は体内の**内分泌腺（endocrine gland）**でつくられて、他の器官（**標的器官；target organ**）に作用するごく微量で効果のある物質のことである。化学的にはタンパク質（インスリンなど）、ポリペプチド（バソプレシンなど）、アミノ酸（チロキシンなど）、ステロイド（性ホルモンなど）など様々な物質からなる。

　ホルモンをつくる器官である内分泌腺（脳下垂体、甲状腺、すい臓、副腎、生殖腺など）をすべて合わせても60g程度しかないが、このわずかの量でその約1000倍のヒトの体を支配する。最近はインスリンをバイオテクノロジーによって大腸菌につくらせているが、かつてはウシやブタのインスリンが利用されていた。ホルモンは動物の世界では汎用性がある。

　最初に発見されたのは、十二指腸の内壁から分泌される**セクレチン（secretin）**というすい臓からのすい液分泌を促進するホルモンである。**すい臓（pancreas）**はリパーゼやトリプシンなどの消化酵素を十二指腸へ分泌する**外分泌腺（exocrine gland）**でもあり、インスリンやグルカゴンを分泌する内分泌腺でもある。

　汗腺や乳腺は汗や乳などの分泌物を送り出す専用のパイプ（導管）がある。これを外分泌腺といい、内分泌腺とは甲状腺や脳下垂体のようにパイプがなく血管やリンパ管に流し込むものをいう。内分泌腺の分泌物がホルモンである。

1. インスリン発見の歴史的実験

1869年、ランゲルハンス（ドイツ）はすい臓の中に球状の細胞群が点在していることをみつけた。これらの細胞群はランゲルハンス島（Langerhans' islet）とよばれている。また、1889年、ミンコフスキー（ドイツ）は、正常なイヌの尿にはハエが集らないのに、すい臓を除去したイヌの尿にはハエがたくさん集まっていることを観察した。その尿中には多量の糖が検出された。

すい臓（pancreas）の内分泌腺で

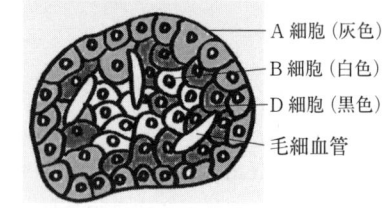

図11-1　ランゲルハンス島

あるランゲルハンス島からは、インスリン、グルカゴンなどのホルモンが分泌される。B細胞のインスリン（insulin）は血糖量を減少させ、逆にA細胞のグルカゴン（glucagon）は増加させる働きをもつ。また、D細胞から分泌されるソマトスタチンはA、B両細胞の分泌を抑制する。図11-1の上図は正常な場合、下図は糖尿病の場合であり、糖尿病ではB細胞数が減少しているが、A細胞はほとんど変化がない。

正常なイヌと糖尿病のイヌを比較すると、糖尿病のイヌではB細胞数が減少しているが、A細胞はほとんど変化がない。

1921年、カナダの外科医バンチングは、学生であったベストとともにトロント大学で昼夜を分かたず研究を行い、ついにすい臓からインスリンという新しいホルモンを取り出すことに成功した。

① イヌのすい臓からの導管を結紮する（糸でしばる）と、すい液を分泌する細胞はしだいに死んでしまうが、ランゲルハンス島は正常に働きつづけることをみつけた。

　これは、すい臓は内分泌腺であるとともにすい液を分泌する外分泌腺でもある。すい液中にはタンパク質分解酵素であるトリプシンが含まれているので、タンパク質でできているインスリンは、すい液と混じると分解さ

れてしまう。そのため、結紮をしないでインスリンを抽出するのは難しい。なお、糖尿病の治療にはインスリンを経口投与ではなく、注射によって与える。これも同様に、経口投与では消化管内のタンパク質分解酵素で分解されてしまうからである。

② すい臓を摘出したイヌは、体重の減少・肝臓のグリコーゲン量の低下などがみられ起きあがることができなかったが、このランゲルハンス島の分泌物の抽出液を静脈に注射すると回復した。彼らの実験ノートには次のような記述が残されている。

"8:00 am Blood Sugar 11 ---- dog still more removed ---- is now able to stand up."
「午前8時、イヌは、さらに血糖11（0.11％）まで回復した。いま、立つことができる。」

2. ヒトの主な内分泌腺とホルモンの働き

ヒトの代表的は内分泌腺は、頭の方から間脳（視床下部）、脳下垂体、甲状腺、副甲状腺、すい臓（ランゲルハンス島）、副腎、卵巣、精巣などがある。多くのホルモンは水溶性であるが、甲状腺ホルモン（チロキシン）とステロイド系ホルモン（性ホルモン、副腎皮質ホルモンなど）は脂溶性である。水溶性ホルモンは細胞膜を透過できなので、ホルモンの受容体（receptor）は細胞表面にある。一方、脂溶性ホルモンは細胞膜を透過するので、受容体は細胞内にある。そのため、水溶性ホルモンと脂溶性ホルモンの作用機構は異なる。

○ 脳下垂体と視床下部

ホルモンの中のホルモンを分泌するのが**脳下垂体**（下垂体；pituitary body）である。大きさは大豆1粒、小指の先ぐらい、重さ1gの小さな器官であるが、実に多くのホルモンを分泌する。構造は前葉、中葉、後葉と分かれるが、前葉と中葉は口腔上皮から盛り上がった腺性下垂体、後葉は間脳の下部がふくれた神経性下垂体でこの2つがドッキングしてできたのが下垂体である。

前葉からは成長ホルモンが分泌されるが、「寝る子は育つ」の科学的根拠があきらかになった。人は深い眠りと浅い眠り（パラ睡眠　p.225）を一晩に4～5回繰り返しているが、成長ホルモンは寝入りばなの深い眠りか2回目の深い睡眠

表11-1 いろいろな内分泌腺

内分泌腺		ホルモン	働き
視床下部		放出ホルモン 抑制ホルモン	前葉ホルモンの分泌調節(成長ホルモン・甲状腺刺激ホルモンなどの分泌促進)、後葉ホルモンの産生
脳下垂体	前葉	成長ホルモン	成長促進、血糖量の増加、タンパク質合成。骨の発育促進
		甲状腺刺激ホルモン	チロキシンの分泌促進
		副腎皮質刺激ホルモン	糖質コルチコイドの分泌促進
		ろ胞刺激ホルモン	ろ胞ホルモンの分泌促進
		黄体形成ホルモン	排卵・黄体形成促進
		黄体刺激ホルモン	プロラクチン 乳汁の分泌促進
	中葉	ヒトでは退化	両生類・魚類の体色黒化
	後葉	バソプレシン	抗利尿ホルモン、血圧上昇ホルモン (−) 尿崩症
		オキシトシン	子宮収縮ホルモン、乳の分泌促進
甲状腺		チロキシン	ヨウ素を含む。異化作用促進 (+) バセドウ病 (−) クレチン病
		カルシトニン	血液中の Ca^{2+} の減少
副甲状腺		パラトルモン	血液中の Ca^{2+} の増加
すい臓	A細胞	グルカゴン	血糖量の増加、グリコーゲンの分解促進
	B細胞	インスリン	血糖量の減少、肝臓でのグリコーゲン合成促進、細胞での糖消費促進
副腎	髄質	アドレナリン	血糖量の増加、グリコーゲンの分解促進、心臓拍動の促進
	皮質	糖質コルチコイド	血糖量の増加、タンパク質から糖合成
		鉱質コルチコイド	Na^+ の再吸収、K^+ の排出促進
生殖腺	卵巣	ろ胞ホルモン	エストロゲン、雌の二次性徴の発現、子宮壁の肥厚
		黄体ホルモン	プロゲステロン 黄体形成、妊娠の維持
	精巣	アンドロゲン	雄の二次性徴の発現、精子の形成、筋タンパク質の合成促進

で分泌される。かつて下垂体は鼻の奥にあることから脳にたまった老廃物を排出する一時保管場所と考えられていた。しかし、下へ垂れ流しているものがあるのは事実で、バソプレシンとオキシトシンは間脳の視床下部で作られて神経分泌物として後葉に保管されている。視床下部は下垂体の上位に位置し、ホルモン分泌調節の参謀本部である。

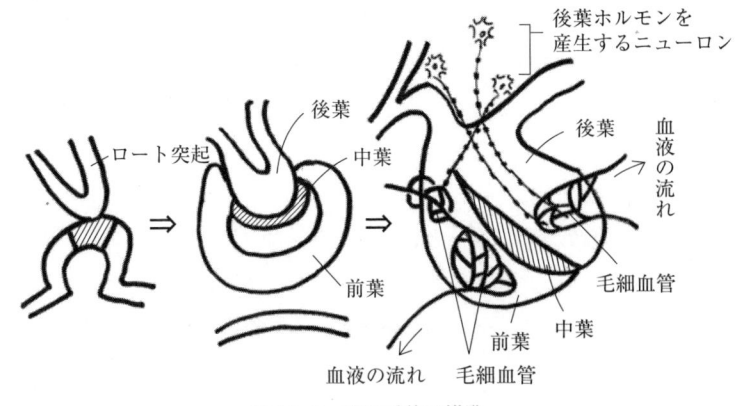

図 11-2　脳下垂体の構造

3. フィードバック調節 (feedback regulation)

　生物にとって恒常性を維持することは生命を維持するために不可欠である。そのための調節のしくみがフィードバック (feedback) である。もともと電子工学の用語で結果が原因に影響を与えるしくみである。フィードバックには結果が原因を促進させる**正のフィードバック** (positive feedback) と結果が原因を抑制する**負のフィードバック** (negative feedback) がある。生物にとって重要なのは一定状態を保つことなので負のフィードバック（フィードバック阻害； feedback inhibition）が一般的である。

1）甲状腺ホルモン（チロキシン）のフィードバック阻害

　甲状腺は喉の所にあり蝶ネクタイのような形をしている。ここからはチロキシンというヨウ素（I）を含むホルモンが分泌される。原発事故が起きると、幼児・児童を中心に安定ヨウ素剤が与えられるが、これは放射性ヨウ素が体内に入り甲状腺に蓄積しないようにするためである。

　チロキシンは代謝（異化）作用の促進などを行うが、分泌が過剰になるとバセドウ病となる。目がとびだし、脈が速くうつなどの症状がある。また、の

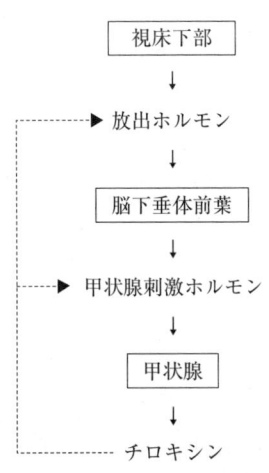

図 11-3　フィードバック阻害

どが腫れて太くなっている。アメリカインディアンの種族には花嫁の首の太さを測って感激の度合いを知る風習がある。新婚によるストレスで甲状腺が活発になり肥大するためらしい。また、かつて「やせ薬」と称するものの中には家畜のチロキシンが含まれていた。異化作用を促進するから痩せるだろうが、人工的なバセドウ病になってしまう。

チロキシンの分泌が過剰になると、チロキシンはフィードバックして視床下部や下垂体に働きかけて、それぞれ放出ホルモンや甲状腺刺激ホルモンの分泌を抑制する。このため、チロキシン濃度が減少し、正常値にもどるようになる。

コラム　ホルモン療法とホルモン焼き

世界最古の医学書であるエジプトのパピルスに書かれた薬に動物の臓器エキスが載っている。このような臓器療法が代々受け継がれてきたようだ。18世紀、名医のブロン・セカール博士（72歳）はイヌの睾丸エキスを自身に注射したところ、劇的に若返ったと発表した。ホルモンは動物の世界では汎用性があるから、たぶん効き目があったのだろう。ホルモンがタンパク質でできていたり、酸性に弱かったりすると、胃で分解されてしまうので飲み薬では効果はない。注射なら内分泌腺がやっているのと同じように血液に直接いれるのだから、微量で即効性があるだろう。ホルモン焼きはウシなどのモツを捨てるのはもったいないので食べようというところから始まったが、身近なホルモン療法といえるかもしれない。

2) 性周期のしくみ

女性はろ胞ホルモンに支配されるろ胞期と黄体ホルモンに支配される黄体期を約28日周期で繰り返す性周期がある。ちょうど真ん中の14日目の切り替わる時期に排卵される。この周期は周期的に増減するホルモンによってつくられている。

視床下部の放出ホルモンによって下垂体前葉からろ胞刺激ホルモンが分泌されると、ろ胞が発達し、ろ胞ホルモン（エストロゲン）が分泌される。エストロゲンは受精後に備えて子宮内膜を肥厚させるとともに、放出ホルモンやろ胞刺激ホルモンの分泌を抑制する（フィードバック阻害）。このようにして他のろ胞の発育は抑えられ、ろ胞が1つだけ成熟する。排卵促進剤は生殖腺刺激ホルモンなどの働きを促進するので、使用すると制御ができなくなり、複数のろ胞が成熟し

て三つ子や五つ子が生まれやすくなる。

　エストロゲンが高濃度になると、視床下部から放出ホルモン、下垂体前葉から黄体形成ホルモンが分泌され、ちょうど水風船に水が入りすぎて破れるように、ろ胞が破裂して排卵される。ろ胞の残骸は黄体となり、**黄体ホルモン（プロゲステロン）**が分泌され、エストロゲンの働きを引き継ぐ。受精・着床しないときは、黄体は退化し、肥厚した子宮内膜は不用となり剥離して体外に出される（月経）。受精・着床したときは、黄体は維持されプロゲステロンは放出ホルモン、ろ胞刺激ホルモンの分泌を抑制し続けるので排卵は起きず、妊娠が継続される。

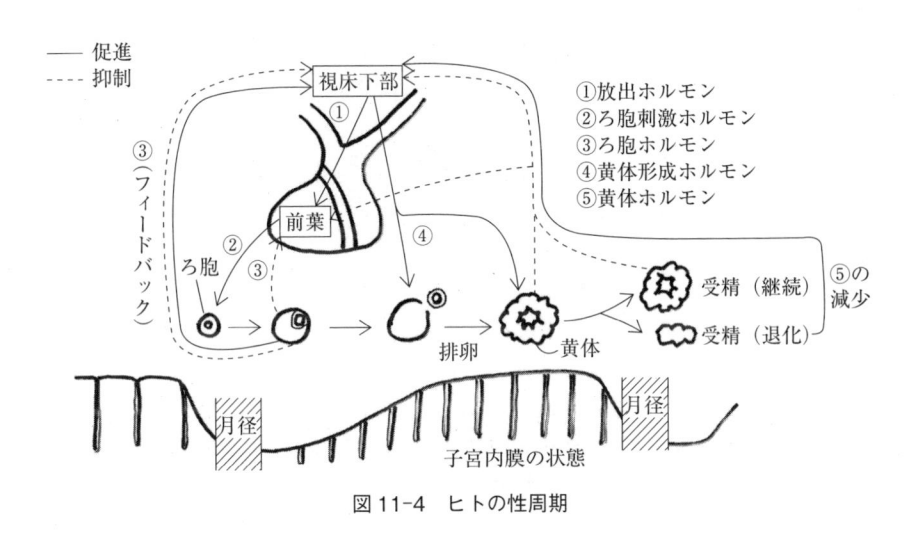

図11-4　ヒトの性周期

こぼれ話　女性はなぜ長生きか

　女性ホルモンのエストロゲンには血管を拡張し、コレステロールの増加を抑え動脈硬化を防ぐ働きがある。また、神経細胞の死を抑制したり、細胞のアポトーシス（細胞の自殺）を抑えるタンパク質の生産を促進したりするためと考えられる。男性ホルモンのテストステロン（アンドロゲンの一種）は攻撃型のホルモンで濃い髭がはえたり、筋肉がたくましくなったりするが、闘争によっては身を滅ぼす危険があり、長生きについてはエストロゲンとは大違いである。

【確認テスト】

[1] ホルモン調節に関する次の文章を読み、あとの設問に答えよ。

　(a)ヒトは外界の変化の影響を受けるが、体内の状態は一定に保たれ生命を維持している。これにはホルモンが深く関係している。ホルモン分泌の調節を行う重要な組織は脳内に存在する視床下部とそれに隣接する（　①　）である。視床下部からの放出ホルモンの作用により、（　①　）から（　②　）刺激ホルモンが血中に分泌されると、ホルモンは（　②　）に働いてチロキシンを分泌する。一方、チロキシンはその量が過剰になると、視床下部や（　①　）に働いて放出ホルモンや（　②　）刺激ホルモンの分泌を抑制し、チロキシンの分泌量は減少する。ホルモンには、(b)このように結果が原因にさかのぼって作用するしくみが存在し、そのため生体環境が一定なものとなっている。また、視床下部と（　①　）とは無関係にホルモン調節がなされる場合もある。たとえば（　③　）は（　③　）ホルモンを分泌して骨からカルシウムを血液中に移行させ、血液中のカルシウム濃度を上昇させる。血液中のカルシウム濃度が高ければホルモン分泌は（　④　）され、カルシウム濃度が低ければホルモン分泌は（　⑤　）される。

問1　文中①〜⑤にあてはまる語句を記せ。
問2　下線部(a)の働きをなんというか、その名称を答えよ。
問3　下線部(b)の働きをなんというか、その名称を答えよ。

[2] 次の実験を読んで、あとの設問に答えよ。
〔実験〕
(1) すい臓を摘出して糖尿病を起こしたイヌから脳下垂体を摘出すると、尿中への糖の排出が著しく軽減された。このような軽減効果は副腎の摘出によってもみられた。
(2) 脳下垂体の抽出物をすい臓を摘出したイヌに与えると著しい糖尿がみられた。
(3) イヌのすい臓を摘出して神経の連絡を断ち、これを再び正常な位置と異なった場所に移植してみたが、この移植されたすい臓は正常な血糖調節を維持した。

問1　実験 (1) の現象は、脳下垂体から分泌されるあるホルモンが副腎に作用することによって起きたと考えられる。このホルモンの名称を記せ。
問2　下線部の副腎から分泌され、血糖量を増加させる働きをもつ2種類のホルモンのうち、肝臓を除去すると効果がなくなるものは何か。このホルモンの名称を記せ。
問3　次の①〜④の文のなかから、間違っているものを1つ選び、番号で答えよ。
　①　胃を摘出すると、ブドウ糖を飲んだときの血糖量の上昇する時間が早くなる。
　②　正常なヒトでも強いショックを受けたとき、糖尿がみられる場合がある。
　③　低血糖になると昏睡状態に陥るのは、脳細胞がグリコーゲンを貯蔵していないからである。
　④　血糖量調節の中枢は間脳であるので、すい臓は間脳からの自律神経による指令がないと正常に働くことができない。

第12講

自律神経とホルモン

　恒常性は自律神経系とホルモンの協同作用によって調節されている。中枢の指令を伝える2つの情報伝達手段には、それぞれ特徴がある。内分泌系は文書やハガキに相当し、神経系は電話に相当する。情報の伝わる速度は神経が速く、ヒトでは100m／秒なのに対して、内分泌系は数cm／秒である。電話は要件をメモでもとらない限り一過性であるが、文書はしばらく残り持続性があるように、神経系の効力は一過性、内分泌系は持続性がある。また、神経系は限られた細胞にしか伝達できないが、内分泌系は全身の標的細胞（器官）に伝達できる。これらの情報伝達の違いを利用して、恒常性が維持されている。

1. ヒトの神経系

　ヒトの神経系は図12-1に示すように脳や脊髄などの中枢神経系と、そこから出て体の末端に分布する末梢神経系に分かれる。末梢神経系は大脳を中枢とする体性神経系と間脳を中枢とする自律神経系からなる。

　末梢神経を構造から分類すると、脳から出る脳神経（ヒトでは12対）と脊髄から出る脊髄神経（ヒトでは31対）に分けられる。また、情報伝達の方向性から分類すると、感覚神経などの

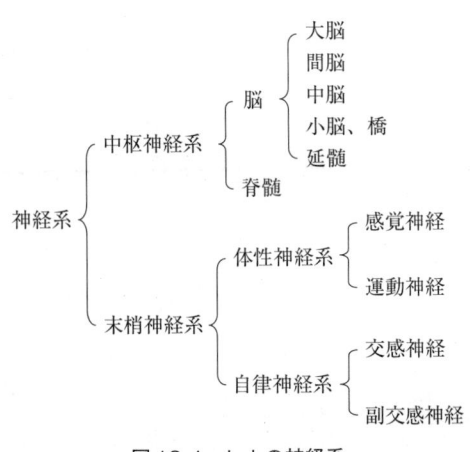

```
神経系 ┬ 中枢神経系 ┬ 脳 ┬ 大脳
      │           │    ├ 間脳
      │           │    ├ 中脳
      │           │    ├ 小脳、橋
      │           │    └ 延髄
      │           └ 脊髄
      └ 末梢神経系 ┬ 体性神経系 ┬ 感覚神経
                  │            └ 運動神経
                  └ 自律神経系 ┬ 交感神経
                               └ 副交感神経
```

図12-1　ヒトの神経系

ように中枢に伝達する求心性神経と運動神経や自律神経のように中枢から末端に伝達する遠心性神経に分けられる。

2. 自律神経系

寺の山門には、目をかっと見開き怒っている仁王像が立っている。私たちも怒ったとき、心臓の鼓動も速くなり、似た状態になる。これは意識して目を見開いたり、心臓の鼓動を速くしたりしているのではない。自律神経によって自動的に体が戦闘モードになるためである。

自律神経系（autonomic nervous system）はその名前の通り、私たちの意思とは切り離されて、体の調節を行うときに働く神経系である。自律神経系には交感神経（sympathetic nerve）と副交感神経（parasympathetic nerve）があり、内臓諸器官をはじめ組織・器官に分布している。交感神経は脊髄より出るが、副交感神経は延髄と脊髄の末端から出ている（図12-2）。なお、延髄から出る副交感神経は迷走神経（vagus nerve）とよばれ内臓諸器官に広く分布している。

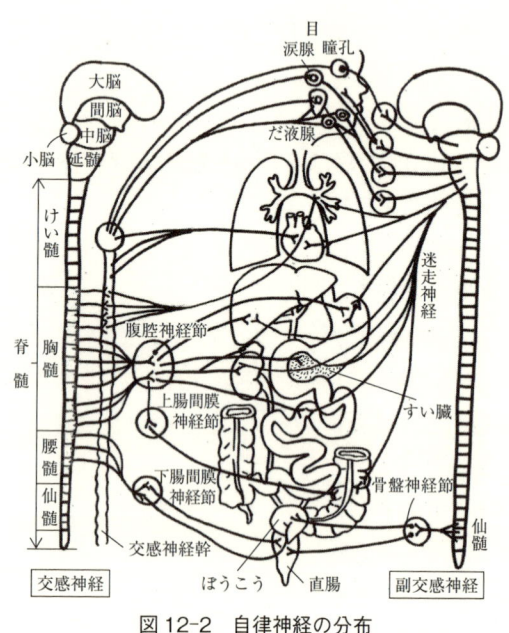

図12-2 自律神経の分布

表12-1に自律神経系の組織・器官に対する働きを示したが、一方が促進なら他方は抑制というように拮抗的に働く。これらの働きは神経末端から分泌される神経伝達物質が関与している。副交感神経の末端からはアセチルコリン（acetylcholine）、交感神経の末端からはノルアドレナリン（noradrenalin）※などが分泌される。一般に交感神経が働くと戦闘モードになり、副交感神経は平静時に働く場合が多い。この自律神経の中枢は中脳や延髄などにもあるが、最高位の中枢は間脳の視床下部（hypothalamus）である。

因みにアセチルコリンは最初に発見された神経伝達物質である。1921年、レーウィは切り出したカエルの心臓をリンガー液（生理的塩類溶液）に浸し、心臓につながる副交感神経を刺激すると拍動がゆっくりになるが、しばらくして心臓が浸っていたリンガー液を他の心臓に加えると拍動が抑制されたことを見つけた。これは何らかの物質が神経の末端から分泌されていると考えられた。この物質がアセチルコリンであった。

※ ノルアドレナリンとアドレナリン
「ノル」とは物質から炭素原子が1つ脱落したという意味。ともに体を戦闘モードにする働きがある。どちらも副腎髄質からも分泌されるが、副腎髄質は交感神経の一部が内分泌腺に変化したものである。

表12-1 自律神経系の働き

組織・器官	瞳孔	だ液腺	心臓	胃腸	ぼうこう
交感神経	拡大	粘性高い	拍動促進	ぜん動抑制	排尿抑制
副交感神経	縮小	粘性低い	拍動抑制	ぜん動促進	排尿促進

ところで、副交感神経は組織・器官へ出る場所が延髄と脊髄末端に分かれている。これは、自律神経は副交感神経から分化したと考えられ、生物は副交感神経の支配下がふつうであった。ところが、生物の進化に伴い多様な生物が生まれ生存競争が激しくなるにつれて、戦闘モードになる機会が多くなった。そのため内臓諸器官も発達し、内臓に近い脊髄から交感神経が出るようになったため、副交感神経が分断されたといわれる。

3. 血糖量の調節

血糖量は血液100mLあたりのグルコース量で示し、正常な人の血糖量はふつう100mg程度である。パーセント濃度で示すと0.1%になる。**血糖値**（blood glucose）は血液中のグルコース濃度であり、70mg/100mL以下が低血糖、120mg/100mL以上が高血糖である。食後、血糖値が増加（最高でも140mg/100mL以下に調節されている）するが、血液中に入る**グルコース**（glucose）は小腸からの吸収と肝臓のグリコーゲン（glycogen）の分解によって血糖値が増加する。一方、血糖値の減少は、呼吸による消費、筋肉・脂肪組織による取り込みと肝臓でのグリコーゲン蓄積によって起きる。

血糖量調節の中枢は視床下部の腹内側核の**満腹中枢**と外側野の**摂食中枢**で、両者は拮抗的に働くが、これらを統括するのが大脳皮質である。例えば、「お腹が空いたけど見合いの席だからあまり食べないようにしよう」と考えるのが視床下部の上位の中枢である大脳である。血糖量調節の中枢からの情報伝達には神経系と内分泌系が共同で働いている。神経系は急激な血糖値の変化に対応できるが、持続性はなく緊急措置であり、内分泌系は多くの器官に持続的に作用し、長期にわたって血糖値を安定化することができる。

1) 内分泌系による調節

○高血糖の場合

視床下部、すい臓を流れる血液中の血糖値が増加すると、すい臓のB細胞からインスリンが分泌される。インスリンだけが血糖値を低下させることができる。インスリンは細胞膜のグルコース透過を促進し、細胞内での呼吸による消費によってグルコースを減少させる。また、グルコースをグリコーゲンに合成する反応を促進して血糖値を低下させる。そのため、インスリンがうまく機能しないと、血液が糖であふれ必要な糖まで尿中に排泄してしまう。やがて、毛細血管が障害を受け、動脈硬化になり、網膜症、神経障害、腎症などの**糖尿病**※（diabetes mellitus, p.114）が発症する。

○低血糖の場合

グルカゴン（すい臓ランゲルハンス島A細胞）、アドレナリン（副腎髄質）、チロキシン（甲状腺）、成長ホルモン（脳下垂体前葉）、糖質コルチコイド（副腎皮質）の代表的な5つのホルモンによって血糖値を上昇させることができる。低

血糖は餓死につながるので複数の安全装置が準備されている。このうち、成長ホルモンが持続的に過剰分泌されると巨人症や末端肥大症になるが、インスリン受容体が減少するためにインスリン非依存性糖尿病を合併する場合が多い。

2) 神経系による調節

高血糖の場合、視床下部の血糖量調節の中枢から副交感神経を介して、すい臓のＢ細胞に指令が出されインスリンが分泌され、血糖値を下げる。低血糖の場合、血糖量調節の中枢から交感神経を介して、すい臓のＡ細胞からグルカゴンが分泌され、また交感神経の一部が集まってできた副腎髄質からアドレナリンが

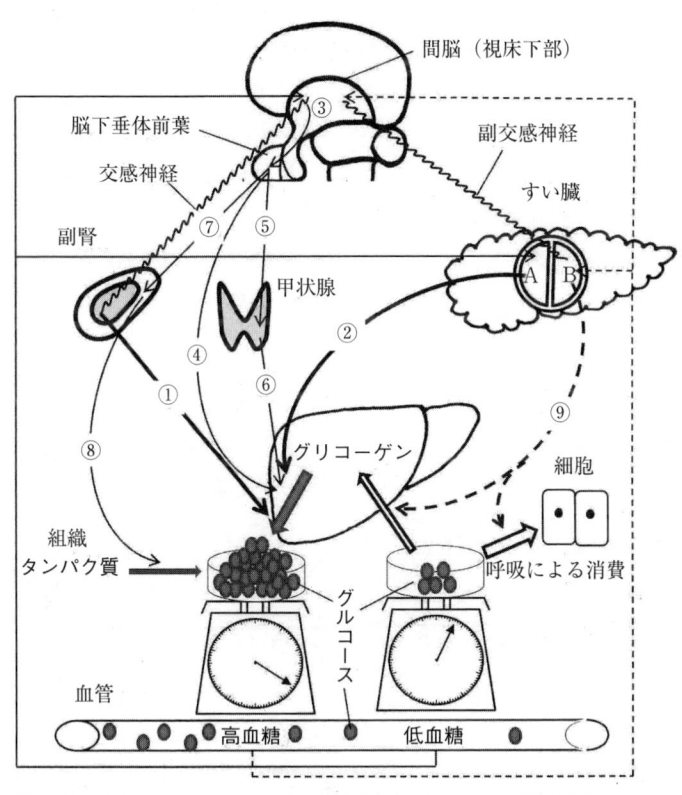

①アドレナリン　　②グルカゴン　　　　③放出ホルモン
④成長ホルモン　　⑤甲状腺刺激ホルモン　⑥チロキシン
⑦副腎皮質刺激ホルモン　⑧糖質コルチコイド　⑨インスリン

図 12-3　血糖量の調節図

分泌されることによって血糖値を上げている。

また、肝臓を支配している自律神経によって血糖量を調節する。交感神経はグリコーゲンの分解、**糖新生**（p.167）を促進して血糖値を高め、迷走神経（副交感神経）はグリコーゲンの分解、糖新生の抑制によって血糖値を低下させる。これらの作用はホルモンを介する二次的なものではなく直接的な働きである。

4. 肥満遺伝子

肥満は白色脂肪細胞が過剰になった状態である。白色脂肪細胞は過剰に取りこんだ栄養分を脂質に変えてエネルギー源として蓄える役割をもっている。一方、交感神経に支配された褐色脂肪細胞は、逆に過剰に取りこんだエネルギーを消費する役割をもっている。褐色脂肪細胞の働きの低下が肥満の原因となる。また、間脳の視床下部にある**満腹中枢**を破壊すると、副交感神経の働きが活発になり、すい臓からのインスリンの分泌が促進され、白色脂肪細胞へのグルコースの取りこみが促進されて肥満を助長する。

近年、運動不足や食べ過ぎなどの原因で肥満になり、糖尿病、高血圧症、動脈硬化など様々な病気にかかりやすくなっている。肥満が増えた原因の1つに欧米型の食生活への移行が考えられるが、人が肥るのは、環境よりも肥満遺伝子の方

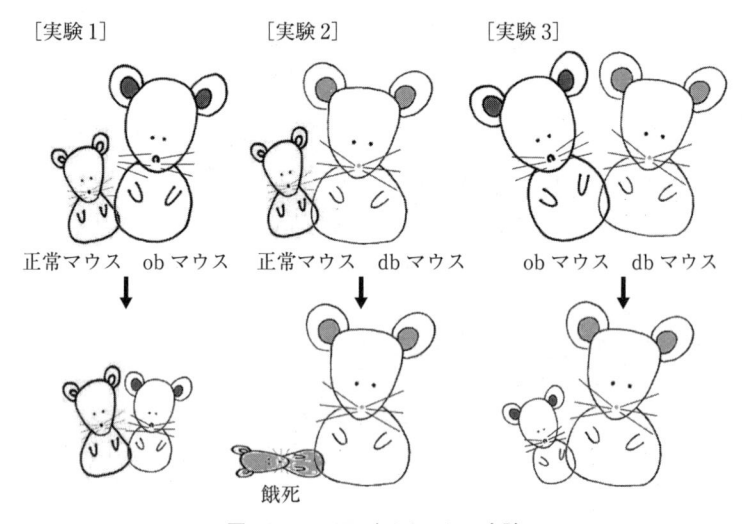

図12-4　パラバイオーシス実験

が重要であるともいわれている。

　1973年、コールマン（アメリカ）は正常マウスと2種類の肥満マウス（obマウス、dbマウス）を使って、図12-4のようなパラバイオーシス（parabiosis）実験（2匹のマウスどうしの血管を縫い合わせ、血液が2匹のマウスを循環するもの）を行った。

〔実験1〕正常マウスとobマウスをつないだところ、obマウスがやせた。
〔実験2〕正常マウスとdbマウスをつないだところ、dbマウスは変化なく、正常マウスが餓死した。
〔実験3〕obマウスとdbマウスをつないだところ、obマウスがやせ、dbマウスは変化なかった。

　この実験における2種類の肥満マウスは、レプチン（leptin；食欲抑制物質）

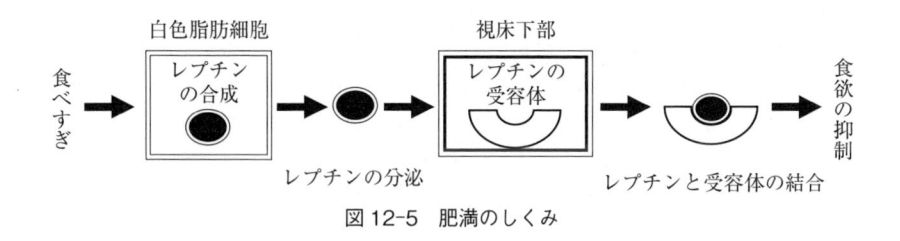

図12-5　肥満のしくみ

をうまく合成できない肥満遺伝子aか、視床下部の食欲中枢にあるレプチン受容体をうまく合成できない肥満遺伝子bの異常によって肥満になっているものと推測された。なお、肥満遺伝子aとbは、それぞれ別々の染色体上に存在し、ともに劣性遺伝子である。

〔実験1〕より、正常マウスでつくられたレプチンがobマウスに作用したためにやせたと考えられる。つまり、obマウスはレプチンを合成できない遺伝子aをホモでもつ。
〔実験2〕より、正常マウスはレプチンを過剰につくるがdbマウスには効かず、正常マウスの方が過剰のレプチンで餓死した。dbマウスはレプチン受容体が合成できない遺伝子bをホモでもつ。
〔実験3〕より、dbマウスがつくったレプチンがobマウスに働いてobマウスがやせたと考えられる。

　以上の結果、obマウスは1対の肥満遺伝子aをもち、その遺伝子型はaaB＿となり、dbマウスは1対の肥満遺伝子bをもち、その遺伝子型はA＿bbとなる。

※ 糖尿病

　糖尿病にはインスリンの分泌が見られない若年（10～14歳）に多いインスリン依存性糖尿病（Ⅰ型）とインスリンは出ているのに血糖値が低下しない成人に多いインスリン非依存性糖尿病（Ⅱ型）の2つの型がある。日本ではⅠ型は5％以下、Ⅱ型が95％程度を占める。
　Ⅱ型はインスリンが結合する受容体に問題があり、インスリンがうまく機能しないためである。Ⅰ型の治療はインスリン注射が有効であるが、Ⅱ型では高血糖になるのを防ぐ食事療法と運動療法が中心である。

コラム　糖尿病はなぜ起きるか？

　動物にとって生きることは食べることであり、食べ物がすぐに手に入らない飢餓状態が常である。長い進化の過程で血糖値の低下を防ぐための手段は発達したが、高血糖になって下げる手段は発達せずインスリンのみのままであったと考えられる。
　日本人の糖尿病はⅡ型のインスリン非依存性が多い。日本人は肉食中心の欧米人に比べてカロリーの少ない（ヘルシーな）穀物や魚を主食とした食生活のためにインスリンが少なくても細胞内にグルコースをうまく取り込み、血糖値を維持できる省エネ体質になっていた。ところが食生活が欧米化したために高カロリーを摂取するようになり、今までの少ないインスリンで調節するシステムがうまく機能せずにインスリン非依存性糖尿病が増加している。
　なお、現代ではヒトだけではなくペットにも同じような傾向がみられるようになっている。糖尿病には遺伝性もあるが、偏った食事や運動不足も大きな要因となっている。

こぼれ話　別腹とは

　食後に甘いものを別腹といって食べる人も多い。別腹という新たな胃があるわけではない。別腹をつくりだしているのはオレキシンという物質だ。これは視床下部で合成されて胃の消化を促進し、胃に空き場所をつくる。これが別腹だ。しかし、糖分の多い和菓子ではオレキシンは分泌されない。糖分の少ないデザートやケーキは満腹感が少なく過剰に摂取するので肥満になりやすい。人間は動物のように空腹になったら食べ、満腹になったら食べないという視床下部の中枢にだけ支配されているのではない。美味しそうなケーキでも、肥るから食べないでおこうと考えたり、見合いの席などではあまり食べないように遠慮するなどの行動をするのだ。

【確認テスト】

1 次の自律神経系に関する文を読み、下の各問いに答えよ。

自律神経系は内臓、血管、腺などに分布し、（ ア ）と共同して無意識的に調節を行い、恒常性を維持するものである。自律神経系は2種類の作用の異なる神経からなり、多くの器官ではこの2種類の神経でその働きが調節されている。このとき、一方の神経が器官の働きを促進すれば、他方は抑制するというように（ イ ）的に作用することが多い。

問1　文中の（ア）、（イ）に当てはまる最も適当な語句を答えよ。
問2　内分泌腺の説明はどれか。次の(1)〜(5)の中から正しいものを1つ選べ。
　(1) 分泌物として汗やだ液がある。
　(2) 分泌物は排出管を通過する。
　(3) 分泌物は消化酵素などを含む。
　(4) 分泌物は体液中に直接分泌される。
　(5) 分泌物は消化管の内腔（食物が通過する部分）に分泌される。

2 図はヒトの血糖量の調節のしくみを示したものである。下の各問いに答えよ。

問1　図のA神経の名称を答えよ。
問2　A・B神経（自律神経系）の統合的な中枢を何というか。
問3　図のD、E、Fの器官名は何か。
問4　図のい、ろの物質名は何か。
問5　図のイ、ハ、ホのホルモン名は何か。
問6　図のYは高血糖か低血糖のいずれかを表している。Yという刺激が器官Cにフィードバックしたとき、分泌量の増えるホルモンはイ〜ホのうちのどれか。次の①〜⑤の中から最も適当なものを1つ選べ。
　① イ　　② イ・ロ　　③ ホ　　④ ロ・ハ・ニ　　⑤ ロ・ハ・ニ・ホ
問7　血糖量を増加させるホルモンは甲状腺からも分泌される。このホルモンの名称は何か。
問8　正常な人の血糖量は一般的に0.1%である。それは血液100mlあたり何mgグルコースが含まれている状態か。
問9　血糖量や体温のように外部環境が変化しても内部環境が一定に維持されていることを何というか。

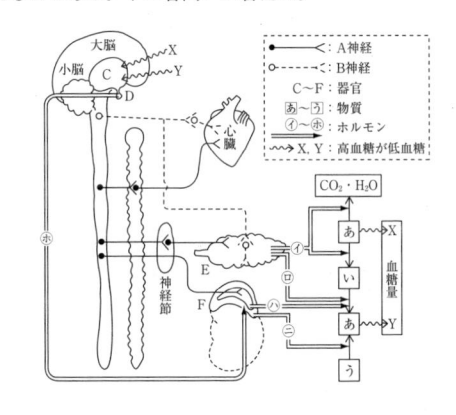

3 肥満に関する次の文を読んで、下の各問いに答えよ。

肥満は体に脂肪が過剰にたまった状態である。脂肪細胞には2種類あり、白色脂肪細胞は余

分に取りこんだ栄養分を脂質に変えて蓄える役割をもっている。一方、褐色脂肪細胞は余分に取りこんだ栄養分を消費する役割をもっている。また、①視床下部の満腹中枢を破壊すると、副交感神経の働きが活発になり、すい臓から②ホルモンが分泌され白色脂肪細胞へのグルコースの取りこみが促進され肥満を助長する。肥満が増えた原因の1つに欧米型の食生活への移行が考えられるが、肥満遺伝子の影響も考えられている。

　1973年、コールマンは正常マウスと2種類の肥満マウス（XマウスとYマウス）を使い、③いろいろな組み合わせで2匹のマウスどうしの血管を縫い合わせ、血液が2匹のマウスを循環する実験を行った。その後の研究により、Xマウスはレプチン（食欲抑制物質）をうまく合成できない肥満遺伝子a、Yマウスは視床下部の食欲中枢にあるレプチンの受容体をうまく合成できない肥満遺伝子bの異常によって肥満になっていると考えられた。

　正常マウスの場合は、食べすぎによって白色脂肪細胞でつくられたレプチンが視床下部にある受容体と結合して食欲を抑制する。しかし、受容体はつくれるがレプチンをつくれないXマウスは、食欲を抑制できず肥満になる。一方、レプチンはつくれるが受容体をつくれないYマウスもまた肥満になる。

問1　脂肪細胞を含む脂肪組織は次のどれに相当するか。
　（ア）上皮組織　　　（イ）結合組織　　　（ウ）筋組織　　　（エ）神経組織
問2　下線部①の視床下部は脳の一部である。視床下部の属する脳はどれか、次の（ア）〜（オ）の中から1つ選べ。
　（ア）大脳　　　（イ）小脳　　　（ウ）間脳　　　（エ）中脳　　　（オ）延髄
問3　下線部②のホルモンは血糖値を下げる働きがある。このホルモンの名称を答えよ。
問4　下線部②のホルモンの不足による場合の治療法は、経口ではなく注射によって与える。その理由を80字以内で記せ。
問5　下線部③の実験として、次の実験ア）、イ）が行われた。実験結果として考えられる最も適当なものを下の（1）〜（5）の中からそれぞれ1つ選べ。
　ア）正常マウスとXマウスを結びつける実験　　イ）XマウスとYマウスを結びつける実験
　（1）Xマウスは変化がなかったが、正常マウスは餌を食べずに餓死した。
　（2）正常マウスは変化がなかったが、Xマウスは正常にもどった。
　（3）Yマウスは変化がなかったが、Xマウスは正常にもどった。
　（4）Xマウスは変化がなかったが、Yマウスは正常にもどった。
　（5）2匹のマウスとも変化がなかった。
問6　肥満遺伝子aとbはそれぞれ別々の染色体上に存在し、ともに劣性遺伝子である。なお、正常遺伝子をそれぞれA、Bとする（例　AABB、AaBbなどは正常マウス）。いま、1対の遺伝子が劣性ホモ接合体になっているXマウス（aaBB）とYマウス（Aabb）を交雑したとき、次代の表現型の分離比はどうなるか、答えよ。ただし、表現型が出現しない場合は、分離比に0を記せ。

第 13 講

免 疫

　はしかなどの病気に一度かかると二度目はかかりにくくなる。このように疫病（伝染病）から免れることを**免疫**（immunity）とよぶ。輸血の際に血液型が合わないとうまくいかないことや臓器移植で起きる拒絶反応、花粉症・喘息などアレルギー反応も同じしくみで起きる現象である。そこで、広義には、外部からの異物（非自己）と自己を区別して、非自己を排除する体内のしくみを免疫という。この免疫の中心が白血球（leukocyte）である。

1. 白血球（顆粒球とリンパ球）
　白血球は単細胞のアメーバとよく似ていて、細菌をはじめ自分でないものを食べてしまう。この働きを**食作用**（phagocytosis）という。この性質を留めているのがマクロファージ（macrophage）、好中球（neutrophile）である。原始マクロファージはクラゲやイソギンチャクにもあるが、その働きのうち食作用をより高めたものが顆粒球（granulocyte）、免疫作用をより高めたものがリンパ球（lymphocyte）へと進化したと考えられている。マクロファージは全身に分布しており、肝臓にあるものはクッパー細胞、脳にあるものはグリア細胞とよばれる。顆粒球はおもに細菌対策、リンパ球は細菌よりも小さいリケッチアやウイルス対策を担当する。顆粒球は白血球の約60%を占め、寿命は5、6日で、好中球、好酸球、好塩基球がある。そのうち最も多いのは好中球である。顆粒球の名前は細胞内に多くの顆粒があるからであり、核は断絶し、くびれている。細胞内の顆粒が中性色素で染まるものが好中球、酸性色素なら好酸球、塩基性色素なら好塩基球とよばれる。顆粒中にはヒスタミンなどの物質が含まれている。リンパ球は白血球の約35%、T細胞、B細胞、NK細胞（ナチュラルキラー細胞）があ

る。T細胞には、**ヘルパーT細胞、キラーT細胞**（細胞傷害性T細胞）、**調節性T細胞**などがある（図13-1）。

生体防御は最初から高度な攻撃をするわけではない。**一次防衛**は皮膚や粘膜で異物の侵入を防いだり、咳やくしゃみ、涙で異物を排除したりする。また、体液中の殺菌物質としては涙の中にリゾチーム（lysozyme）、母乳中にラクトフェリンなどがあり、胃の中には塩酸がある。この防衛ラインが突破されたら、マクロファージ、好中球などの顆粒球による食作用で二次防衛を行う。この生体防御は非特異的であり、**自然免疫**（natural immunity）とよばれる。これらも突破されたら、リンパ球を中心とする最強の三次防衛の**細胞性免疫**（cell-mediated immunity）、**体液性免疫**（humoral immunity）で異物である**抗原**（antigen）を特異的に攻撃する。これらは**獲得免疫**（aquired immunity、適応免疫ともい

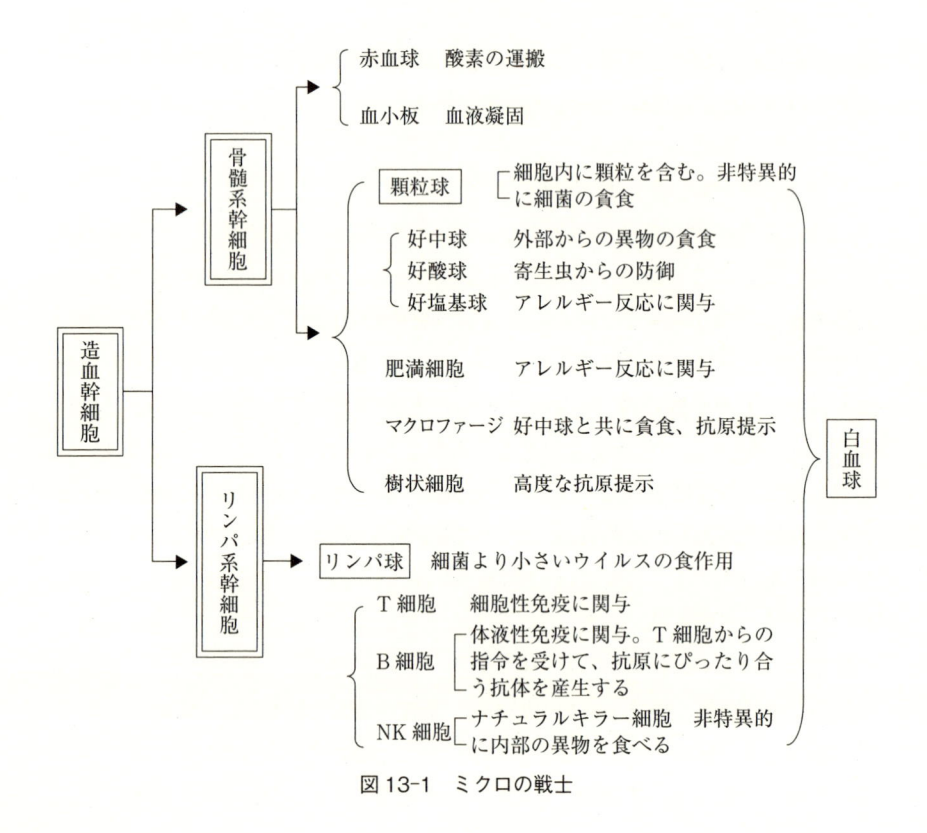

図13-1　ミクロの戦士

う）とよばれる。

　細胞内に侵入していないウイルスなどの抗原には体液性免疫の**抗体**（antibody）で攻撃できるが、細胞内に侵入したものは攻撃できない。そこで、細胞もろとも破壊するために細胞性免疫がある。なお、**樹状細胞**（dendritic cell）は敵（抗原）の情報を提示する（抗原提示）ために進化した細胞で、食べた抗原の一部をリンパ節の T 細胞に提示することで T 細胞が活性化する。樹状細胞はマクロファージなどの自然免疫に関わる細胞が放出する**サイトカイン**（p.124）によって増殖する。つまり、自然免疫の合図があって獲得免疫が起きる。この 2 つの免疫の橋渡しを樹状細胞が行っている。

2. いろいろなリンパ球

NK 細胞　：　殺し屋タンパク質（パーフォリン、グランザイム）をがん細胞、ウイルス感染細胞にふりかけて殺す細胞。がんによって自分の目印である MHC（主要組織適合抗原　p.121）がなくなった細胞を攻撃する。"病は気から"といわれるが、笑いや生きがいによって β エンドルフィン（ハピネスホルモン、幸福ホルモン）が脳から分泌され、NK 細胞などを活性化させる。がん細胞を食べている白血球の映像を見せたり、イメージを描かせたりする免疫力を高める心理療法もある。

ヘルパー T 細胞　：　生体防御機構の司令官。樹状細胞などから抗原の情報を受け取って、NK 細胞やキラー T 細胞、B 細胞を活性化し抗原を排除する。胸腺で分化、成熟する。胸腺という学校を卒業できる（生き残れる）T 細胞は 3〜4%で、後はアポトーシス（プログラム細胞死）する。

キラー T 細胞　：　がん細胞でも MHC をもったままであれば、パーフォリンなどの殺し屋タンパク質をふりかけて攻撃する。細胞性免疫に関与する。

調節性 T 細胞　：　ヘルパー T 細胞、キラー T 細胞などは抗原を攻撃するのに対して、それらの攻撃をサプレス（suppress；抑圧する）する細胞として見つかった。ヘルパー T 細胞、キラー T 細胞、樹状細胞の活性を抑制し、免疫寛容に重要な役割をもつ。

B 細胞　：　骨髄（Bone marrow）で成熟するので、B 細胞という。T 細胞からの指令を受けて、抗原にぴったり合う抗体を産生する。抗体は**免疫グロブリ**

ン（immunoglobulin）というタンパク質であり、抗原に特異的に反応する。体液性免疫に関与する（p.124）。

3. 免疫器官

免疫に関係する細胞は皮膚や鰓、消化器官のような外からの異物が侵入するところで発達した。高度の防衛が必要になったのは、水中から陸上生活に移行したことによる。陸上は安定な環境ではなく、多くの異物に触れる機会が増え、プラスアルファとして新しい免疫システムが必要になった。また、陸上生活によって、多くのリンパ球が集まっていた鰓が必要でなくなり、胸腺として新しい免疫の中心器官として機能するようになった。胸腺（Thymus）は心臓の上にある木の葉のような形をした器官である。T細胞の名前は胸腺で分化するからである。ここでリンパ球のT細胞が自己と非自己の学習をする。この学習のしくみは、抗原提示細胞上の**主要組織適合性抗原複合体**※（MHC；Major Histocompatibility Complex）と自己抗原の複合体とT細胞抗原レセプターの接着度が関係する。

　この接着度が高すぎると自分を攻撃する危険分子とみなされてアポトーシス（プログラム細胞死）する。逆に、接着度が低いと役に立たないとみなされてアポトーシスする。中程度のものだけが生き残ることになる。結局、T細胞の95%は消滅し、残り数%が胸腺の学校を卒業して体内をパトロールできる。ただし、間違って卒業したT細胞がいると、自分を攻撃

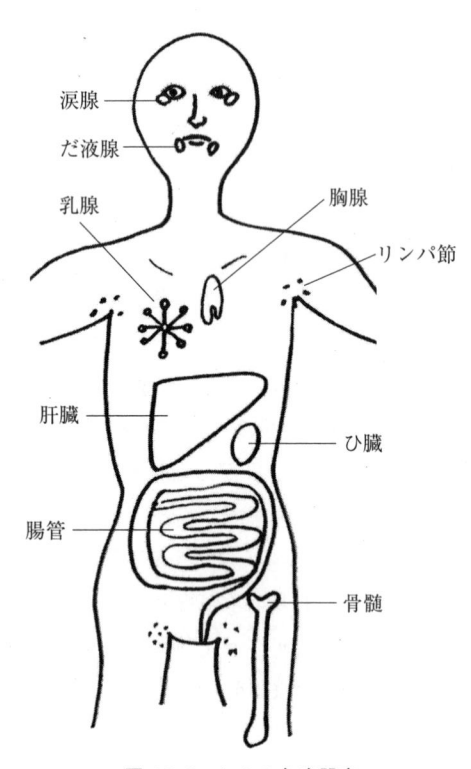

図13-2　ヒトの免疫器官

する指令を出し自分で自分を攻撃してしまうこともある。たとえば、神経と筋肉のつなぎ目が侵されている重症筋無力症（p.134）という病気があるが、この病気は胸腺をとると治る。胸腺が間違って自分の体を攻撃する細胞を卒業させているからである。

ニキビや食中毒には何回でもかかる。ニキビはアクネ菌という化膿性細菌によってできる。リンパ球ではなく、顆粒球によって処理するので、何度でもニキビができる。同じようにサルモネラ菌、ボツリヌス菌による食中毒でも顆粒球による食作用であり、リンパ球が働かないので、免疫は得られず何度でも食中毒になる。

※ 主要組織適合性抗原複合体（MHC）；自己と非自己の識別に用いられる"自分の目印"となるタンパク質。ヒトでは白血球で初めて実証されたので、ヒト白血球抗原（HLA；Human Leukocyte Antigen）とよばれ、第6染色体にある遺伝子 HLA－A、B、C、DR の遺伝子群からつくられる。Aに27種類、Bに59種類、Cに10種類、DRに24種類が明らかになっている。例えば A2B5C1DR2 のようにヒト固有の型が約38万通りできる。また、ヒトの染色体は対になっており、片方は父親から、もう片方は母親から受け継いでいる。父親と母親から、それぞれ違う型を受け継ぐので、その組み合わせは約1,500億通りにもなる。世界人口が70億人だから自分と全く同じ型をもつ他人はほとんどいない。しかし、一卵性双生児は完全に一致し、兄弟姉妹間では25％の確率で一致する。臓器移植などは、HLAの型が一致しないと拒絶反応のため難しい。

コラム　ヌードマウス

体毛をつくる遺伝子と胸腺をつくる遺伝子が同じで、この遺伝子が働かず、胸腺が生まれつきない無毛のネズミがヌードマウスである。胸腺がないので、免疫機能をもたず、T細胞やB細胞がうまく機能しない。そのため、異種の移植片に対して拒絶反応を起こさないので実験に利用される。ただし、NK細胞は多いので、ガンになりにくい。

ヌードマウス

4. 獲得免疫のしくみ

高度な免疫システムは軍隊と同じで、強すぎると過剰防衛（アレルギー）、弱すぎると無防備（免疫不全、エイズ）、狂うと自己攻撃反応（自己免疫疾患、全身性エリテマトーデス、関節リウマチ）が起きる。この軍隊の司令官はヘルパーT細胞であり、強硬派はキラーT細胞、穏健派が調節性T細胞である。敵の情報を伝令するのは樹状細胞やマクロファージであり、とくに樹状細胞は敵の情報を分解・加工して、T細胞に伝えT細胞を活性化させる。これらのミクロの戦士間の情報伝達物質はサイトカイン（p.124）とよばれ、インターフェロン、インターロイキン、ケモカインなど50種類ほどが知られている。

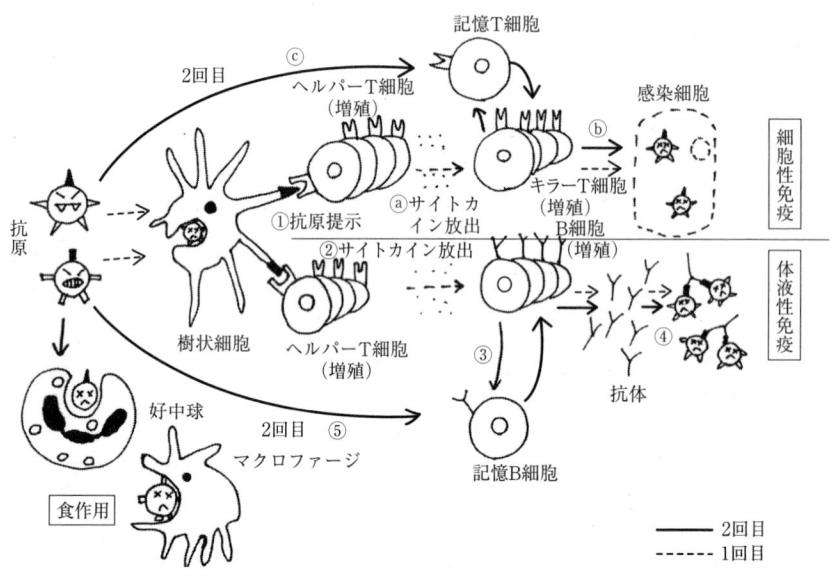

図13-3 獲得免疫のしくみ

1) 抗 体

抗体はB細胞が活性化した形質細胞（抗体産生細胞）がつくる**免疫グロブリン**※というタンパク質からなる。抗体は体内にある約10万種類のタンパク質をどのようにして認識するのだろうか。また、抗体がタンパク質であるとすれば、それらをつくる遺伝子が存在するはずである。仮に5,000万の抗原があるとすれ

ば、5,000万の抗体が必要であり、5,000万の遺伝子が必要となる。ところが、ヒトのもつ遺伝子は2万2,000ぐらいしかない。この矛盾はどう説明できるのだろうか。これについて利根川進博士は抗体遺伝子の再構成によって多様な抗体ができることを解明した（1987年ノーベル医学・生理学賞）。

図13-4のように抗体はH鎖2本、L鎖2本の4本の鎖がS－S結合でつながっている。抗原と結合するのは先端の**可変部**（variable region）とよばれる部位である。H鎖（Heavy chain）の可変部は約110個のアミノ酸、定常部は220個または330個のアミノ酸からなる。L鎖（Light chain）の可変部は約110個のアミノ酸、**定常部**（constant region）は約110個のアミノ酸からなる。

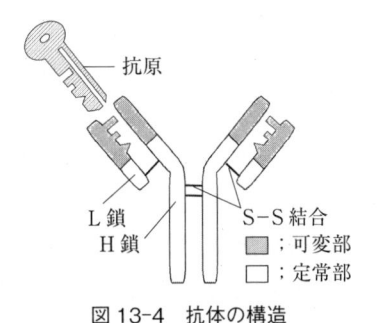

図13-4 抗体の構造

1つの抗体をつくる遺伝子の塩基対の数は、アミノ酸1つに3塩基対が必要なので、[110×3＋330×3]＋[110×3＋110×3]＝1980（対）となる。5,000万の抗体をつくるには、1980×5,000万＝990億の塩基対が必要となり、ヒトのもつ塩基対30億をはるかに上回る。利根川氏によると、抗体の遺伝子は可変部の遺伝子の組み合わせを変えることによって多様な抗体をつくり出すことができる。

つまり、H鎖の可変遺伝子はV（500種類）、D（20種類）、J（5種類）の3つの領域があり、それぞれの領域から1つずつ選択することによって遺伝子の再構成が行われ、500×20×5＝50,000通りの遺伝子があることになる。また、L鎖でも同様にV（200種類）、J（5種類）の領域があり　200×5＝1,000通りになる。こうしてできたH鎖とL鎖の組み合わせは、5万×1000＝5,000万通りにもなる。さらに、可変遺伝子は突然変異がよく起こるので、その多様性は一層増すことになる。鍵と鍵穴のように噛み合う抗体は遺伝子によってオーダーメイドでつくられるのではなく、一部を手直しするイージーオーダーでつくられている。

※　免疫グロブリン
　　A・G・M・D・Eの5種類がある。IgAは喉、腸、気管支などの表面に存在し微生物の侵入を防ぐ。IgGは細菌と結合して白血球の食作用を促したり、ウイルスや毒素を無毒化したりする。IgMはタンパク質と協同して細菌を破壊する。IgDは不明である。IgEはアレルギーに関与する。

2) 体液性免疫

　図13-4で示したように、病原体などの抗原が体内に初めて侵入すると、マクロファージ・好中球などによる自然免疫が始まる。樹状細胞は侵入した抗原を分解してヘルパーT細胞に抗原提示を行う（①）。ヘルパーT細胞の中に提示された抗原とぴったり合う受容体をもつものがあれば、そのT細胞は活性化し増殖する。活性化したT細胞がサイトカイン※を放出すると、B細胞は増殖し、大部分が形質細胞（plasma cell、抗体産生細胞；antibody-forming cell）となり（②）、一部は記憶B細胞となる（③）。B細胞の放出した抗体によって抗原と抗体が反応し（**抗原抗体反応**；antigen-antibody reaction）、病原菌なら細胞が破壊されてマクロファージや好中球に食べられる。毒素なら無毒化されて排泄される（④）。2回目に同じ抗原が侵入すると、**記憶細胞**（memory cell）がすぐに形質細胞に分化して抗体を産生するので、病気に罹りにくくなる（二次応答、⑤）。体液性免疫の例として、ワクチン、血清療法などがある。

※　サイトカイン
　細胞を活性化する情報伝達物質（タンパク質）。インターフェロン、インターロイキン、ケモカイン、腫瘍壊死因子（TNF）、顆粒球コロニー刺激因子（G-CSF）などがある。白血球間の伝達にはインターロイキンが用いられる。インターロイキン（interleukin）とは「白血球をつなぐ」という意味である。

3) 細胞性免疫

　図13-4で示したように、病原体などの抗原が体内に初めて侵入すると①は同じであるが、細胞内に侵入した病原菌やウイルスは直接抗体で攻撃できない。そこで、キラーT細胞という刺客が必要になる。活性化したヘルパーT細胞はサイトカインによってキラーT細胞を活性化し、増殖させる（ⓐ）。一部は記憶T細胞となり、大部分の増殖したキラーT細胞は抗原に感染した細胞をグランザイムやパーフォリンなどの殺傷タンパク質で細胞もろとも破壊する（ⓑ）。2回目に同じ抗原が侵入すると、記憶細胞がすぐに抗原を破壊するので、病気に罹りにくくなる（二次応答、ⓒ）。これが細胞性免疫で、例としてはツベルクリン反応や移植免疫などがある。

4）ネズミの皮膚移植実験

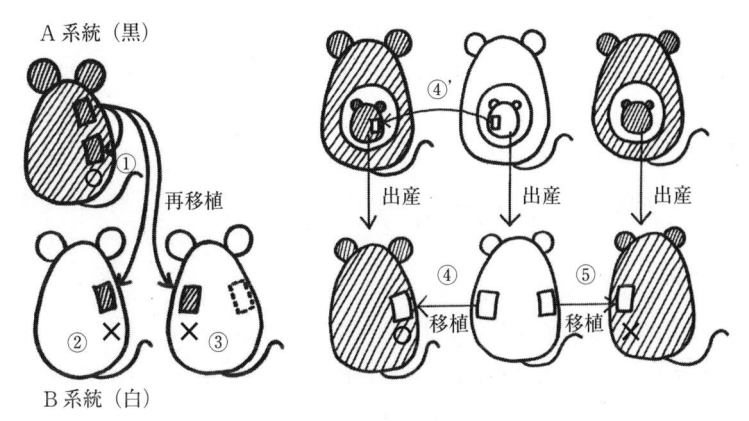

図 13-5　皮膚移植と拒絶反応

① A系統のネズミの皮膚を同じ系統に移植すると生着した。
② A系統のネズミの皮膚をB系統に移植すると、拒絶反応が起きて10日後に脱落した。
③ A系統のネズミの皮膚を再度B系統に移植すると、拒絶反応が早く起き5日後に脱落した。
④ B系統の胎児の組織をA系統の胎児に移植し（④'）、生まれたB系統のネズミの皮膚を生まれたA系統に移植すると生着した。
⑤ ④'のような処理をしていないA系統に移植すると、拒絶反応が起きて10日後に脱落した。

実験①～③より、系統の異なるネズミの皮膚は非自己とみなされて排除されることがわかる。これにはキラーT細胞が関与している。また、実験②、③より、2回目は1回目より早く排除されることから、キラーT細胞にも**免疫記憶**（immunological memory）があることがわかる。実験④、⑤から、系統が異なる場合でもT細胞が胸腺で学習する段階で移植すれば、移植できるようになる（**免疫寛容**）。また、胸腺を摘出したネズミに別系統のネズミの皮膚を移植すると、本来は拒絶反応が起こり皮膚は脱落するはずが生着した。これは、未熟なT細胞が胸腺で分化、成熟できず、ヘルパーT細胞やキラーT細胞ができなかっ

たためである。

5）血液型と凝集反応

　ヒトの血液型には ABO 式をはじめ Rh 式、MN 式などがある。ABO 式は A 遺伝子、B 遺伝子、O 遺伝子の 3 つの遺伝子の組み合わせで決まる。A 型は AA と AO、B 型は BB と BO、O 型は OO、AB 型は AB で決定され、A 遺伝子と B 遺伝子は O 遺伝子に対して優性であり、A 遺伝子と B 遺伝子間には優性、劣性の区別はない。夫婦からどのような血液型をもった子どもが生まれるかは、メンデルの法則で説明できる。

　ABO 式血液型は赤血球表面の糖鎖の種類によって決まる。A 遺伝子は N-アセチルガラクトサミン転移酵素をつくり、B 遺伝子はガラクトース転移酵素をつくる。これらの酵素の働きによって、O 型の赤血球表面にある糖鎖（H 抗原）に N-アセチルガラクトサミンが結合して A 抗原になったり、ガラクトースが結合して B 抗原になったりする（図 13-6）。A 抗原があれば A 型、B 抗原なら B 型、A 抗原と B 抗原があれば AB 型、H 抗原なら O 型となる。

　輸血に際して ABO 式血液型などを一致させる必要がある。異なる血液型の血を混ぜると赤血球どうしが接着する場合がある。これを凝集反応とよび、抗原抗体反応の一種である。抗原は赤血球表面の凝集原であり、A 抗原、B 抗原の 2 種類があり、抗体は凝集素で血清中の α 抗体、β 抗体の 2 種類である。A＋α、B＋β の組み合わせのとき凝集反応が起きる。

　ふつう、抗体は抗原が侵入した後に産生される。ところが、輸血もしていないのに O 型は生まれつき α、β の抗体をもっている。A 型や B 型も β 抗体や α 抗体をすでにもっている。これはどのように説明できるのだろうか。これについて

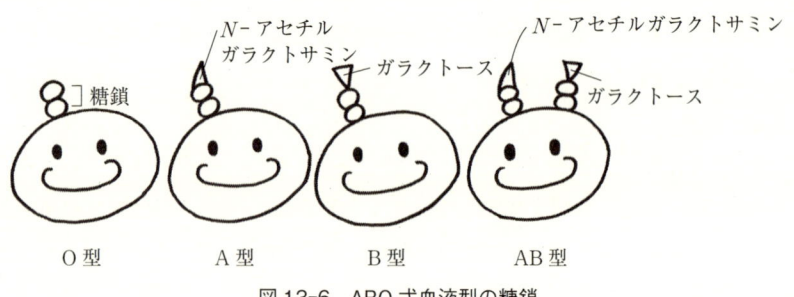

図 13-6　ABO 式血液型の糖鎖

定説はないが、細菌の中で A 型遺伝子をもつ細菌が感染してα抗体がつくられ、B 型であればβ抗体がつくられたという説や、ABO式と同じ抗原が呼吸や食べ物として体内に運び込まれたりして、α抗体やβ抗体がつくられたという説などがある。

表 13-1　ABO 式血液型の抗原と抗体

	O 型	A 型	B 型	AB 型
凝集原（抗原）	−	A	B	A、B
凝集素（抗体）	α、β	β	α	−

こぼれ話　植物にも血液型がある

植物には血液はないから血液型があるというのは不思議なことである。これは動物の血液型の型を決める糖鎖が植物にもあるので、植物にも血液型があるということだ。A 型はアオキ、ヒサカキなど、B 型はイヌツゲ、ツルマサキなど、O 型はダイコン、ブドウ、イチゴ、ナシ、キャベツ、ツバキ、AB 型はソバ、スモモ、バラなどである。カエデは O 型だと紅葉し、AB 型だと黄葉するらしい。ダイコンは楽天的だとか、アオキが几帳面だとかというヒトの血液型占い（科学的根拠はない）が当てはまるものではない。

コラム　食べ物と白血球

新潟大学の安保徹教授によると、白血球は自律神経の支配を受けている。白血球はアメーバのように自由に動く細胞であるから、自律神経はアセチルコリンやノルアドレナリンのような物質でコントロールをしているという。

過剰な甘い食べ物の摂取は副交感神経優位となり、リンパ球が増えアレルギーなどの過剰防衛を引き起こす。また、副交感神経優位の極限は、神経過敏となりキレるという精神状態を生み出す。また、ファーストフードは肉類、脂っこ

	活動時	平静時
自律神経	交感神経優位	副交感神経優位
白血球	顆粒球が活性化	リンパ球が活性化
活性酸素	増加	減少
免疫力	低下	上昇

いもの、揚げ物、塩分が多いので交感神経優位となり、免疫力が低下する。大豆製品、緑黄色野菜、キノコ、海藻、玄米は排泄を促し、副交感神経優位の食べ物である。心身の健康には自律神経のバランスが大切であり、その調節に食べ物が重要な働きをしていると考えられる。

【確認テスト】
① 次の文章を読んで、下の各問いに答えよ。

免疫には、血液中に放出された抗体が抗原と結合する（　ア　）性免疫と、胸腺内で成熟した特殊なリンパ球が抗原を識別し、抗原と直接反応する（　イ　）性免疫とがある。免疫は、体内に侵入した有害な微生物などを排除するのに役立っているが、(1)ときに免疫反応が原因で病気がおこることがある。また、免疫不全といって免疫力が低下し、免疫機構がはたらかなくなる病気がある。

免疫不全には先天性のものと後天性のものがある。先天性免疫不全には、（　ア　）性免疫系の先天異常として、抗体を生産する細胞がうまれつき欠損しているものがある。この場合でも、（　イ　）性免疫は正常に保たれている。後天性免疫不全をおこす病気の代表に（　ウ　）がある。（　ウ　）ウイルスがヒトの(2)免疫機構の司令官であるリンパ球に感染し、これを破壊する結果おこる。また、後天性免疫不全のなかには(3)臓器移植拒否反応を防ぐために意図的に免疫を抑える場合もある。

問1　文中（ア）～（ウ）に適語を入れよ。
問2　下線部(1)のような現象は何とよばれるか。
問3　下線部(2)のリンパ球は何とよばれるか。
問4　抗体を生産するリンパ球は何とよばれているか。
問5　体内に侵入した異物を食べ、下線部(2)のリンパ球に抗原情報の提示をする白血球の名称を答えよ。
問6　非特異的に体内に侵入した異物を食べる白血球の名称を答えよ。
問7　笑うと増え、ガン細胞などの内部で生じた異物を食べる細胞の名称を答えよ。
問8　下線部(3)の臓器移植拒絶反応と類似するものを1つ選び記号で答えよ。
　　a.　赤血球凝集反応　　b.　ツベルクリン反応　　c.　毒素中和反応
　　d.　ワクチンによる予防　　e.　血液凝固反応
問9　抗体をつくる遺伝子はH鎖つくる遺伝子とL鎖をつくる遺伝子からなる。L鎖は1,000通りの可変遺伝子の組み合わせがあり、一方、H鎖の可変部遺伝子は3つの群からなり、それぞれ500個、20個、5個ある。それぞれ1個ずつ遺伝子を選択するとすれば、抗体としては何万通りの遺伝子の組み合わせができるか。

② 次の実験を参考にして下の問いに答えよ。

出生直後のA系統のネズミに、A系統とB系統を交雑して生じたネズミのリンパ系の器官の細胞を静脈注射して与えた。成長したA系統のネズミに、B系統の皮膚とC系統の皮膚を移植した。その結果はB系統の皮膚は生着したが、C系統の皮膚は移植してから10日後に脱落した。

問　A系統とB系統を交雑して生じたネズミにB系統の皮膚を移植したとき、移植片が生着しない割合は何％か。

第14講

病気と免疫

インフルエンザウイルスなどの病原体が体内に侵入しても、発症する人や発症しない人がいる。これは、免疫力の違いによる。ふつう体の免疫力が低下すると病気にかかりやすくなるが、体を守る高度な免疫システムは軍隊と同じで、強すぎると過剰防衛（アレルギー）、弱すぎると無防備（免疫不全、エイズ）、くるうと自己攻撃反応（自己免疫疾患、全身性エリテマトーデス、関節リウマチ）が起きる。免疫に関わる身の回りの病気について考えてみよう。

1. 過剰防衛

アレルギー（allergy）とは、ギリシャ語の allos（異なる）と ergon（反応）を合わせたものである。これは抗原抗体反応の過剰反応であり、食物アレルギー、花粉症、アトピー性皮膚炎、喘息などがある。

アレルギーを引き起こす抗原をアレルゲン（allergen）といい、身近な卵、牛乳、サバ、花粉などの本来は無害な物質をアレルゲンとして免疫機構が働いてしまう。人によっては、激しいアレルギー反応による呼吸困難、血圧低下などのショックを起こし死亡することもあり、これをアナフィラキシーショック（anaphylaxis shock）という。

1）花粉症

いまや国民病ともいわれる花粉症（pollen disease）だが、日本のスギ花粉症は1964年、関東の日光で見つかった。もちろん日光東照宮の杉並木からの多量の花粉が原因であった。スギ花粉がアレルゲンとして侵入すると、抗原情報がT細胞に伝えられ、T細胞はサイトカインによってB細胞を活性化させる。B細胞はIgE抗体[※1]を産生し放出する。この抗体が肥満細胞[※2]と結合する。再びス

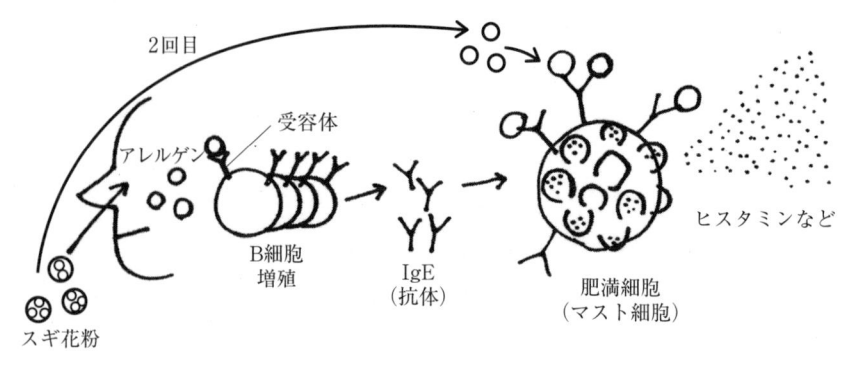

図14-1 花粉症のしくみ

ギ花粉（アレルゲン）が侵入すると、肥満細胞の表面にある抗体とアレルゲンが反応し、ヒスタミンなどの化学物質が放出されてくしゃみ、鼻水などの症状が引き起こされる。

花粉症は春頃に多くみられる季節性のアレルギー性鼻炎であるが、ダニやハウスダストのようなものがアレルゲンとなる通年性のものもある。治療法としては、アレルゲンとの接触を避けることや症状がひどいときには抗アレルギー薬、抗ヒスタミン薬などを用いる。

※1 IgE抗体（Immunogloburin E；免疫グロブリンE抗体）は、日本人の石坂公成・照子によって世界で5番目に見つかった抗体で、それまでに発見された4つの抗体に続く5番目であり、アルファベットAから数えて5番目がEなので、そのように名づけられた。肥満細胞はもともとカイチュウなどの寄生虫を除去する働きをもっていたが、衛生環境がよくなって寄生虫がいなくなったために花粉などに反応するようになったといわれる。

※2 肥満細胞は、抗体が細胞に付着した様子が船のマストに似ているのでマスト細胞ともいう。ヒスタミンという物質を顆粒内に含む白血球の一種である。

2）食物アレルギー

卵、乳、コムギ、ソバ、落花生の5品目は五大アレルゲンとして原材料に含まれている場合は表示するように義務づけられている。乳幼児が食物アレルギーを起こしやすいのは、消化管でのタンパク質が完全にアミノ酸にならずにペプチドのまま吸収されてアレルゲンになりやすいためである。じんましんなどのアレルギー症状がみられ、症状が激しい場合は呼吸困難などにより死に至ることもある。治療法は花粉症などのアレルギーと同じである。

3）アレルギーマーチ

　幼児期にアトピー性皮膚炎、小学校低学年で気管支喘息、さらに花粉症などと次々にアレルギー症状が変化することをアレルギーマーチとよぶ。アトピー性皮膚炎は、乳幼児に発症することが多く、赤い発疹ができる。強いかゆみを伴いかくことで皮膚を傷つけ皮膚炎を悪化させる。治療は皮膚を清潔に保つこと、皮膚の乾燥に注意すること、部屋をよく掃除することなどである。気管支喘息は、気管支が急速に収縮して気道が狭くなり、息をするたびにヒューヒューという喘鳴が聞こえる。症状が激しいときは呼吸困難で死亡することもある。ハウスダスト、ダニなどのアレルゲンによって気管支粘膜におきるアレルギー反応であり、治療法は花粉症などのアレルギーと同じである。

2. 無防備

　1999年9月30日、茨城県東海村で作業員が臨界事故による放射線を浴びて多臓器不全のため死亡する事件があった。放射線は細胞のDNAを破壊するので、免疫細胞が放射線で壊されるため無防備になる。また、エイズ（AIDS）は生体防衛の司令官であるT細胞などのリンパ球がエイズウイルス（HIV；Human Immunodeficiency Virus）の感染によって、しだいに破壊される病気である。このため、免疫機構は機能せず無防備となる。

　AIDS（Acquired Immune Deficiency Syndromes；後天性免疫不全症候群）

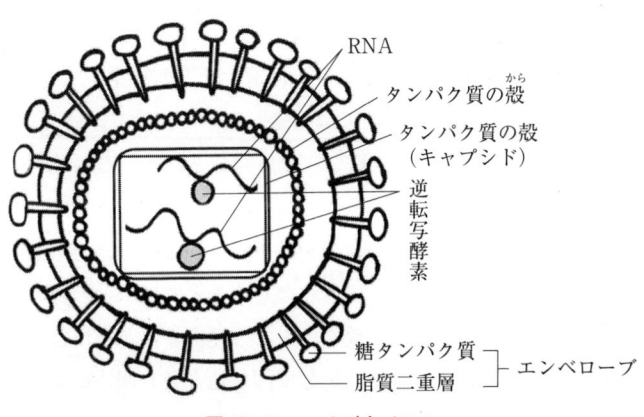

図14-2　エイズウイルス

は、1981年6月、アメリカで最初の症例が報告された。1983年には中央アフリカでエイズの多発が確認された。1987年1月17日には神戸で日本最初のエイズ患者発症の報告があった。

エイズウイルスは血液や体液を介して感染するので、性交渉や注射器の再利用などによって伝播する。日本では血友病患者が病院での治療の過程で、エイズウイルスに汚染した血液製剤を使用されたことによる感染例が多い。

HIVは免疫機構の司令官であるヘルパーT細胞やマクロファージに感染し破壊する。そのため、免疫機構は働かず無防備状態となる。結果として、普通なら感染しない原虫、真菌、細菌、ウイルスなどの感染によるカンジダ症（カンジダ菌）、カリニ肺炎（カリニ原虫）などに罹り（日和見感染）、その後、重い症状や死亡に至る。

エイズウイルスはレトロウイルス（RETRO virus；REverse TRanscriptase containing Oncogenic virus）の仲間で、直径 $0.1\mu m$、遺伝子として2本のRNA鎖をもつ。逆転写酵素（reverse transcriptase）によりRNA→DNAという逆転写を行う。この酵素の働きが不完全のため、DNAのコピーが確実にできずに変異が多い。その結果、子どものウイルスは親と違うタイプができやすく、ワクチンがうまくつくれない。逆転写でできたDNAは宿主細胞のDNAの中に埋め込まれ、数を増やし、免疫力を奪いながら8〜10年間かけて、その機会をうかがう。ある日、健康なら罹らない病気にかかると免疫力がないため命取りになる。

これほど人にとって重大な影響をもつHIVの感染力はインフルエンザウイルスに比べて、かなり低い。HIVは空気中ではすぐに乾燥して死滅するし、ふつうの消毒液で感染力がなくなる。つまり、日常生活での握手、せき、くしゃみ、同じコップや洋式トイレの使用などでは感染しない。また、エイズ治療薬AZT（逆転写酵素阻害剤）などをはじめ多くの薬が開発されているので、必要以上にエイズを恐れることはない。

しかし、最近、日本の大都市での検査が減少しているのに、感染者数は年々増加している。関心が薄れたり、油断があったりするとエイズとの闘いに勝つことはできない。個人としては不特定多数の相手との性交渉などを慎むとともに、社会全体で感染者に対する差別や偏見に対して国や地方公共団体が積極的に対応していくシステムをより一層確立していくことが大切である。

> **コラム** バナナがエイズワクチン
>
> エイズの治療に遺伝子組換え技術の導入が考えられている。すでに、遺伝子組換え技術によって耐寒性、ウイルスに感染しにくいなどの農作物が開発されているが、バナナにエイズウイルスの外殻のタンパク質をつくる遺伝子を導入する方法である。バナナを食べて、この外殻タンパク質が体内に入ると、リンパ球は異物とみなして攻撃を開始する。外殻タンパク質はウイルスではないので発症しないが、エイズが侵入したとき攻撃をするはずである。バナナがエイズワクチンの代用になる。エイズの治療薬は開発されているが高価であり、経済的に困難な人々は利用できない。バナナなら多くの人に安価で食べてもらえるというわけである。

> **コラム** 性教育とは
>
> 性教育とは人間性教育である。性を人が生まれてから死ぬまでの生き方の問題としてとらえ、他者（異性、同性）を思いやる心を育てることを目指すものである。
>
> 生物は自からの生の限界を知ると生殖能力が身につく。つまり、種族維持という生物の宿命を背負っている。その時期は、ちょうど性を意識しはじめる思春期だからこそ、人間として「生きていることの意味」「連綿と受け継がれていく命の大切さの意味」を考えよう。「デートDV」「エイズ等の性感染症」「10代の少女たちの望まない妊娠」など、現実に苦しむのは男性ではなく女性であり、女性は妊娠から逃げられない。子どもを育てることができない状況で相手を大切に思う気持ちがあれば、確実な避妊を行なうことができるのに、無知ゆえの悲劇が繰り返されている。人間には女性と男性しかいない。性教育は人間性教育であり、男女の人間関係の勉強である。男女が共に仲良く生きる方法をとくに男性が学ばなければならない。

3. 自己攻撃反応

本来は異物や病原体などから自己を守る免疫反応が、間違って自分自身を攻撃してしまう自己免疫疾患がある。

1）全身性エリテマトーデス

エリテーマ（erythema）とは「紅斑」を意味する。症状は、顔の両頬に蝶が翅(はね)を広げたような紅い斑点が現れ倦怠感を伴う。心臓、腎臓、肺、関節など全身の器官に障害が現れる。関節リウマチと同じ膠原病の一種であるが、20～30代の若い女性に多い疾患である。

2） 関節リウマチ

初めは手足の指の関節が朝方にこわばって動かしにくくなる。やがて痛みや腫れが起き全身の関節が痛みだし手足の関節が変形する。女性に多い病気といわれている。

3） 重症筋無力症

運動神経の末端から分泌されるアセチルコリンによって筋肉細胞は収縮する。その際、アセチルコリンは細胞膜にあるアセチルコリン受容体に受け止められる。重症筋無力症では、この受容体を攻撃する抗体がつくられて運動神経の働きが阻害され、全身の筋肉の働きが低下し、呼吸ができなくなる場合がある。

4．ワクチン

ジェンナー（イギリス）は牛痘（天然痘とよく似たウイルスによって牛がかかる痘瘡。人への感染力は弱い）に罹った乳搾りの女性が天然痘に罹らないことからヒントを得て種痘を考え、天然痘の脅威から人類を守った。パスツール（フランス）はジェンナーの考案した方法を他の病気にも応用しワクチン療法（予防接種）を確立した。ワクチン（vaccine）とは弱毒化した病原体のことで、ラテン語の雌牛（vacca）から名づけられた。インフルエンザ、ポリオ、はしか、風疹、日本脳炎、子宮頸がんなどのワクチンがある。

1） 新型インフルエンザ（pandemic influenza）

インフルエンザウイルスの大きさは直径 $80 \sim 120$ nm（ナノメートル：$1m = 10^9$ nm）で、内部に断片化した1本鎖 RNA を8つ含む（図14-3）。タンパク質の違いによって A 型、B 型、C 型に分類される。A 型は多くの動物に感染し、B 型、C 型はヒトだけに感染する。毎年流行するのは A 型と B 型である。とくに A 型は遺伝子の変異が起きやすく、たびたび大流行（パンデミック：pandemic）がみられる。過去には、第一次世界大

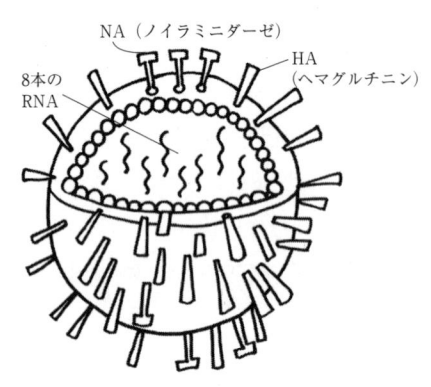

図14-3　インフルエンザウイルスの構造

戦末期の1918〜1920年にかけて「スペイン風邪」が猛威をふるった。世界人口18億人のうち5〜10億の人々が感染した。世界の人々2、3人に1人が感染したことになる。この原因ウイルスはA型で、もともとは水鳥のインフルエンザ（鳥インフルエンザ；avian influenza）であった。因みにこのインフルエンザ（influenza）は1918年3月アメリカ発であったが、当時、第一次世界大戦の最中でアメリカをはじめヨーロッパの国々もインフルエンザに関する報道規制を行った。非参戦国のスペインだけが状況を報道したので、あたかもスペイン発のように思われ「スペイン風邪」とよばれた。死者は若者に多く、世界大戦の戦死者1,000万人はるかに上回り、死者4,000万〜8,000万人、日本でも45万人という。

ウイルスはバクテリア（細菌）と異なり、単独では生きることができず宿主の細胞に感染して生存する。ふつう宿主は固定されており、鳥に感染するウイルスは鳥に、人に感染するウイルスは人体内でしか生存できない。ところが、鳥インフルエンザは広い宿主領域をもち、ウシ、ブタ、ウマ、ヒトなどにも感染する。最初は鳥の間で流行していたウイルスがフルモデルチェンジしてヒトからヒトへ感染するようになると、ヒトはかつて感染したことがないので免疫がなく大流行するようになる。これが新型インフルエンザとなる。

インフルエンザには2009年3月メキシコ発で流行した豚インフルエンザ（A型H1N1亜型）のように弱毒性のもの（それでも多くの死者があった）と強毒性のものがある。強毒性にはH5型、H7型があるが、このHとはインフルエンザウイルスの表面にある糖タンパク質でできた突起の種類である。

インフルエンザウイルスはHA（ヘマグルチニン；赤血球凝集素）とNA（ノイラミニダーゼ）という2種類の糖タンパク質の突起がある。HAはウイルスが細胞に感染し接着するための「のり」に相当し、NAは増殖後、感染細胞から遊離するための「はさみ」に相当する。この種類がH1〜16、N1〜9まであり、16×9＝144種類のタイプが今のところ存在している。前述の1918年スペイン風邪と2009年の新型インフルエンザはH1N1、1957年アジア風邪はH2N2、1968年のA香港型インフルエンザはH3N2、2003年から東南アジアなどでみられる強毒性のインフルエンザはH5N1と表される。

今までヒトに大流行を起こしたインフルエンザはすべて弱毒性の鳥インフルエンザが変異したものであったが、2003年から東南アジアでみられるインフル

エンザは強毒性の鳥インフルエンザが変異しつつあるもので、もし大流行すれば世界人口約70億人のうち、感染者16〜30億人、死者は1億4,000万人、日本でも210万人といわれている。

とくに若者への被害が懸念されるが、免疫系が発達している若者は免疫系のバランスがくずれて、自己を攻撃するサイトカインストームが起こり重症化することが考えられるからである。予防法は、できるだけ外出しないこと、外出後は手洗い、洗顔、うがいの励行、もし感染したときはマスクなどによる咳エチケットなどを行い他人にうつさないことがある。

新型インフルエンザが検出されてからワクチンが供給されるまでは早くても半年、おそらく1年以上はかかる。もちろん免疫をもっていないから、接種対象は全員なので供給は間に合わない。そこで、少なくとも重症化を抑えることができるとして、現在確認されているH5N1をプレパンデミックワクチンとして接種することが考えられている。国民の7割にプレパンデミックワクチンを接種できればパンデミックは起きないというシミュレーションもある。

新型インフルエンザが発症した時、重症化を抑えるためにタミフル、リレンザなどのノイラミニダーゼ阻害剤を使用する。しかし、脳のグリア細胞はノイラミニダーゼ（酵素）を必要としている。タミフルはこの酵素を阻害するので、マンションから飛び降りるなどの異常行動を起こしてしまう危険性を考慮する必要がある。

2）癌

がんを予防するワクチンとして、よく知られているのが子宮頸がんのワクチンである。この原因はヒトパピローマウイルス（HPV）であり、性交渉を通して感染する。早い段階（18歳）でワクチンを接種することで70%程度予防できるといわれている。

5. 植物の病気

うどんこ病、モザイク病、天狗の巣病、さび病、黒点病などいろいろな病気が知られている。植物は病原菌の進入を防ぐためにからだの表面にロウのような物質を分泌したり、硬い細胞壁をもっている。しかし、これらのバリアが破られて病原菌が侵入すると、動物の抗体のように病原体を殺す物質（抗菌物質）をつ

くりはじめる。植物の病原菌には圧倒的にカビが多い。これは細菌やウイルスと違って、細胞壁という強力なバリアをカビは破って侵入することができるからだ。

植物の香りもカビや細菌などを殺す武器になる。病室に見舞いのためにバラの花をもっていく。もちろん病人の気持ちを和ませるためでもあるが、殺菌効果がバラの香りにあるからである。同じような働きは、桜餅の桜葉、柏餅の柏葉、ちまきの笹や刺身のわさびにもみられる。森の中でのリフレッシュ（森林浴）もフィトンチッドという針葉樹が出す香りでカビや細菌が殺されるからである。

香りが情報伝達の手段に用いられる例がある。ハダニに葉を食べられた植物は特有の香りを放出する。この香りに誘われて肉食性のカブリダニが集まってくる。カブリダニはハダニを食べるので植物はハダニの害から守られる。カブリダニは植物のガードマンを演じることになる（図14-4）。

動物はワクチンや予防接種によって病気にかからないようにするが、植物にもできるのだろうか。植物では、あるウイルスに感染した状態では別のウイルスに感染しないことが知られている。そこで、弱い病気しか起こさないウイルスを植物に感染させておくと、深刻な病気を引き起こすウイルスが感染できないことになる。また、前述の抗菌物質を植物につくらせる刺激を与えるなどの方法も考えられる。

図14-4　ガードマンを演じるカブリダニ

ウイルス、細菌、カビによる伝染する病気だけでなく、環境の変化によって起きる病気もある。夏の温度が低いと冷害とよばれイネなどが不作となる。また、霜による凍結は致命的な凍傷にある。

植物も、さまざまな公害の被害を受けている。落葉する季節でないのに、ケヤキやポプラの落葉が見られたり、道路際のマツが枯れたりしている。ヨーロッパの森が枯れたのも酸性雨などが原因といわれている。また、大気汚染物質の光化学オキシダントは人間の目やのどの粘膜を刺激して、被害を与えるが、植物に対しても葉の変色を起こさせ落葉させる。

> **コラム** 植物はどこまで生きられるか？

　動物の寿命とくらべて植物の寿命は長いものが多い。たとえば、桜は200～300年、杉1000年以上、セコイア4000年、リュウケツジュ（龍血樹）7000年といわれている。

　理由として、①動物は脳や心臓のような致命傷となる器官があるが、植物は根・茎・葉の融通性をもつ器官からできている。②植物は茎や根の先端で、古い細胞の上に新しい細胞が積み重なってからだを成長させる。古い細胞が死んでもからだの一部として残ったままである。動物は古い細胞と新しい細胞がミックスされている。そのためそれらの細胞からつくられる組織・器官はすべてが新しいとはいえない。人間は歳をとると新しくできる髪も白髪になるが、植物は新しい葉や花は樹齢1000年であろうと老化していない。③植物は挿し木や取り木のような方法で同じ遺伝子をもった個体（クローン）を永遠に作り出すことができる。これは不老不死と考えることもできる。

龍血樹（ドラゴンツリー）

【確認テスト】

[1] 2009年に流行した新型インフルエンザはH1N1とよばれている。HやNは、ウィルスの表面にスパイク状に出ている糖たんぱく質である。Hには1～16タイプ、Nは1～9タイプある。もともとインフルエンザは鳥の伝染病であり変異してヒトをはじめ他の動物にも感染するようになった。

問1　H、Nの正式名を記せ。
問2　H、Nの組合せから考えると、鳥インフルエンザの型は何通りあるか。
問3　今後ヒトに流行が懸念されている強毒性の鳥インフルエンザの型は何か。
問4　インフルエンザウィルス以外にもエイズウィルスのように、RNAを遺伝子としてもっているウィルスを何とよんでいるか。

第15講

代謝と酵素

　イギリスの生理学者ホルデーンは、生命について、"Active Maintenance of Normal and Specific Structure"（正常な特異的な構造の積極的維持）と定義している。積極的維持に対比する言葉は消極的維持であるが、例えば、図15-1のようにコップの中に水を入れ静かに置くと、水はコップの中に消極的に維持される。ところが、コップの底に小さな穴が開いているとすれば、水は漏れ出てしまうが、漏れ出す水の量と同量の水がコップに注ぎ込まれれば、コップの水量は見かけは変化しない。ただし、水そのものは入れ替わってしまう。このような維持の仕方が積極的維持であり、代謝に相当する。

図15-1　積極的維持

　生物の特徴として、カエルの子はカエルになり、ヒトの子はヒトになるという特異的な構造を次代に伝える遺伝と生きるための代謝は重要な反応である。
　食べ物として取り入れた物質を自分をつくる物質と同じものに変化させ（同化；anabolism）、生命活動に必要なエネルギーを得るために物質を分解する（異化；catabolism）。この同化と異化をまとめて代謝（metabolism）とよんでいる。同化と異化のバランスが安定した生命活動に必要である。また、生体内での代謝

図15-2 代謝

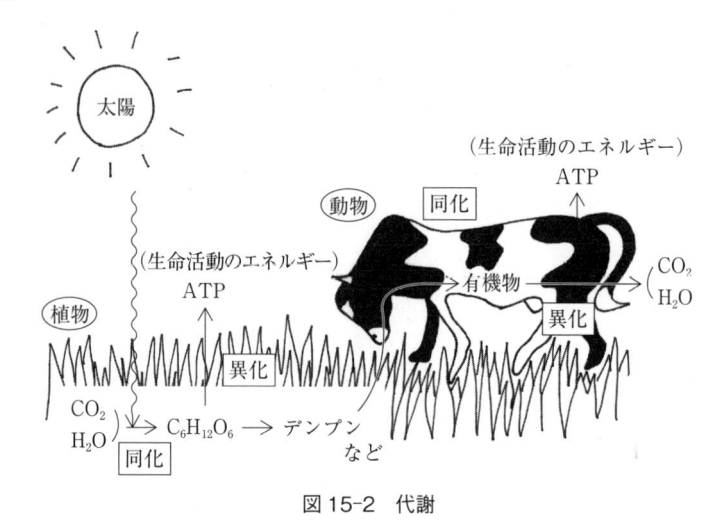

に伴い、エネルギーの出入り、変換がみられる。これをエネルギー代謝（energy metabolism）とよんでいる。これらの反応を触媒するのが生体触媒といわれる酵素（enzyme）である。

1. 酵素（生体触媒）

　酵素といえば、デンプンを分解するだ液アミラーゼや胃液のタンパク質分解酵素（ペプシン）などの消化酵素を思い浮かべる人も多い。酵素は昔から利用されていた。奈良時代、神事に使われる口噛み酒は穀物のデンプンがそのままでは発酵に使えないので、巫女や処女が米を口で噛み、分解してマルトースに変えてから（だ液アミラーゼの働き）、発酵の原料にしたものである。また、ウグイスの糞にはタンパク質分解酵素が入っているので、それを溶いて洗剤（シミ抜き）にしたり、化粧品にしたりしていた。硬い肉にパイナップルの汁を落とすと柔らかくなるのは、その中にタンパク質分

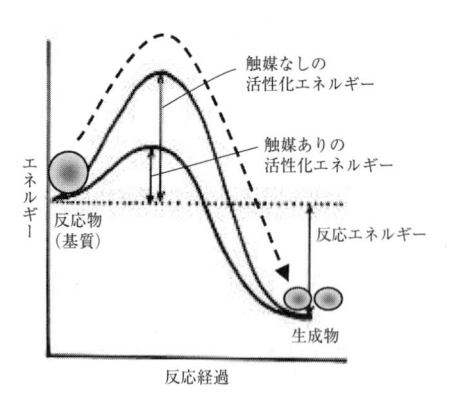

図15-3 活性化エネルギー

解酵素が含まれているからである。もちろん、缶詰のパイナップルでは効果はない。もし、デンプンやタンパク質を触媒なしに分解するとすれば、塩酸の中でぐつぐつと沸騰させなければならない。口や胃の中が沸騰せずに常温（比較的低い温度）で分解できるのは酵素のおかげである。

　酵素は**生体触媒**（biocatalyst）とよばれる。**触媒**（catalyst）とは常温で化学反応を速やかに進ませることができ、反応の前後で変化することなく、**活性化エネルギー**（activation energy）を低くして、反応を速めることができるものといえる。つまり、**基質**（substrate）が反応して**生成物**（product）になるために、活性化エネルギーという峠を越えなければならない。触媒はこの峠を低くすることができるので、塩酸の中でぐつぐつと煮るというエネルギーを必要とせずに反応を進めることができる。

　酵素の本体はタンパク質（アポ酵素）でできており、**補酵素**（coenzyme）として低分子のビタミン類（ビタミンB類、NAD^+など）、鉄・マグネシウムなどの金属原子が結合したりする。酵素の性質として、①**基質特異性**（substrate specificity）がある。つまり、アミラーゼはデンプンに作用するがタンパク質には作用しない。このように、特定の基質とのみ反応する鍵と鍵穴の関係（lock-and-key theory）をもつことである。②**最適温度**（optimum temperature）がある（一般に40℃ぐらいが最適。高温では、タンパク質が熱変性する）。③**最適pH**（optimum pH）がある（ペプシンは強い酸性〈pH2〉、アミラーゼは中性〈pH7〉、トリプシンは弱アルカリ性〈pH8〉、リパーゼ〈pH9〉）。

　最近ではRNAも酵素として働くことが分かってきた（p.25）。RNAは立体構造があるので、タンパク質と同様に特定の基質と結合できる。生命誕生当時、RNAは遺伝子や酵素の働きをもっていた（**RNAワールド**）。やがて、遺伝子としての役割はより安定な物質であるDNAへと移り、酵素としての役割はより複雑な構造をとれるタンパク質へと進化していったと考えられる。RNAで最も多いのはrRNA（リボゾームRNA）である。rRNAはペプチド結合を触媒することが明らかになっている。このような触媒作用をもつRNAをとくに**リボザイム**（ribozyme）という。

> **コラム** カタラーゼの働き

　昔、小学校の運動会でかけっこで転んで怪我をすると、保健室の先生が傷口をオキシドール（商品名、中身は3%過酸化水素水）で消毒をしてくれた。その時、しみるけれども泡が出てきたのを覚えているだろうか。その泡は酸素（O_2）の泡だ。なぜ、過酸化水素消毒（H_2O_2）で消毒ができるのか。それは、傷口を化膿させる細菌は嫌気性細菌が多い。この嫌気性細菌は生命誕生時の原始生物の生き残りで、酸素を嫌がる生物であり酸素は猛毒になる。そのため、消毒になるわけだ。なぜ、酸素が発生するのかは赤血球にカタラーゼという酵素が含まれていて、

　$2H_2O_2 \rightarrow 2H_2O + O_2$　で示される反応の結果、酸素が発生する。

　カタラーゼは植物、動物に存在する鉄ポルフィリン酵素の1つで、その1分子に4個の鉄をもち、1秒間に4,000万分子の過酸化水素を分解する。その反応速度は酵素の中で最大である。鉄（Ⅲ）イオンでも同じ反応を触媒できるが、ポルフィリン構造に鉄イオンが配位すれば1,000倍に、さらにタンパク質が付加されてカタラーゼになれば、鉄イオンの1,000万倍になる。

ポルフィリン構造

　また、カタラーゼは異物の混入検査に利用される。食品の中に毛髪や昆虫が紛れ込んだとき、いま混入したのか調理中に入ったのか調べることができる（p.148）。毛髪、昆虫などを取り出して過酸化水素水を加えると加熱されていなければ、酸素の泡が盛んに発生するからだ。因みに過酸化水素水は消毒薬として現在は使われていない。過酸化水素は活性酸素の一種でがん、生活習慣病などのさまざまな病気の原因であるといわれている。カタラーゼは体内で発生した過酸化水素を分解する重要な酵素である。

【参考】いろいろな補酵素（低分子物質のうち酵素タンパク質から遊離しやすいもの）の構造
NAD^+（ニコチンアミドアデニンジヌクレオチド、酸化型）；脱水素酵素の補酵素、呼吸に関与
$NADP^+$（ニコチンアミドアデニンジヌクレオチドリン酸、酸化型）；脱水素酵素の補酵素、光合成に関与

　還元されると、

　　$NAD^+ + 2H^+$（プロトン）$+ 2e^-$（電子）　$\rightarrow$　$NADH + H^+$（還元型）
　　$NADP^+ + 2H^+$（プロトン）$+ 2e^-$（電子）　$\rightarrow$　$NADPH + H^+$（還元型）

第15講 代謝と酵素 143

NAD⁺, NADP⁺

アデニン　リボース　リボース　ニコチンアミド

R：NAD⁺では　−H
　　NADP⁺では　−P(=O)(OH)OH（リン酸基）

FAD（フラビンアミドアデニンジヌクレオチド）；脱水素酵素の補酵素、クエン酸回路に関与

アデニン
リボフラビン（ビタミンB_2）
リボース

CoA（補酵素A）；ピルビン酸脱水素酵素など、クエン酸回路・脂質代謝に関与

パントテン酸
アデニン
リボース

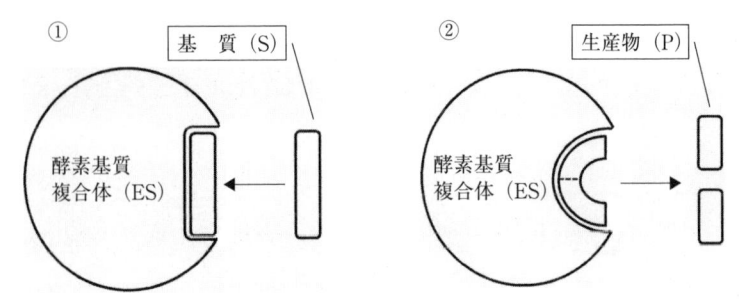

図15-4　酵素の基質特異性

2. 基質特異性

酵素は無機触媒と異なり、鍵と鍵穴のように特定の基質と反応する**基質特異性** (substrate specificity) をもつ。このことは、多くの化学反応からなる生命現象に大切なことである。酵素がすべての反応を触媒すると細胞、組織の間に違いがなくなる。心臓が心臓として、脳が脳として働くのは、その部位で働く酵素の違いによるからである。酵素をダイナミックに調節する（酵素の活性化や不活性化など）ことにより、複雑な生命現象を調節することができる。

酵素（E）と基質（S）がかみ合う部位を**活性部位**（active site）といい、**酵素基質複合体**（ES；enzyme-substrate complex）を形成する。このとき、活性部位に補酵素などがないとうまく結合できない酵素もある。

図15-5の①で（S）と結合した（ES）は、酵素分子の立体構造が変化して、②のように基質を分解するような動きによって（P）が生成する反応が起きる。

3. 最適温度・最適pH

酵素は主にタンパク質でできているので、温度の上昇に伴い熱変性で失活する。一方、反応速度は温度が高いほど増加する。このため、最大活性を示す最適温度が

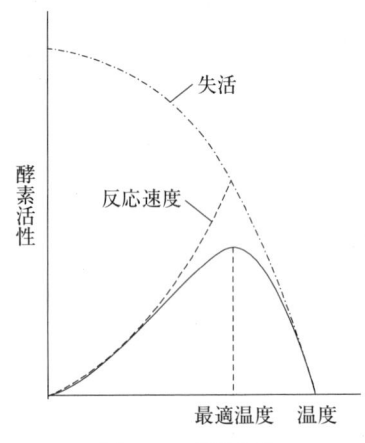

図15-5　最適温度

ある。ふつう、酵素は70℃以上では失活する。

また、溶液中の水素イオン濃度（pH）の影響も受ける。酸性では−COO⁻がH⁺と結合して−COOHとなり電荷を失い、アルカリ性では−NH₃⁺がOH⁻と反応して−NH₂となる。その結果、タンパク質の立体構造が変化し、酵素活性が低下するため、それぞれの酵素には最適pHがある。ペプシンは強い酸性（pH2）、リパーゼはアルカリ性（pH9）に最適pHをもつが、多くの酵素は中性（pH7）でよく働く。

4. 酵素反応

酵素（E）と基質（S）は結合し酵素基質複合体（ES）が生じ、反応1は比較的早い反応で可逆的であり、ESが多くなると反応2に進まずにEとSに戻る。酵素反応全体の速さを決めるのが遅い反応2である。例えば、自動車を1台つくるのに車体が早く作れても、バッテリー、IC、タイヤなどの部品のうち一番つくるのが遅い製造過程に全体が律速されることと同じである。

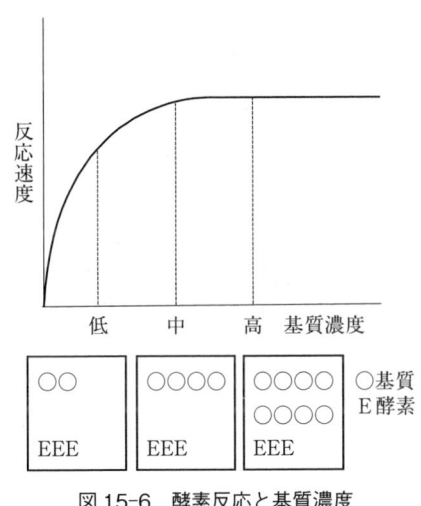

図15-6　酵素反応と基質濃度

酵素（E）＋基質（S）　⇄(反応1)　酵素基質複合体（ES）　→(反応2)　酵素（E）＋生産物（P）

図15-7は基質濃度を低濃度から高濃度に変えたときの酵素反応速度をグラフにしたものである。基質濃度がある濃度以上に高くなると、それ以上の反応速度の増加はみられない。これは、酵素を労働者、基質を仕事と考えればわかりやすい。10人で仕事をしているとき、10人分の仕事までは仕事量に比例して単位時間当たりの仕事の速度は増加する。しかし、10人分以上の仕事は、すべての労働者が仕事をしているので、その仕事が終わらないと次の仕事ができないことに

なる。つまり頭打ちとなり仕事の速度は増えない。このとき、すべての酵素が基質と結合している状態である。

基質を十分に与えて、酵素の濃度を変えたときは、図15-7になる。今度は酵素という労働者の人数が増えるほど仕事の速度は増加するので、反応速度は直線になる。

酵素反応速度に関しては、ミカエリス・メンテンの式がある。

$v = V_{max} \cdot [S] / K_m + [S]$

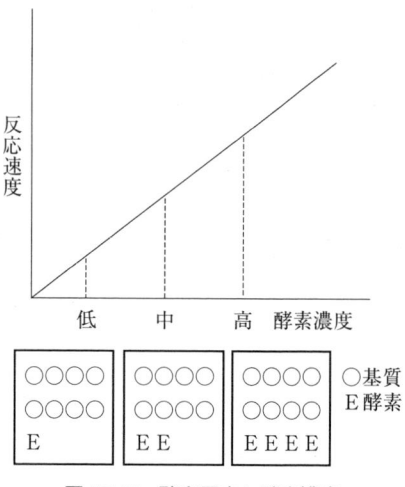

図15-7 酵素反応と酵素濃度

v；反応速度、V_{max}；最大反応速度、K_m；ミカエリス定数、[S]；基質濃度

K_mは最大反応速度の半分になる基質濃度を示しており、この値が小さいと酵素と基質の結合力は大きいことになる。

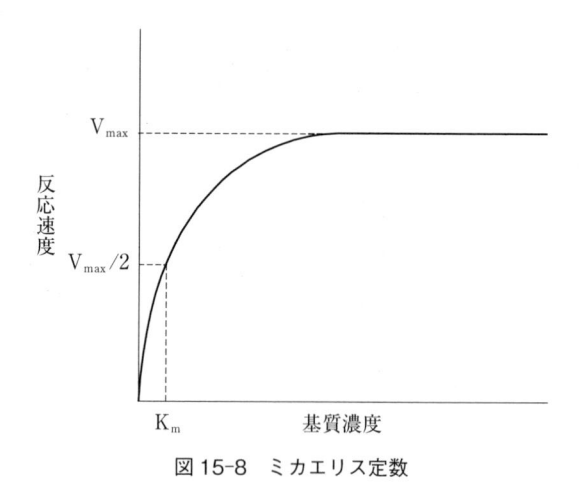

図15-8 ミカエリス定数

5. アロステリック酵素

酵素は単に触媒として反応を促進するだけではない。生命活動の調節のために時には反応を促進し、場合によっては抑制しなければならない。多くの酵素は活性部位の他にアロステリック部位をもっており、この部位をもつ酵素をアロステリック酵素 (allosteric enzyme) という。アロステリック酵素はサブユニットをもつタンパク質の4次構造をもち、アロステリック部位に基質以外の抑制因子や活性因子が結合すると、酵素の立体構造が変化し代謝の調節が行われる。例えば、トレオニン（アミノ酸）は最初に酵素トレオニンデアミナーゼによってアミノ基（$-NH_2$）が外され、さらにいくつかの酵素反応を経て最終産物であるイソロイシン（アミノ酸）に変化する。細胞内にイソロイシンが十分にあるときには無駄なエネルギーを使う必要はない。そのため、余分のイソロイシンはフィードバックして最初の反応を触媒したトレオニンデアミナーゼのアロステリック部位に結合し酵素反応を抑制する（フィードバック阻害；feedback inhibition）。また、解糖系（p.152）で働くホスホフルクトキナーゼ（最後にキナーゼがつくのはATPのリン酸基を他の分子に移す酵素）はADPやAMPがアロステリッ

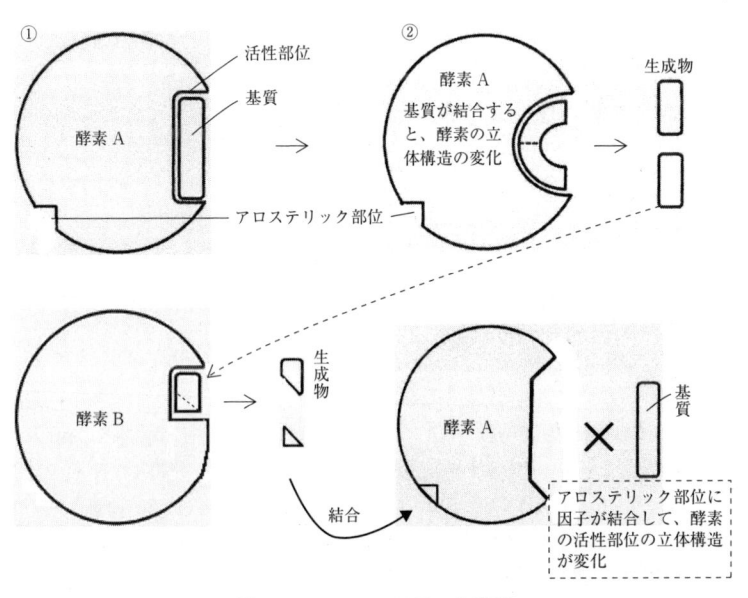

図 15-9　アロステリック酵素

ク部位に結合することによって促進され、ATPによって阻害される。ATPはホスホフルクトキナーゼの基質であるが、アロステリック部位に結合することによって代謝を調節している。

コラム　ティータイム

紅茶と緑茶は同じ茶の葉から作られるのに、どうして色や味が違うのだろうか。紅茶は若葉をもんで発酵させ、酸化酵素でクロロフィルやタンニンを酸化して茶褐色の紅茶の色と香りを出して乾燥させてつくる。緑茶は蒸すか、炒って熱を加えた後、乾燥させたものである。熱を加えているので酸化酵素は失活し、クロロフィルは酸化されず、緑色が残ったままになる。

【実験】食品への毛髪の混入をカタラーゼで調べる

[目的] 酵素の働きと温度との関係を調べる。また、食品中に毛髪が混入していた場合、カタラーゼを用いて食品製造時に毛髪が混入したかどうかを調べる。

[材料] 毛髪、ニワトリの肝臓

[器具] 試験管（7）、ピペット（5）、試験管立て、500mLのビーカー（2）、定規（1）100mLビーカー（2）、薬さじ（1）、乳鉢と乳棒（各1）、温度計（2）、櫛(くし)（1）、線香（1）、ハサミ（1）、シャーレ（2）、顕微鏡、顕鏡セット

[薬品] 3%過酸化水素水（H_2O_2）、酸化マンガン（Ⅳ）（MnO_2）

[方法]
① 酵素液：肝臓片3gを予めすりつぶした後、4mLの蒸留水を加え、乳鉢ですりつぶす。
② 酵素液をガーゼ等で100mLのビーカーの中にろ過する。このろ液を2mLずつ試験管（赤、青）に入れる。
③ 無機触媒（MnO_2）を薬サジの小さい方にすりきり一杯を取り、試験管（黒、白）にいれ、各々に蒸留水2mLを加える。
④ 試験管（無地）に蒸留水2mLを加える。
⑤ 櫛で髪をすくことによって、髪の毛を調達する。
⑥ 髪の毛3本ほどを試験管（緑、黄）にそれぞれ入れる。試験管に蒸留水を2mL入れる。
⑦ 7本の試験管を各班のそれぞれ所定の温度にしたビーカーに5分間入れる（1・5・9班は水温と60°、2・6・10班は40°と70°、3・7・11班は45°と80°、4・8・12班は50°と90°）。
⑧ 5分後、緑・黄以外の5本の試験管に順に過酸化水素水（H_2O_2）を2mLずつ加える。10秒後に火のついた線香を静かに挿入し、線香の先端が急に明るくなった高さを測る。なお、

毛髪の観察　※　観察の前に必ず顕微鏡のピントを合わせておく。
⑨　試験管の液をシャーレに出して毛髪を温度の高い方から順にスライドガラス上に並べる。
⑩　過酸化水素水を1滴加え、カバーガラスをして酸素の発生状況を観察する。
⑪　良く反応した：(＋＋＋)、普通：(＋＋)、少し反応した：(＋)、反応しなかった：(－)としてまとめる。

[考察]
(1) 試験管（無地）は何のために行うのか。
(2) カタラーゼとMnO_2の相違点を中心にして、作成したグラフから、どのようなことがいえるか（箇条書き）。

〔結果〕　　　　　　　　　　☆高さ（cm）　　　　　　　　　　★毛髪の反応

区	酵素液	MnO_2	蒸留水	℃	℃
赤	2mL	－	－		
青	2mL	－	－		
黒	－	20mg	2mL		
白	－	20mg	2mL		
無	－	－	2mL		

区	毛髪	蒸留水	℃	℃
緑	＋	2mL		
黄	＋	2mL		

☆高さ：液面からの高さ（cm）で発生する酸素の体積（相対値）

【確認テスト】

① 次の代謝についての文を読み、あとの問いに答えよ。
　イギリスの生理学者ホルデーンは、生命について、"[1]Active Maintenance of Normal and Specific Structure"と定義している。これは次に示す生物のもつ特徴を表している。
　生物は食べ物として取り入れた物質を自分の体をつくる物質と同じものに変化させる（　ア　）を行い、[2]生命活動に必要なエネルギーを得るために物質を分解する（　イ　）を行う。この（ア）と（イ）をまとめて（　ウ　）とよんでいる。また、生体内での（ウ）にともない、エネルギーの出入り、変換がみられる。これを（　エ　）とよぶ。

問1　文中（ア）～（エ）に適当な語句を記せ。
問2　下線部1を日本語に訳せ。
問3　下線部2のエネルギーを生体内に蓄えている物質名を答えよ。

2 次のア～ウ群の文のうち、正しいものをそれぞれ1つずつ選べ。

ア ┌ 1. 多くの酵素はタンパク質と核酸からなる。
  │ 2. 酵素は、熱にたいして安定である。
  └ 3. 酵素は、生体内でつくられる。

イ ┌ 1. 酵素の最適 pH は、酵素の種類に関係なくほぼ同じである。
  │ 2. 酵素は、化学反応の前後で変化しない。
  └ 3. 酵素の基質特異性は、酵素と基質の濃度によって決まる。

ウ ┌ 1. 酵素は、酸素の存在下でないと十分に作用しない。
  │ 2. 酵素は、細胞内でしか働かない。
  └ 3. 酵素は、微量で化学反応を促進する。

3 酵素と無機触媒（MnO_2）の相違を調べるためにいろいろな実験区を準備し、表にまとめた。なお、酵素液は肝臓片をすりつぶしたもの、基質としては2%過酸化水素水を用いた。実験中の温度は40℃で行った。

問1 上記の反応に関係している酵素名を答えよ。
問2 表のa～eのうち気泡の発生したものはどれか。次の①～⑧より1つ選べ。

① a　　② ab　　③ ad
④ ade　⑤ acd　⑥ cde
⑦ de　　⑧ abcd

問3 eの実験区は、何のために行われた実験か。
問4 この反応の化学反応式を記せ。
問5 1.5モルの気泡が発生したとき、基質は何モル分解されたことになるか。

区	酵素液	MnO_2	蒸留水	基質
a	＋	－	－	＋
b	＋（煮沸）	－	－	＋
c	－	＋	＋	＋
d	－	＋（煮沸）	＋	＋
e	－	－	＋	＋

第16講

呼　吸

　私たちは酸素を吸って二酸化炭素をはき出す呼吸をしている。つまり息をはき（呼）、息を吸って生きている。しかし、すべての生物が人間と同じように呼吸しているとは考えられない。地下何千メートルの酸素のない世界にも住人（嫌気性細菌）がいる。酸素のなかった太古の生物も同じ仲間である。彼らにとって酸素は猛毒であり、酸素を逃れて地下深くに潜伏したのだろう。

　人間は野菜や肉を食べて生きているが、この地下の住人はメタンガスや石油などを食べて生きている。北海道の駒ケ岳にはマンガンを食べる細菌がいる。その周辺は排泄された酸化マンガンで黒っぽくなる。また、"赤池"、"赤沼"とよばれる池や沼には、鉄を食べる細菌がすんでいる。赤く見えるのは排泄された水酸化鉄のためである。なぜ、酸素のないところで生きられるのか、鉄やマンガンなどを食べて、なぜ生きていけるのか。人間中心の考えでは説明できない。息をする呼吸とは外呼吸（external respiration）のことで、重要なのは細胞内で生命活動に必要なエネルギー（ATP）を産生する呼吸（内呼吸；internal respiration）である。

1. 呼　吸

　すべての生物は生命活動に必要なエネルギーを含む物質 ATP を呼吸によって生成している。

　車もガソリンを燃やして熱を発生させ、蒸気タービンを回してエンジンを動かしている。生物も基本的には食べ物を燃やして（酸化分解）、エネルギーを引き出している。違いは車が高温なのに対して、生物は体温程度の温度で反応が起きることである。例えば、次頁の図のように角砂糖はタバコの灰などをつけると一

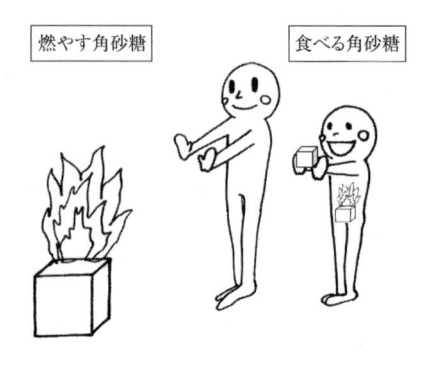

瞬にして燃焼し、二酸化炭素や水に分解して熱や光のエネルギーが放出される。人が角砂糖を食べたとき、一瞬に燃やすと、発生する膨大なエネルギーを蓄積できず体が燃え尽きてしまうことになる。そのため、体内で少しずつ燃やしながら（実際には酸化分解しながら）発生したエネルギーをATPに蓄積している。

さて、私たちの行う呼吸では酸素が必要である。酸素はいつ頃から増え始めたのだろうか。今から5.5億年前の古生代に化石の数が急に増え始める。これはシアノバクテリアによる光合成で酸素が増えはじめ、酸素を利用した効率のよいエネルギー獲得法をもつ生物が出現したためと考えられる。このエネルギー革命の結果、今までの約20倍もある多量のエネルギーを獲得でき、より複雑な構造をもった様々な生物が出現し、多くの化石が残ったのだろうと考えられている。

では、酸素を利用しない呼吸（嫌気呼吸）との違いはどこにあるのだろうか。好気的な呼吸は従来の生物が行っていた嫌気的な呼吸にプラスアルファしたものと考えられている。このプラスされた部分は、かつて共生によって取り込まれた好気性細菌の末裔であるミトコンドリア内で行われている。

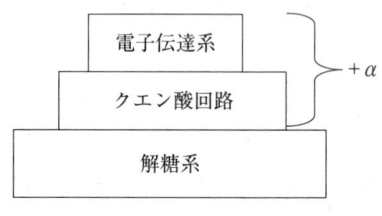

図16-1　呼吸と嫌気呼吸

2. 解糖系

嫌気的な呼吸としてアルコール発酵（酵母菌など）、乳酸発酵（乳酸菌）、解糖（動物の筋肉）がある。**発酵**（fermentation）は微生物が行う嫌気的な呼吸である。いずれも細胞質基質で行われる**解糖系**（glycolytic pathway；グルコースがピルビン酸に分解される過程）で生じるATPを生命活動に利用している。

1）アルコール発酵（alcohol fermentation）

酵母菌は人間のために酒（エタノール）をつくっているのではない。ATPをつくるためにできたNADH+H$^+$（還元された補酵素）をNAD$^+$に戻すため、ピ

第16講 呼　　吸　　153

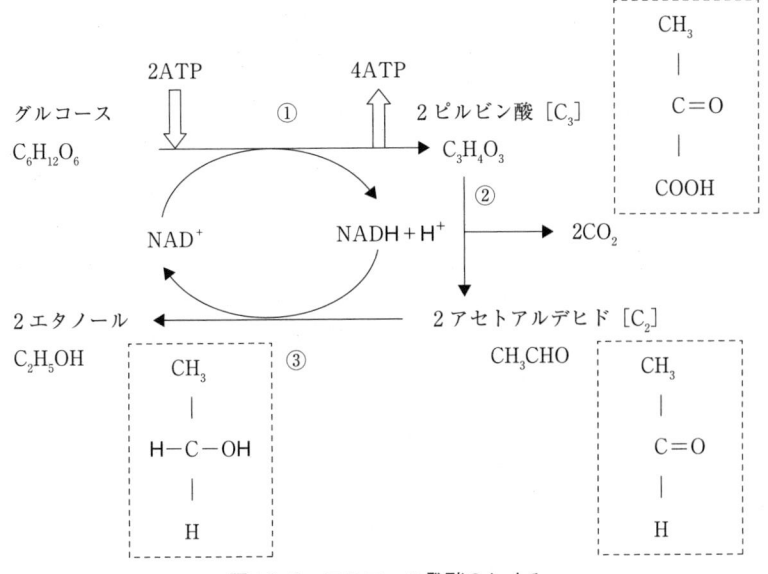

図16-2　アルコール発酵のしくみ

ルビン酸から脱炭酸したアセトアルデヒドに水素を渡しただけである。その結果としてエタノールができた。エタノールは要らないから排泄している。その排泄物を人間がありがたく飲んでいるわけである。

※　アルコール発酵の反応式

$$
\begin{array}{rl}
C_6H_{12}O_6 \rightarrow & 2\text{ピルビン酸} \quad \cdots\cdots ① \\
2\text{ピルビン酸} \rightarrow & 2\text{アセトアルデヒド} + 2CO_2 \quad \cdots\cdots ② \\
+)\quad 2\text{アセトアルデヒド} \rightarrow & 2C_2H_5OH\text{（エタノール）} \quad \cdots\cdots ③ \\
\hline
C_6H_{12}O_6 \rightarrow & 2C_2H_5OH + 2CO_2
\end{array}
$$

2）乳酸発酵 (lactic acid fermentation)

乳酸菌は $NADH + H^+$（還元された補酵素）を NAD^+ に戻すため、水素を渡す相手にピルビン酸を選んだ。その結果、乳酸ができた。乳酸菌も人間のために乳酸菌飲料などを提供しているのではない。

なお、乳酸発酵と同じ反応過程が動物の筋肉中で起きるときは**解糖**（glycolysis）という。

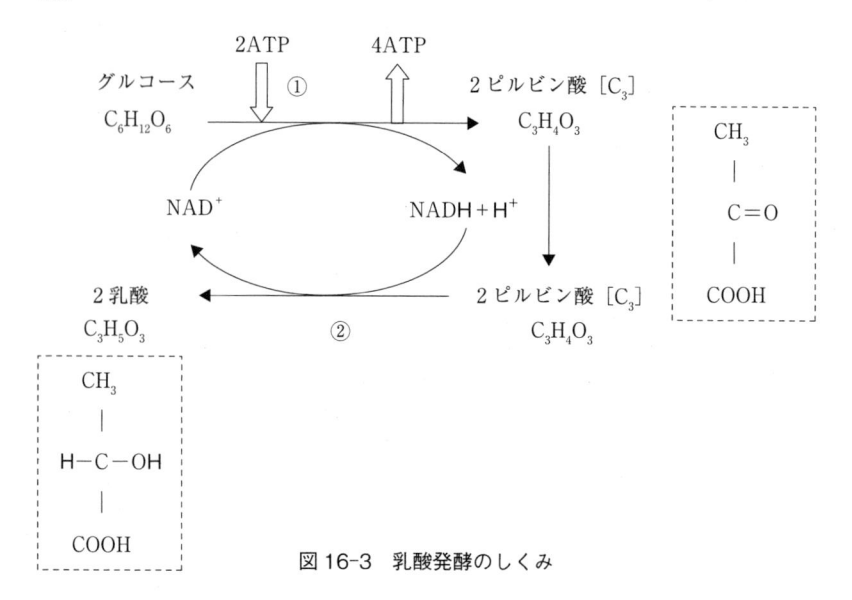

```
                    2ATP      4ATP
    グルコース      ⇩    ①    ⇧        2 ピルビン酸 [C₃]
    C₆H₁₂O₆      ────────────────→      C₃H₄O₃                    ┌─────────┐
                                                                   │  CH₃    │
                                                                   │   │     │
                  NAD⁺              NADH+H⁺                        │  C=O    │
                                                                   │   │     │
                                                                   │  COOH   │
    2 乳酸        ←────────────        2 ピルビン酸 [C₃]              └─────────┘
    C₃H₆O₃              ②                C₃H₄O₃
```

┌─────────────┐
│   CH₃   │
│   │   │
│   H-C-OH   │
│   │   │
│   COOH   │
└─────────────┘

図 16-3　乳酸発酵のしくみ

乳酸発酵の化学反応式

$$
\begin{array}{rcl}
C_6H_{12}O_6 & \to & 2\text{ピルビン酸} \quad \cdots\cdots ① \\
+)\ 2\text{ピルビン酸} & \to & 2C_3H_6O_3\ (乳酸) \quad \cdots\cdots ② \\
\hline
C_6H_{12}O_6 & \to & 2C_3H_6O_3
\end{array}
$$

3）呼吸（respiration；解糖系＋クエン酸回路＋電子伝達系）

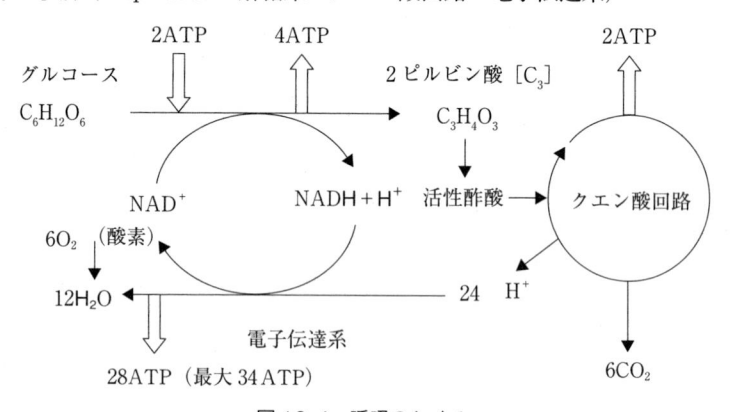

```
                 2ATP     4ATP                              2ATP
                  ⇩        ⇧                                 ⇧
   グルコース                       2 ピルビン酸 [C₃]
   C₆H₁₂O₆  ──────────────────→     C₃H₄O₃
                                        │
                 NAD⁺      NADH+H⁺   活性酢酸 ──→  クエン酸回路
              6O₂ (酸素)
              12H₂O ←──                     24  H⁺
                      ⇩      電子伝達系
                  28ATP（最大 34ATP）                          6CO₂
```

図 16-4　呼吸のしくみ

呼吸も解糖系がベースになっている。そのため、水素を渡す相手が必要である。呼吸の場合は、最終的には体外から取り入れた酸素に水素を渡して水ができる。しかし、いきなり水素を酸素に渡すのではなく、クエン酸回路、電子伝達系などの複雑な反応を経てから渡している。クエン酸回路は簡単にいえば、解糖系で生じたピルビン酸を水素と CO_2 に分解する過程である。また、電子伝達系は NAD^+ などの補酵素に結合した水素を酸素に渡す過程である。この過程でグルコース1分子あたり、28ATP（最大34ATP）が産生される。呼吸では解糖系で2ATP、クエン酸回路で2ATPだから、トータルすると32ATP（最大38ATP）が産生される（p.158）。

> **コラム** アルコール発酵の大論争
>
> 　フランスの著名な微生物学者パスツールは発酵が微生物の生命活動によるという生物的発酵を唱えた。一方、ドイツの著名な有機化学者リービッヒは糖の分解は分子の振動によるという化学的発酵を唱えた。当時この2つの説は鋭く対立していた。この論争に決着がついたのは、ドイツの生化学者ブフナーの実験だった。多くの大発見が偶然の結果であったように、ブフナーは最初からこの論争を解決しようと実験したのではなかった。ブフナーは酵母の中から薬理効果をもつ物質を探すために酵母をすり潰し抽出したものを動物に投与する実験を行っていた。たまたま、すり潰したものが多かったので保存するために糖を加えておいた（砂糖漬けで保存するのと同じ）。ところが翌日保存しておいた酵母抽出液が発酵していたのを目にした。つまり、酵母菌が生きていなくても発酵は起きる。調べてみると、酵母〈zyma（独語）、yeast（英語）〉の中のタンパク質が触媒となってアルコール発酵を起こしていた。この酵母菌の中の酵素をチマーゼ（zymase）と名付けた。チマーゼは単一の酵素ではなく、10種類以上の酵素群であることが分かっている。
> 　因みに赤ワインはブドウを丸ごと潰して発酵させたもの、白ワインはブドウの果汁を発酵させたものである。赤ワインには善玉コレステロールを増やすポリフェノールが多く、レスベラトロールというがん予防の物質も含まれている。だからといって、お酒なので飲みすぎは禁物である。

4）解糖系の自由エネルギーの変化

　グルコース1モルを完全に水と二酸化炭素に分解したときの自由エネルギー変化は686kcal／モルである。グルコースを分解するにはまず、ATPのエネルギーをグルコースに与えて活性化し、その後エネルギーをATPとして獲得する

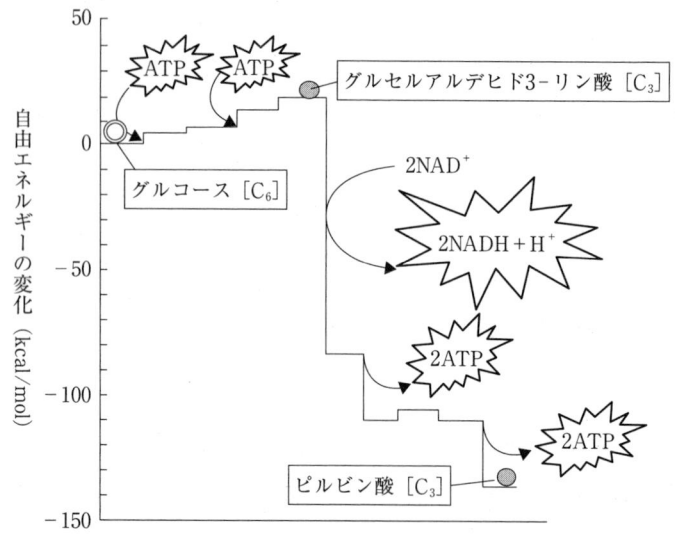

図16-5 解糖系の自由エネルギー変化

過程がつづく。

　図16-5のグリセルアルデヒド3-リン酸の酸化によって約100kcalのエネルギーが放出され、NADH＋H$^+$の2分子中に蓄積される。このエネルギーが熱エネルギーとして放出されると急激な体温上昇がおこり体が燃え尽きてしまうかもしれない。幸いNADH＋H$^+$によって化学エネルギーとして、いったん蓄積される。なお、ATPはすべての生命活動のエネルギーに利用され"エネルギーの通貨"とよばれ現金に相当する。その自由エネルギーは1モルあたり約10kcalである。一方、NADH＋H$^+$が蓄積できるエネルギー量はATPより多く約50kcalであるが、現金ではなく小切手に相当する。電子伝達系という銀行で換金しないとただの紙切れになってしまう。先ほどの100kcalのエネルギーを蓄積するのはATPでは損失が多いため、NADH＋H$^+$の形で保存することになる。

　解糖系では1分子のグルコースから2分子のピルビン酸、正味2分子のATP、2組のNADH＋H$^+$が生成される。嫌気呼吸では電子伝達系という銀行は開設されておらず、NAD$^+$も量的に少ないので、最終産物のピルビン酸などに水素を渡し、NAD$^+$を再生する。好気的な呼吸の場合は酸素に水素を渡して水などができ、NAD$^+$を再生している。

第16講 呼　　吸　*157*

> **こぼれ話** 下らない酒
>
> 世界で燗(温める)してから飲む酒は日本酒だけである。なぜ、酒を温める必要があるのだろうか。酒を入れる杉樽から防腐剤のフーゼル油が出る。これは脳神経を冒すので、温めて揮発させてから飲まないと頭が痛くなるからである。もちろん、いくら酒の燗をしても、飲みすぎればアルコールが分解してできるアセトアルデヒドで頭が痛くなる。
>
> 下らない酒とはまずい酒のことだが、伏見や灘でつくられた酒がいったん江戸へ上ってから再び上方(大阪)に下ってきたのがうまいようだ。そこで江戸周辺でつくられた酒を下っていない酒とよんだらしい。つまり、船で往復している間にフーゼル油が揮発しておいしくなるようだ。

3. クエン酸回路 (TCA 回路、クレブス回路)

解糖系の最終産物であるピルビン酸は酸素を使う呼吸では、酸化されてアセチル CoA (活性酢酸) となりクエン酸回路 (citric acid cycle)、電子伝達系 (electron transport) を経て完全に分解され二酸化炭素と水になる。これらの反応はミトコンドリアで行われ、クエン酸回路はミトコンドリアのマトリックス (matrix) で、電子伝達系はクリステ (cristae) で行われる。

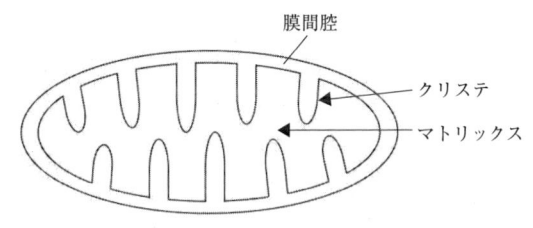

図 16-6　ミトコンドリアの模式図

ミトコンドリアは内膜と外膜からなり、内膜と外膜の間を膜間腔とよぶ。内膜はかつての好気性細菌の細胞膜の名残りであり、外膜は宿主となった細胞の細胞膜である。内膜で囲まれた部分がマトリックス、内膜がひだ状に突き出している部分がクリステである。

クエン酸回路ではピルビン酸 [C_3] は酸化され、補酵素 A (p.143) と結合して CO_2 とアセチル CoA (活性酢酸、[C_2]) となる。その際、$NADH+H^+$ が生成する。アセチル CoA は回路の最終産物のオキサロ酢酸 [C_4] と反応してクエン酸 [C_6] となる。その後、2つの CO_2 が放出されて炭素数が2個減少し、再びオキサロ酢酸になり1回転する。

```
         ┌─── グルコース (C₆H₁₂O₆)
─2(NADH+H⁺)◄──   │         ──► 2ATP
                  ▼
              ピルビン酸 (C₃H₄O₃)
                  │
─2(NADH+H⁺)◄──   │
                  ▼
              アセチル CoA
                  │
                  ▼
              ┌───────┐                        32ATP
─6(NADH+H⁺)◄──│クエン酸│── ► 2ATP            ※最大 38ATP
              │ 回路  │
   ─2FADH₂◄──└───────┘
                  │
                  ▼
              電子伝達系 ──► 28ATP
                              ※最大 34ATP
```

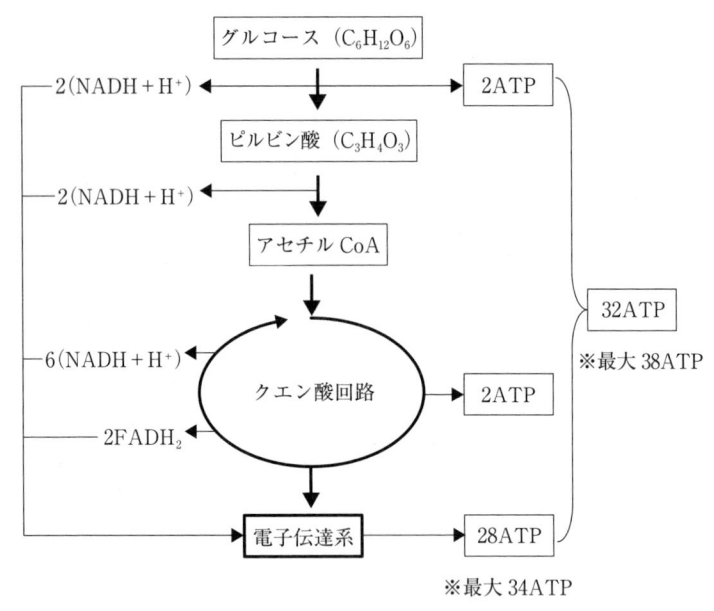

図16-7 クエン酸回路

　1分子のグルコースから2分子のピルビン酸が生じ、ピルビン酸の3つの炭素 [C₃] は、すべて CO_2 の炭素として放出される。その間に8組の $NADH+H^+$ と2分子の $FADH_2$、2分子の ATP（直接は GTP の形で後に ATP）が産生する。

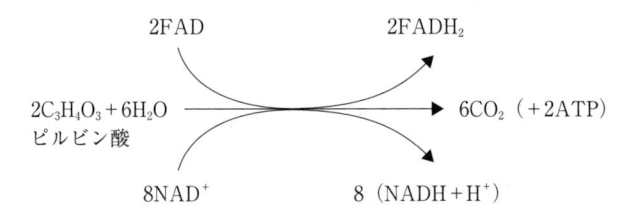

```
              2FAD      2FADH₂
                 ╲       ╱
2C₃H₄O₃+6H₂O ────────────► 6CO₂（+2ATP）
 ピルビン酸       ╱       ╲
              8NAD⁺     8（NADH+H⁺）
```

4. 電子伝達系

　電子伝達系は多量のエネルギーを内蔵する $NADH+H^+$ などの小切手を現金である ATP に換える銀行の役目をもつ。解糖系やクエン酸回路で生じた10組の $NADH+H^+$（2組は解糖系、8組はクエン酸回路）とクエン酸回路で生じた2分子の $FADH_2$ をそれぞれ NAD^+ や FAD に再生する反応が電子伝達系である。その際、水素は H^+（プロトン）と e^-（電子；エレクトロン）に分かれてク

リステにあるタンパク質の間を移動するが、最終的には一緒になって分子状の酸素（O_2）に渡されて水（H_2O）になる。この過程で放出される多量のエネルギーをATPの化学エネルギーとして蓄積する。電子伝達系でのATP産生量は、最大で34ATPが産生されるが、実際は28ATP程度である。

$10(NADH+H^+)$ + $5O_2$ → $10NAD^+$ + $10H_2O$ … 反応①
$2FADH_2$ + O_2 → $2FAD$ + $2H_2O$ … 反応②

もう少し詳しく説明すると、$NADH+H^+$などをいきなりO_2と結合させる反応は起きない。もし起きれば、一度に多量のエネルギーが放出され、銀行の金庫を爆破して現金をとりだすような損失の大きなことになる。そのため、H^+と電子（e^-）を別々にして、電子がミトコンドリア内膜にあるタンパク質の間を通るときに放出されるエネルギーを少しずつ利用して、H^+を膜間腔に輸送する。この結果、膜間腔と内膜のH^+の濃度差ができる。この濃度差を使って、ちょうど水の高低差を利用して水力発電のタービンを回すように、**ATP合成酵素**（ATPシンターゼ；ATP synthase）が回転してATPが産生される。

2個の電子（e^-）が運ばれて、$NADH+H^+$が酸化されて水になる反応①では、2.5分子のATP（最大3ATP）が産生され、$FADH_2$が酸化されて水になる反応②では、1.5分子のATP（最大2ATP）が産生される。反応①は、10（NADH

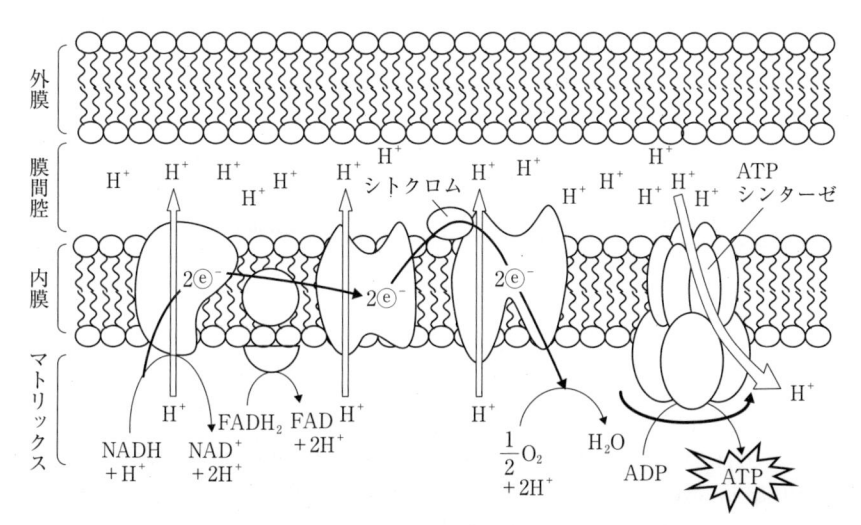

図16-8 電子伝達系

+H$^+$)なので、25分子のATP（最大30ATP）、反応②では、2FADH$_2$なので3ATP（最大4ATP）が産生される。

5. ネガティブフィードバックとポジティブフィードバック

物質Aが物質Dに変化する過程で、物質Dの量を一定に保つしくみにフィードバック調節がある。例えば、余分のDが前のB→Cになる反応を阻害したり（フィードバック阻害；feedback inhibition）、余分のEがB→Fの反応を促進したり（フィードバック促進；feedback promotion）することによって調節する場合がある。具体的には余分のATPはアセチルCoA（活性酢酸）がクエン酸になるのを阻害してATPの過剰生産を抑える。結果としてクエン酸回路が遮断され、生じた余分のクエン酸はアセチルCoAを脂肪酸にする反応を促進する。そのため、栄養分の取りすぎは、脂肪酸を脂肪として蓄積し肥満の促進につながる。

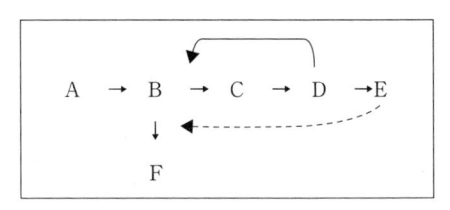

図16-9　フィードバック調節

こぼれ話　昆虫は人間よりも優れているか？

　酸素のない環境では生物は嫌気呼吸を行っていたが、光合成による大気中への酸素の放出によって、好気的な呼吸方法が誕生した。酸素の出現は上空にオゾン層という紫外線のバリアをつくり、生物が海から陸へと進出できた。まずシダ植物が、続いて両生類が陸上生活を始めた。外呼吸の方法も水中のえら呼吸から肺呼吸へと進化した。一方、古生代石炭紀は今日の石炭のもとになったシダ植物が大森林を形成した時代であるが、昆虫が繁栄した時代でもあった。メガネウラ（mega-neura；「メガ」-「ネウラ」は巨大な翅脈の意）は巨大なトンボで体長1m近くもあった。

　ノミのジャンプ力もすごい。人間の走り高跳びの世界記録は2.45m程度、普通の人なら1m強ぐらいで、自分の身長は跳べない。ノミは体長1～2mm、30cm以上跳べる。自分の体長の数百倍はとべる驚異のジャンプ力の持ち主である。もちろん、体が大きくなれば体重も増えるので、単純には計算できないが。

　いずれにしても、なぜ昆虫が大型化したり、驚異の瞬発力をもったりできたのだろうか。それは昆虫の気管呼吸のためである。気管とは空気の管で、人の血管と同じように細胞・組織に酸素を運ぶ管である。水に溶けにくい酸素を液体の血液中に溶かすより、空気中の酸素を直接送る方が効率はよく、結果的にエネルギーを産生しやすい。

ところが、体が大きくなると、体の内部にいくほど圧が増すので、空気が入っていかない。つまり、大型化できないわけである。かつて古生代石炭紀はシダ植物の大森林が繁茂し光合成によって今よりも多量の酸素があったと考えられているため、巨大な昆虫が出現したのである。

グルコース [C_6] → 2ATP / 2ADP
↓
フルクトース1,6ビスリン酸 [C_6]
↓
2 グリセルアルデヒドリン酸 [C_3]
2NAD / 2NADH$_2$ ←→ 4ADP / 4ATP
↓
2 3-ホスホグリセリン酸（3PG）[C_3]
↓
2 ピルビン酸 [C_2]
2NAD / 2NADH$_2$ → 2CO_2
↓
2 アセチルCoA（活性酢酸）[C_2]
↓
2[C_6] クエン酸
↓
2[C_6] イソクエン酸
2NAD / 2NADH$_2$ → 2CO_2
↓
2[C_5] αケトグルタル酸
→ 2ATP, 2NAD, 2NADH$_2$
↓
2[C_4] コハク酸 — 2CO_2
2FADH$_2$ / 2FAD
↓
フマル酸 2[C_4]
↓
リンゴ酸 2[C_4]
↓
オキサロ酢酸 2[C_4]
2NADH$_2$ / 2NAD

【解糖系】【クエン酸回路】

10NADH$_2$ + 2FADH$_2$

NADH$_2$ → FAD → … → H$_2$O
NAD ← FADH$_2$ ← … ← 1/2 O_2
⇒ ATP（エネルギー）

【電子伝達系】

※ NADH$_2$ は NADH + H$^+$ を示す

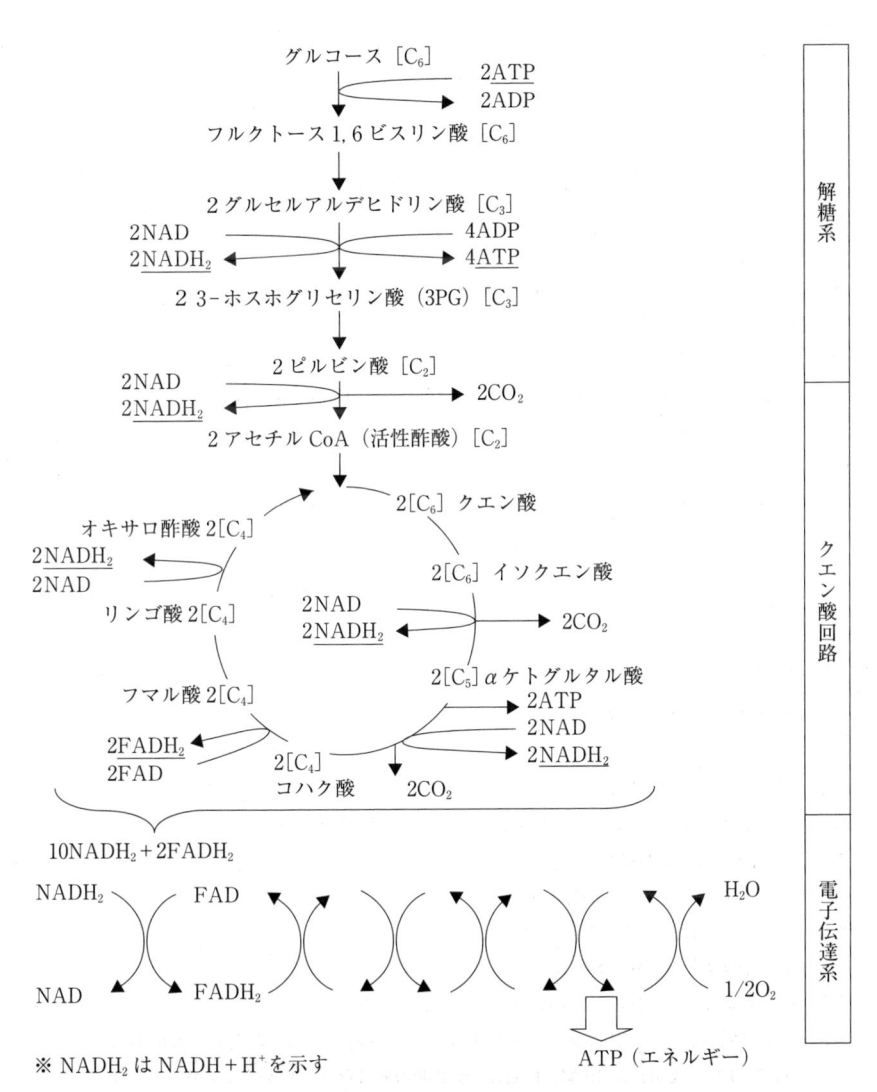

図16-10　呼吸の経路

【確認テスト】

[1] 下図は、いろいろな生物の呼吸に関する反応過程を示したものである。

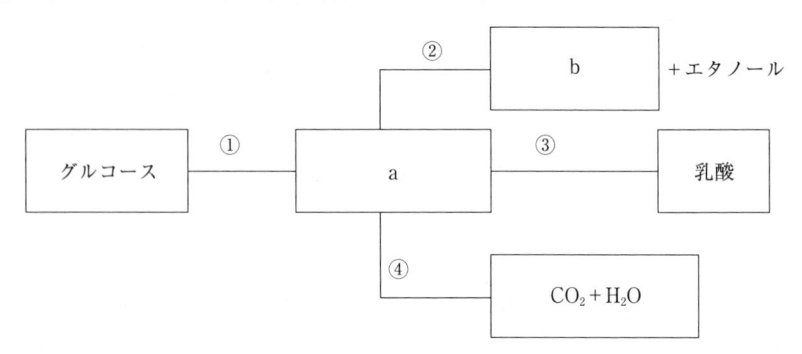

```
                        ②     ┌─────┐
                     ┌────────┤  b  │ +エタノール
                     │        └─────┘
┌────────┐    ①   ┌─────┐   ③   ┌────────┐
│ グルコース ├──────┤  a  ├──────┤  乳酸   │
└────────┘        └─────┘        └────────┘
                     │  ④    ┌──────────┐
                     └───────┤ CO₂ + H₂O │
                             └──────────┘
```

(1) 図のa、bにあてはまる物質名を答えよ。
(2) ①の反応はとくに何とよばれているか。
(3) 微生物が行う①＋②の反応過程は何とよばれているか。
(4) 酸素の少ない状態で①＋③の反応を行う動物の器官は何か。
(5) ①＋③の反応で生成するATPは、グルコース1分子あたり何分子か。
(6) ①、②で働く酵素をそれぞれ1つずつ記せ。
(7) ④の反応が行われている細胞小器官は何とよばれているか。

[2] グルコースの代謝に関する反応Ⅰ～Ⅲについて、あとの問いに答えよ。

Ⅰ. $C_6H_{12}O_6 \rightarrow 2C_3H_4O_3 + 2[2H]$

Ⅱ. $2C_3H_4O_3 + 6H_2O \rightarrow 6CO_2 + 10[2H]$

Ⅲ. $12[2H] + 6O_2 \rightarrow 12H_2O$

問1 Ⅰ～Ⅲの反応系のそれぞれの名称を答えよ。
問2 Ⅰ～Ⅲの反応をまとめたグルコース代謝の反応式を記せ。
問3 Ⅰ、Ⅱの下線部の物質名を答えよ。
問4 Ⅰの〔2H〕を受け取る補酵素を記せ。
問5 Ⅰの反応は細胞のどこで行われているか。
問6 Ⅱ、Ⅲの反応の名称を答えよ。
問7 シトクロムとよばれるタンパク質がはたらいているのは、Ⅰ～Ⅲの反応のうちのどれか。
問8 Ⅲで合成されるATPはグルコース1分子あたり何分子か。ただし、反応系Ⅲでは、12〔2H〕のうちNADH₂が10個、FADH₂が2個の形になり、1個のNADH₂あたり2.5分子、1個のFADH₂あたり1.5分子のATPが合成されるものとする。

第17講

栄養素の代謝

　三大栄養素の炭水化物（糖質）、タンパク質、脂質は分解されて呼吸基質として用いられる。糖質はグルコース、タンパク質はアミノ酸、脂質はグリセロール（グリセリン）と脂肪酸に分解される。アミノ酸はアミノ基が外され有機酸となり、ピルビン酸やクエン酸回路中の有機酸として、完全に酸化されて二酸化炭素や水になる。グリセロールは解糖系に、脂肪酸は炭素数が2個ずつ切断されてアセチルCoAとなり、クエン酸回路に入り二酸化炭素や水に分解される。

　主な呼吸基質は糖質と脂質であるが、脂質は糖質やタンパク質に比べて多くのエネルギーを含んでいる。しかし、脳はグルコースだけを呼吸基質として利用し、エネルギーを多く含む脂肪酸は脳に運ばれない。そこで、グルコースの供給のためにタンパク質をグルコースにする糖新生（p.167）が行われる。

1. 三大栄養素の消化のしくみ

　三大栄養素は消化管を通る過程で消化酵素（digestive enzyme）などによって低分子のグルコース、アミノ酸、脂肪酸、グリセロール（グリセリン）に消化（digestion）される（表17-1）。その後、小腸の絨毛（柔毛）から吸収されるが、グルコースとアミノ酸は絨毛の毛細血管に入り、脂肪酸とグリセロールは乳び管（リンパ管）に入る。小腸のリンパ管は集まって左鎖骨下静脈から血管に入り、脂肪酸やグリセロールは脂肪として脂肪組織に貯えられる。

表 17-1 消化のしくみ

器官	酵素など	デンプン（糖質）	タンパク質	脂肪（脂質）
だ液腺	だ液アミラーゼ	マルトース	−	−
胃	ペプシン	−	ペプチド	−
胆のう（肝臓）	胆汁（酵素なし）	−	−	脂肪の乳化
すい臓	すい液アミラーゼ	マルトース	−	−
	マルターゼ	グルコース	−	−
	トリプシン	−	ペプチド	−
	リパーゼ	−	−	グリセロール 脂肪酸
小腸	マルターゼ	グルコース	−	−
	ペプチダーゼ	−	アミノ酸	−
	スクラーゼ（ショ糖分解酵素）、ラクターゼ（乳糖分解酵素）			

2. 呼吸商

　生物が呼吸を行うときに、吐きだした二酸化炭素（CO_2）と吸った酸素（O_2）の体積比（CO_2/O_2）を呼吸商（respiratory quotient）という。呼吸商は呼吸基質の種類によって理論的に計算できる。糖質は 1.0、脂肪は約 0.7、タンパク質は約 0.8 となる。また、生物の呼吸商の値から個体や組織がおもに利用している呼吸基質の種類を推定できる。例えば、ウシやウマは 0.96、ネコは 0.74、ブタは 0.86 であり、この値からウシやウマは植食性、ネコは肉食性、ブタは雑食性であることがわかる。ヒトは 0.89 で雑食性であるが、ヒトが断食すると呼吸商の値は 0.7 に近づき、その後 0.8 へと上昇する。これは、呼吸基質の不足によって脂肪組織に蓄積していた脂肪を呼吸材料に用い、その脂肪も少なくなると、体をつくっているタンパク質を呼吸基質に用いるようになるからである。

〇　糖質（グルコース）　$CO_2/O_2 = 6/6 = 1.0$
　　$C_6H_{12}O_6 + 6H_2O + 6O_2 \rightarrow 6CO_2 + 12H_2O$
〇　脂肪（トリステアリン）　$CO_2/O_2 = 114/163 \fallingdotseq 0.7$
　　$2C_{57}H_{110}O_6 + 163O_2 \rightarrow 114CO_2 + 110H_2O$
〇　アミノ酸（ロイシン）　$CO_2/O_2 = 12/15 \fallingdotseq 0.8$
　　$2NH_2C_5H_{10}COOH + 15O_2 \rightarrow 12CO_2 + 10H_2O + 2NH_3$

3. 呼吸商の実験

トウゴマ（ヒマ）の種子が発芽するときは呼吸が盛んになるので、図17-1のような簡単な装置を用いて呼吸商を調べることができる。実験はフラスコ内の試験管に水酸化カリウム（KOH）を入れた場合（A）、蒸留水を入れた場合（B）の2つの条件下で行う。例えば、Aでは1,120mm^3、Bでは320mm^{3}フラスコ内の気体が減少していた場合で考えてみよう。

Aの実験では、トウゴマから放出された二酸化炭素はすべてKOHに吸収されるため、フラスコ内の気体の減少量（1,120mm^3）はトウゴマに吸収された酸素の体積を示している。Bの実験ではトウゴマから放出された二酸化炭素と吸収された酸素の体積の差（320mm^3）が示されるが、Bでも体積が減少したので吸収された酸素の体積の方が、放出された二酸化炭素のものより大きかったことになる。A、Bの結果より、トウゴマから放出された二酸化炭素の体積は、1120－320＝800（mm^3）である。よってトウゴマの呼吸商は、800mm^3/1120mm^3＝0.71と求めることができる。

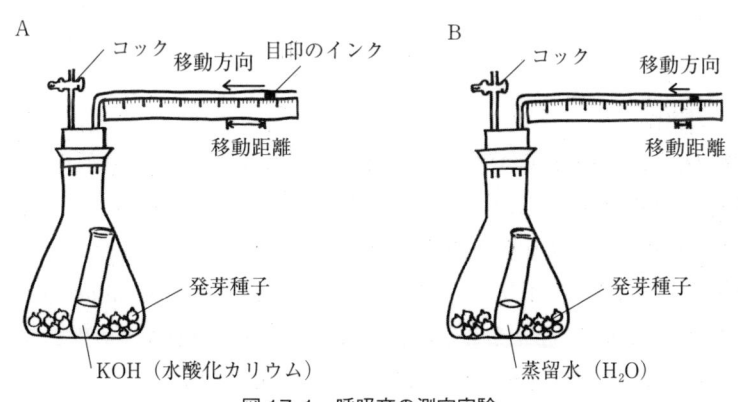

図17-1　呼吸商の測定実験

> **コラム** 1日当たりピーナッツを何個食べれば、生活できるか？

人の基礎代謝量（大学生）は、男 1,550kcal、女 1,210kcal であり、人が通常の活動をするためには1日に 2,000kcal 程度が必要である。表 17-2 に示すようにタンパク質は 1g あたり 4kcal、脂質は 9kcal、糖質は 4kcal のエネルギー量であり、ピーナッツ 1g あたりのエネルギー量は、タンパク質；1g×26.3/100×4 kcal＋脂質；1g×48.2/100×9 kcal＋糖質；1g×18.8/100×4 kcal の合計 6.14kcal となる。ピーナッツ1個の質量は 0.9g 程度なので、6.14×0.9≒5.53（kcal）がピーナッツ1個あたりのエネルギー量となる。

ピーナッツの成分表

タンパク質	脂質	糖質	水	灰分他
4kcal/g	9kcal/g	4kcal/g	0kcal/g	0kcal/g
26.3%	48.2%	18.8%	4.5%	2.2%
1.05kcal	4.34kcal	0.75kcal	0kcal	0kcal

※ 1cal は水 1g を 1℃ 上げるのに必要な熱量（4.2J）に相当する。

1日 2,000kcal をピーナッツだけでまかなうには、2,000kcal÷5.53kcal／個≒362個を食べればよい計算になる。

4. β酸化

脂質 1g あたり 9kcal のエネルギーを供給できるのに対して、糖質やタンパク質は 1g あたり 4kcal にしかならない。脂質はすぐれた呼吸基質である。

脂質の分解によって生じた**脂肪酸**（fatty acid）は、CoA と結合してアシル CoA となり、ミトコンドリアのマトリックスで**β酸化**（β-oxidation）によって脂肪酸の3位の炭素（β炭素ともいう）の位置で炭素数2個ずつ切断されて、金太郎飴のように同じアセチル CoA になる。β酸化を1回転するごとに、1分子のアセチル CoA、1組の（NADH＋H$^+$）、1分子の FADH$_2$ がつくられる。アセチル CoA はクエン酸回路に入り二酸化炭素や水に分解され、（NADH＋H$^+$）や FADH$_2$ は電子伝達系に入り最終的に水になる。

いま、パルミチン酸（$C_{16}H_{32}O_2$ 脂肪酸）を例にしてみると、パルミチン酸は炭素数が 16 なので、パルミチン酸1分子の場合では、β酸化が7回繰り返され、8分子のアセチル CoA が生じ、その過程で7組の（NADH＋H$^+$）、7分子

のFADH$_2$がつくられる。

1分子のアセチルCoAがクエン酸回路に入ると、10ATP（最大12ATP）がつくられる。また、（NADH＋H$^+$）やFADH$_2$はそれぞれ電子伝達系に送られ、（NADH＋H$^+$）1組あたりでは2.5ATP（最大3ATP）がつくられ、FADH$_2$ 1分子あたりでは1.5ATP（最大2ATP）がつくられる。

合計すると、パルミチン酸1分子あたり、10ATP（最大12ATP）×8＋2.5ATP（最大3ATP）×7＋1.5ATP（最大2ATP）×7＝108ATP（最大131ATP）ができる。

グルコース（糖質）1分子の酸化で32ATP（最大38ATP）であるから、糖質と比べると脂質がいかにすぐれたエネルギー源であることがわかる。

5. 糖新生

糖新生（gluconeogenesis）はグルコースが体内で不足したときに行われる。解糖系（glycolysis）の逆反応のようにみえるが、解糖系には不可逆な反応があるため、単純な逆反応ではない。ピルビン酸はいったんクエン酸回路に入りリンゴ酸となり、その後、細胞質に出てオキサロ酢酸になり、ホスホエノールピルビン酸を経て解糖系に入る。解糖系のフルクトース1,6ビスリン酸からフルクトース6リン酸となってグルコースになる。当然、解糖系と違って、逆にATPやNADH＋H$^+$のエネルギーが必要となる。

糖新生の場合、多くはアミノ酸が原料となる。164頁で、ヒトが断食すると、呼吸商の値は0.7に近づき、その後0.8へと上昇すると記したが、エネルギーの不足を脂質でまかない、それでも不足であればタンパク質をアミノ酸に分解して、糖新生によってグルコースを供給しようとするためである。体をつくるタンパク質や酵素、抗体などのタンパク質が分解されるのだから、病気にかかりやすくなる。呼吸商の値が0.7から0.8になる前に断食をやめなければ、死に至ることになる。

> **コラム　生活習慣病　肥ることは生物の宿命？**
>
> 今でこそ、日本は飽食の時代でメタボなんていわれるが 50 年前は飢餓の時代だった。元来、生物は飢えているのが普通。食べられる時にはたくさん食べて飢餓に備えなければならなかった。スタイルを気にする小食の種族は絶滅の道を歩むことになる。しかし、肥満は基本的にはエネルギーの収支のバランスが崩れた状態で、食べ過ぎが主な原因である。その結果、動脈硬化、糖尿病、高脂血症、高血圧などを発症する。適度な運動と食事に気をつける必要がある。

【確認テスト】

① ピーナツ中には水 5%、タンパク質 25%、脂肪 50%、炭水化物 20%が含まれている。また、タンパク質、脂肪、炭水化物それぞれ 1g のもつ熱量は、4kcal、9kcal、4kcal である。ただし、ピーナツ 1 個の平均質量は 1g とする。
(1) ピーナツ 1g 中に貯蔵されているエネルギーは何 Kcal か。
(2) 女子大生が 1 日に必要な熱量は 1890 kcal であるとすれば、ピーナツだけで 1 日に必要な熱量を補給するのに何個のピーナツが必要か。

② 三大栄養素の分解について、次の設問に答えよ。

　三大栄養素とは多糖質、（　ア　）、脂質である。多糖質はグルコース、(ア)はアミノ酸、脂質はグリセロールと（　イ　）に分解されてから呼吸基質となる。アミノ酸はアミノ基が外され有機酸となり、呼吸の回路に入り、完全に酸化されて二酸化炭素や水になる。脂肪酸は（　ウ　）酸化によってアセチル CoA として炭素数が 2 個ずつ切断され、アセチル CoA は呼吸の回路に入り二酸化炭素や水に分解される。

　脂質は糖質などの栄養素に比べて多くのエネルギーを供給できる。いま、パルミチン酸（$C_{16}H_{32}O_2$ 脂肪酸）1 分子の場合では、(ウ)酸化が 7 回繰り返され、8 分子のアセチル CoA、7 分子の $NADH_2$、7 分子の $FADH_2$ がつくられる。また、1 分子のアセチル CoA からは、10 分子の ATP がつくられる。また、$NADH_2$ や $FADH_2$ はそれぞれミトコンドリアに送られて ATP に変換される。

問 1　(ア)～(ウ)に適当な語句を入れよ。
問 2　パルミチン酸が好気呼吸で分解される化学反応式の係数①～③に適当な数字を記せ。

　　$C_{16}H_{32}O_2 + ①\ O_2 \rightarrow ②\ CO_2 + ③\ H_2O$

問 3　パルミチン酸 1 分子から何分子の ATP が合成されるか。ただし、1 個の $NADH_2$ あたり 2.5 分子、1 個の $FADH_2$ あたり 1.5 分子の ATP が合成されるものとする。

第18講

光合成（炭酸同化）

　海の中で生命は誕生したと考えられているが、水の中は青い世界が広がる。これは太陽光のうち波長の長い赤い光が吸収されたため、波長の短い青い光が見えるからである。この青い光を効率よく吸収するのは赤い色である。今もテングサなどの紅藻類は赤い色素をもっている。恐らく太古の海の植物も赤い色をしていたのだろう。その後、植物は陸上へ進出し、今日の陸上植物へと進化した。当時の陸地は火山活動が活発で、大気中には微粒子が多く含まれ、いつも夕焼けが見られただろう。そこで陸上の植物は赤い光を効率よく吸収するために青みがかったと考えられる。もともと海の中で赤みがかっていた植物は陸上で青みがかり、やがて火山活動の終息で植物は赤と青の中間の緑色の色素（葉緑素）をもつようになったと考えられる。

　クロロフィル（chlorophyll；葉緑素）は、かつての海と陸のなごりで赤と青の光を効率よく吸収して、植物が光合成（photosynthesis）をするようになった

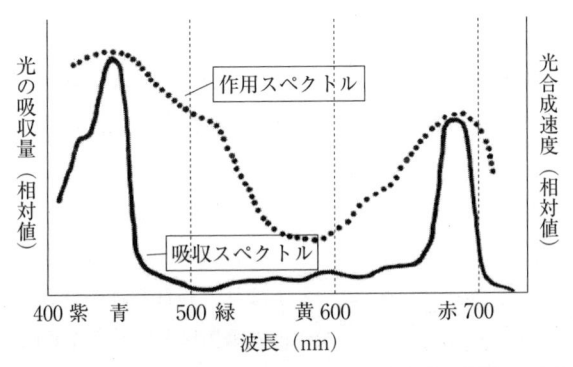

図 18-1　クロロフィルaの吸収スペクトルと光合成の作用スペクトル

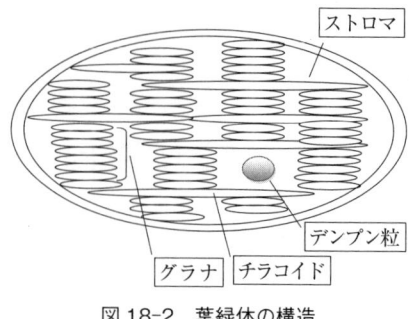

図18-2 葉緑体の構造

のだろう。多くの植物が緑色をしているのは葉に葉緑素が含まれているからなのだが、見方をかえると葉が緑色の光を反射し、それ以外の光を吸収しているから緑色に見えるわけである。

人間が何かを作ろうとすると必ず産業廃棄物が生じる。工場からの煤煙、廃水などに含まれる有害物質によって公害が起きる。植物の光合成では二酸化炭素（CO_2）と水（H_2O）から有機物が作られ、廃棄物として酸素（O_2）が放出される。これは公害を伴わない化学産業である。人間がこのようなことができれば素晴らしいことである。しかし、かつては酸素もやはり猛毒だった。逆境に耐えて、その酸素をしたたかに活用した生物の適応力こそ素晴らしいといえるかもしれない。

1. クロロフィル（葉緑素）

クロロフィルはヘモグロビンのヘムと同じポルフィリン構造をもつ。中心部の金属原子はヘムがFe（鉄）であるのに対してクロロフィルはMg（マグネシウム）である。クロロフィルは葉緑体のグラナ（grana；チラコイドが層状に重なった部位）に含まれ、とくにクロロフィルaが中心的な働きを有している。この色素以外にクロロフィルb、クロロフィルc、カロテン・キサントフィルなどのカロテノイド色素などの補助色素がある。補助色素はクロロフィルaが吸収できない波長の光を吸収してクロロフィルaに集約する。

光合成に関係する色素は同化色素ともよばれ、われわれが見ることのできる可視光線領域と同じ光を吸収する。

クロロフィルはフィトールとよばれる

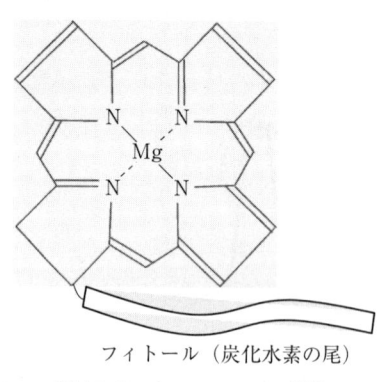

図18-3 クロロフィルの構造

長い鎖が付随している。この部分を化学式で示すと $C_{20}H_{39}OH$ であり、根のようにチラコイド膜にあるタンパク質につなぎとめられている。光エネルギーを吸収して励起されたクロロフィルは還元剤として働き、電子受容体に電子を渡している。クロロフィルは光エネルギーを化学エネルギーに変換する装置である。

2. 光合成研究の歴史

1648年、ヘルモント（ベルギー）は植木鉢のヤナギを5年間水だけで育て植木鉢の土の重さを測ったところ、ほとんど減っていなかった。そこで「植物は水からつくられている」と考えた。1772年、プリーストリー（フランス）は植物とネズミを使った実験から「植物は動物の出す汚れたガスを浄化する」ことを見つけた。1779年、インゲンホウス（オランダ）は「植物による空気の浄化には光が必要である」ことを発見した。

1882年、エンゲルマン（ドイツ）は顕微鏡下にアオミドロと好気性細菌を置き、葉緑体に赤色光と緑色光をあてると、細菌が赤色光の方に集まっていた（図18-4）。また、プリズムで分けた光をあてると、青紫光と赤色光に細菌が集まることから、光合成には特定の光が有効であることを見つけた。

1905年、ブラックマン（アメリカ）は光の強さ、CO_2濃度、温度と光合成との関係を調べ、光合成に光の関係しない反応があることを発見した。

1939年、ヒル（イギリス）は緑葉をすり潰した液にシュウ酸鉄III、フェロシアン化カリウムなどの酸化剤を加えて光を当てると酸素が発生し、また反応液からCO_2を除いても酸素が発生することを見つけた（ヒル反応；Hill reaction）。

1941年、ルーベン（アメリカ）は酸素の同位体の^{16}O、^{18}Oを利用して光合成で発生する酸素（O_2）の身元調査を行った。CO_2と$H_2^{18}O$、$C^{18}O_2$とH_2Oの2つを組み合わせて実験を行った結果、光合成で発生する酸素は水（H_2O）の中の酸

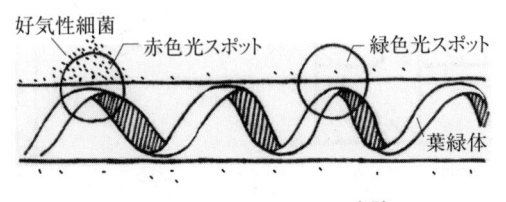

図18-4 エンゲルマンの実験

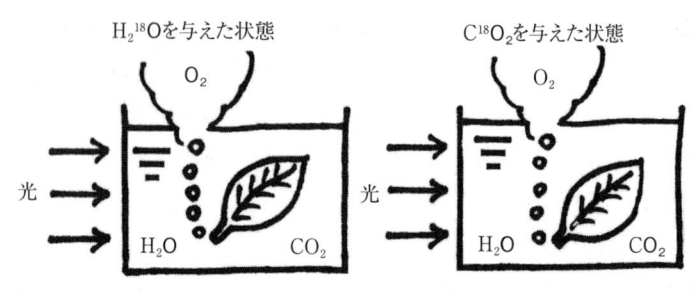

図 18-5 ルーベンの実験

素であることが明らかになった（図 18-5）。

1949 年、ベンソン（アメリカ）は「光がなくても光合成が起きるのではないか」と考え、図 18-6 のように明暗リズムと CO_2 の有無という実験条件を与えた。

その結果、暗いところでも直前に光を与えておけば、CO_2 が吸収され光合成が起きることが確かめられた。つまり、光合成には光が必要な反応（明反応；light reaction）と光を必要としない反応がある（暗反応；dark reaction）。光によって何か物質ができ、その物質さえあれば、暗いところでも光合成が起きることを発見した。その何かとは、明反応でつくられる ATP と NADPH＋H^+ であることが、現在、明らかになっている。

明暗のリズムを瞬間的に与えるために図 18-7 のような実験装置を準備する。

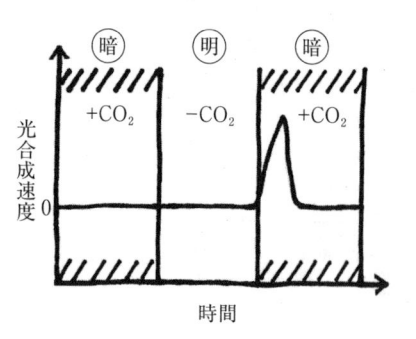

図 18-6 ベンソンの実験

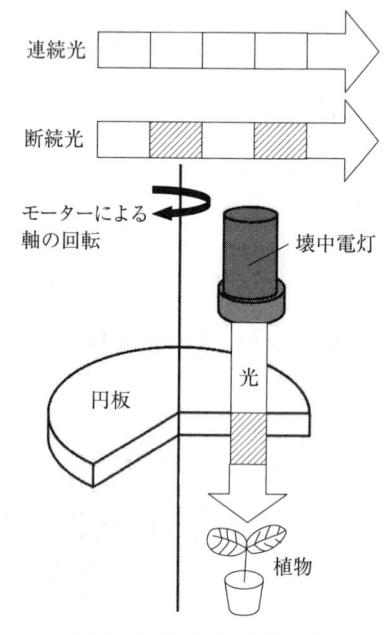

図 18-7 断続光での光合成

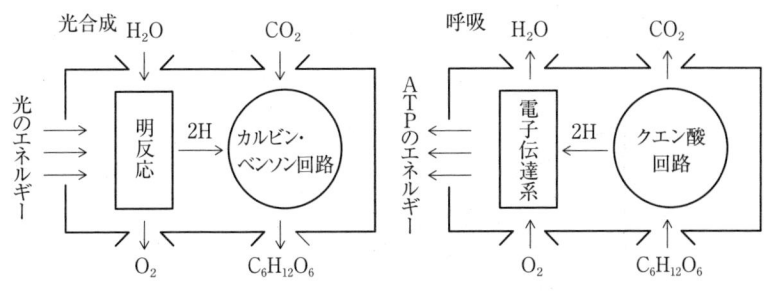

図18-8 光合成と呼吸の比較

モーターの回転数や円板の面積を変えることにより、こま切れの光（断続光）を植物に与えられる。連続光でも断続光でも与えられた光の量を同じにして、十分な強さ（光飽和点以上）の連続光と断続光をそれぞれ植物に照射する。連続光の光合成速度を1とすると、断続光ではこま切れにすればするほど光合成速度が増加する。円板の面積を半分にして、1分間にモーターの回転数を200にすると光合成速度は1.5倍になり、円板の面積を4/5にしてモーター回転数を3500にすると4倍になるという。これは、明反応の時間が暗反応より短く、暗反応が進行しているときの光は無効になっているためと考えられる。

今までの歴史的研究をもとに光合成のしくみをまとめると図18-8左のようになる。すなわち、明反応では水（H_2O）が分解されて不要になった酸素（O_2）は放出される。水素（2H）は放出されないので、何らかの物質となり暗反応に送られ二酸化炭素（CO_2）と結合してグルコース（$C_6H_{12}O_6$）などの糖ができる。これらの反応は図18-8右の呼吸のしくみとよく似ている。化学反応式で示すと、光合成と呼吸の式は次のように表される。

光合成　　$6CO_2 + 12H_2O \rightarrow C_6H_{12}O_6 + 6H_2O + 6O_2$
呼　吸　　$C_6H_{12}O_6 + 6H_2O + 6O_2 \rightarrow 6CO_2 + 12H_2O$

3. 明反応

明反応（light reaction）は光化学系Ⅰ（photosystem Ⅰ；PSI）と光化学系Ⅱ（photosystem Ⅱ；PSⅡ）からなる。PSIは反応中心にある700nmの波長の光を強く吸収するクロロフィルa（P_{700}）によってCO_2を還元するためのNADPH+H^+をつくる反応系であり、PSⅡは反応中心にある680nmの波長の光を強く吸収

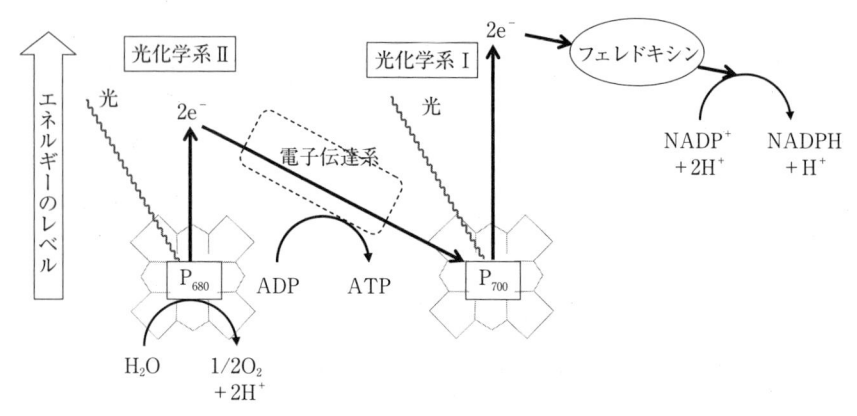

図18-9 明反応の過程

するクロロフィルa（P_{680}）によって水を分解し、電子伝達系によってATPを産生する反応系である。

　PSIとPSIIは歴史的に発見された順に名付けられ、図18-9のように、反応はPSIIからPSIへと続く。この過程はN機構の方が分かりやすいのだが、右に90度回転するとローマ字のZに見えるのでZ機構とよばれている。

　PSIIでのATP産生は呼吸の電子伝達系とよく似ている。光エネルギー（主に680nmの波長）によって励起されたP_{680}^*は電子（e^-；エレクトロン）を放出してP_{680}^+となるが、水から電子を奪ってもとのP_{680}にもどる。打ち上げ花火のように放出された電子は電子伝達系を下っていきエネルギー準位が低下する。その際、H^+（プロトン）がストロマからチラコイド内に汲み入れられ濃度勾配ができる。この濃度勾配を利用してATPシンターゼによってATPが産生される。

　PSIでは光エネルギー（主に700nmの波長）によって励起されたP_{700}^*は、電子を放出してP_{700}^+となるが、PSIIからの電子を受け取りP_{700}にもどる。打ち上げられた電子は電子伝達系を下り、$NADPH+H^+$の中に入る。明反応でつくられた18分子のATPと12分子の（$NADPH+H^+$）は、CO_2を還元する暗反応に利用される。

4. 暗反応～カルビン・ベンソン回路～

　暗反応（dark reaction）は、カルビンとベンソン（ともにアメリカ）による炭素の放射性同位体 ^{14}C を含む $^{14}CO_2$ を用いた実験によって明らかになった。植物はふつうの ^{12}C を含む非放射性の $^{12}CO_2$ と同じように、$^{14}CO_2$ を吸収して糖をつくる。

　図18-10のような装置で、クロレラなどの緑藻にフラッシュなどで瞬間的に光合成を行わせた後、コックを開いて熱アルコール中に落として反応を停止させ、その液を二次元ペーパークロマトグラフィーによって展開し、ろ紙とX線フィルムを重ねてどの物質に ^{14}C が含まれているかを調べた。

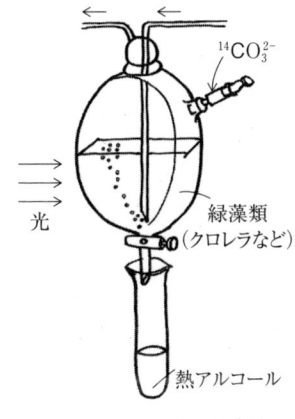

図18-10　カルビンの実験

　その結果、3秒後には3-ホスホグリセリン酸（3PG；PGA）に、やがてアミノ酸や糖に ^{14}C が含まれてくることが分かった。

　例えば、表18-1のようなデータが得られたとすれば、$^{14}CO_2 \rightarrow$ PGA $\rightarrow$ C $\rightarrow$ B $\rightarrow$ A のような反応過程を推測できる。

　PGAは炭素3つの化合物（C_3）であり、^{14}C はそのうちの1つだけであった。CO_2 固定には C_2 の化合物との結合が考えられたが、実際には C_5 のリブロース1,5-ビスリン酸（RuBP）との結合であった。酵素RubisCO（ルビスコ；リブロース1,5-ビスリン酸カルボキシラーゼ／オキシゲナーゼ）によって、CO_2 はRuBP（C_5）と結合して C_6 の化合物となり、開裂して C_3 の2分子のPGAになることが明らかになった。CO_2 固定のRuBPは、PGAからの反応の最終産物であり回路になっている。これをカルビン・ベンソン回路（カルビン回路；Calvin cycle）という（図18-11）。

　ルビスコは植物体内に多く含まれ、葉のタンパク質の50％を占めている。また、ルビスコは、カルボキシラーゼとして働くだけでなく、オキシゲナーゼとしても働き、その時はRuBPに酸

表18-1　CO_2 の追跡

	3秒後	10秒後	20秒後	30秒後
A	－	－	－	○
PGA	○	○	○	○
B	－	－	○	○
C	－	○	○	○

図 18-11 の周辺ラベル:
- 6CO₂
- 6RuBP（リブロースビスリン酸）〔C₅〕
- 12PGA（ホスホグリセリン酸）〔C₃〕
- 炭素の固定
- 12ATP
- 6ATP
- カルビン・ベンソン回路
- RuBP再生
- 糖産生
- 12〔C₃〕
- 12〔NADPH+H⁺〕
- 12 グリセルアルデヒドリン酸〔C₃〕
- C₆H₁₂O₆ ← フルクトースビスリン酸〔C₆〕

図 18-11　暗反応の過程

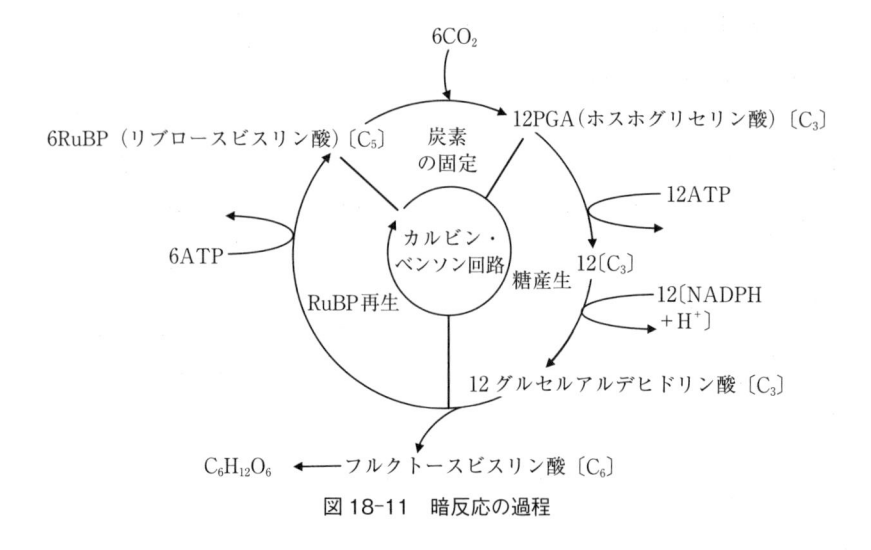

素を付加して最終的に二酸化炭素を放出する。これは酸素を消費して二酸化炭素を放出するので光呼吸とよばれ、この反応はカルビン・ベンソン回路を抑制する。ルビスコは葉の酸素濃度が高いときにはオキシゲナーゼとして働き、二酸化炭素濃度が高いときはカルボキシラーゼとして働くが、ルビスコと二酸化炭素との結合力は酸素との結合力の約10倍なので、ふつうはカルボキシラーゼとして働いている。

5. 窒素同化

　アンモニア、硝酸塩などの無機窒素化合物からATPのエネルギーを利用してアミノ酸、タンパク質などの有機窒素化合物を合成する反応を**窒素同化**（nitrogen assimilation）という。細菌、菌類、植物などは窒素同化を行うことができるが、動物はできない。しかし、パプアニューギニアのパプア族の食事はサツマイモなどの炭水化物が96%で、肉類などのタンパク質をほとんど食べない。それでも筋骨隆々とした体格である。それは彼らの腸内細菌が窒素同化でタンパク質をつくっているために、極端にタンパク質が少ない食事でも問題ないわけである。
　一遺伝子一酵素説の実験材料のアカパンカビ（p.58）はグルコース、無機窒素化合物、ビオチンなどを含んだ最少培地で生育させることができる。これは、最

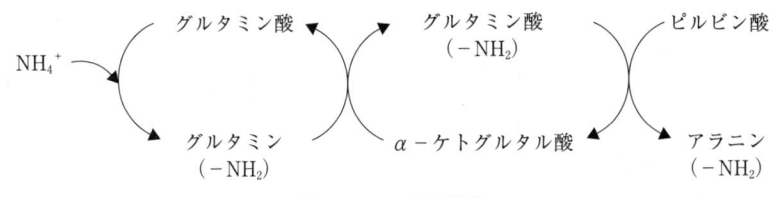

NH$_4^+$ → グルタミン酸 → グルタミン酸(−NH$_2$) → ピルビン酸
グルタミン(−NH$_2$) ← α−ケトグルタル酸 ← アラニン(−NH$_2$)

図18-12　窒素同化

少培地中の無機窒素化合物を利用してアルギニンなどのアミノ酸をつくれるからである。

　窒素同化のしくみは、アンモニウムイオン（NH$_4^+$）をグルタミン酸（アミノ酸の一種）の中にアミノ基（−NH$_2$）として取り込み、グルタミンを合成する。このグルタミンとクエン酸回路の一員であるα−ケトグルタル酸が反応すると、グルタミン中のアミノ基がα−ケトグルタル酸に転移してグルタミン酸が生じる。さらに、このグルタミン酸とピルビン酸（有機酸）が反応するとアラニン（アミノ酸）ができたり（図18-12）、グルタミン酸とオキサロ酢酸（有機酸）が反応するとアスパラギン酸（アミノ酸）ができたりする。このようにして各種の有機酸とグルタミン酸が反応して20種類のアミノ酸ができる。

　金魚の水槽にエアーをポンプで送るのは、金魚のために酸素を水中に溶け込ませているだけではない。魚は窒素排出をアンモニアの形で水中に垂れ流している。アンモニアは毒性が強いので、そのままでは金魚が死んでしまう。しかし、水中や底の土中には化学合成をする硝化細菌がいて、好気的な条件下ではアンモニウム塩を硝酸塩に変えること（硝化）ができる。硝酸塩は水草などに吸収され葉で還元されて、もとのアンモニウム塩になり窒素同化に利用される。このような意味もありエアーを送っている。

　ダイズやレンゲの根には小さな粒々がたくさんある。これを根粒といい、この中には空気中の窒素をアンモニウムイオンにする（窒素固定；nitrogen fixation）根粒菌が共生している。他にネンジュモ（シアノバクテリアの一種）やアゾトバクター、クロストリジウムなどの細菌が知られている。また、フナクイムシという貝類にも特別な細菌が共生していることがわかった。この細菌をオガクズだけで培養しても、空気中の窒素からタンパク質をつくり増殖する。培養タンクの中でタンパク質を合成することができそうである。

【確認テスト】

下図は生物体で行われる物質代謝をまとめたものである。次の問いに答えよ。

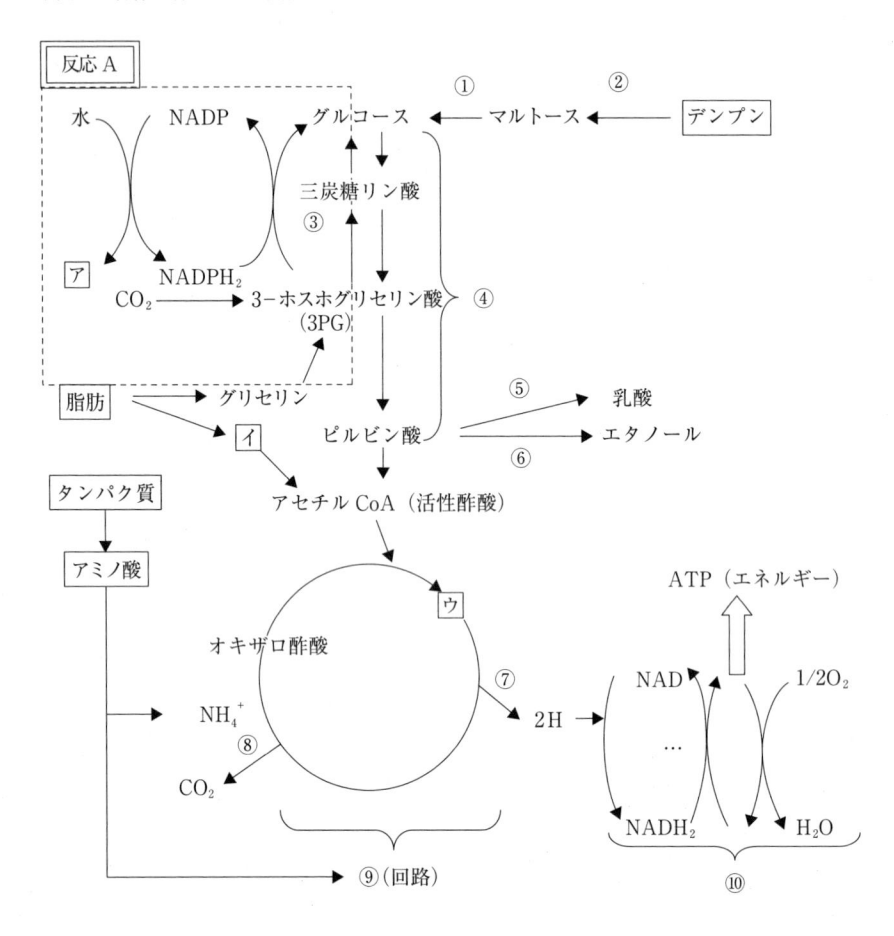

問1 図のア、イ、ウの物質名を記せ。
問2 図の点線で囲った反応Aは主に植物が行なっている。反応名を答えよ。
問3 ④、⑨、⑩の反応名を答えよ。
問4 図の①〜⑨の反応過程のうちATPの消費を伴うものはどれか。
問5 ①、②、⑦、⑧の反応を触媒する酵素名をそれぞれ答えよ。

第19講

有性生殖と遺伝

　生殖の意義は種族の維持であり、そのために親は子どもをつくる。子どもは数が多く、多様な形質をもっている方が種族の維持はしやすい。数を増やすには**無性生殖**（asexual reproduction）が有利である。例えば、アメーバやゾウリムシは1個体が分裂して倍々に増殖する。ヒドラや酵母菌のような出芽、サツマイモの塊根、ユキノシタのほふく茎などの栄養生殖、シダやキノコにみられる胞子で増える方法はすべて無性生殖である。しかし、この生殖は生まれた子どもの形質が親とまったく同じであり、生存に不利な環境になれば全滅する危険性がある。

　有性生殖（sexual reproduction）は2つの**生殖細胞**（reproductive cell）の合体によって新しい形質をもった個体が生まれるので、多様な形質をもつ子どもができる。そのため、多くの高等生物は有性生殖を行い、植物では両方の生殖を行うことによって種族を維持している。なお、合体する生殖細胞をとくに**配偶子**（gamete）という。

1. 受　精

　有性生殖のうち**卵**（ovum）と**精子**（spermatozoon）のような大きさが極端に異なる配偶子が合体する場合を**受精**（fertilization）といい、それ以外は**接合**（conjugation）とよぶ。

　高等生物の有性生殖が受精であるのは次のような理由がある。まず、受精では2つの細胞が出会わなければならない。そのためには細胞が運動性を持つのが有利であり、運動性をもつには、できるだけ小さくなって身軽な方が抵抗を少なくできる。一方、受精した細胞（受精卵）はできるだけ多く分裂して細胞の数を増やした方がより複雑な体をつくることができる。そのためには、栄養分が多い大

きな細胞ほど有利である。つまり、配偶子は小さくて大きな細胞が望ましいことになる。幸い2つの配偶子が合体するので、分業したわけである。小さな配偶子の精子は運動性を重視し、一方、大きな配偶子の卵はできるだけ栄養分を詰め込んだのである。なお、卵と精子の合体によって生じた受精卵が分裂して複雑な組織・器官を形成し親になる過程を**発生**（development）という。

2. 有性生殖と減数分裂

卵や精子、胞子などの生殖細胞ができるときの細胞分裂を**減数分裂**（meiosis）（p.44）という。なぜ減数分裂という複雑な細胞分裂が必要なのだろうか。もし、生殖細胞が体細胞分裂のように染色体数が半減しない分裂で生じるとしたら、合体によって子は親の2倍の染色体をもち、孫はさらに4倍の染色体をもち、世代を重ねるにつれて染色体数は無限に増え続けることになる。つまり、世代を通して同じ染色体数を維持するには合体する前に染色体数を半減する必要があるからである。

両親からもらった相同染色体の一方は母親から受け継ぎ、他方は父親から受け継いでいる。減数分裂で**対合**（synapsis；接着）して**二価染色体**（bivalent chromosome）ができる際にだけ**乗換え**（crossing-over；染色体の部分交換）が起き、多様な組合せをもった配偶子が生じ、さらに多様な形質をもつ子どもが生まれる。

3. 連鎖と組換え

ヒトの遺伝子数は2万2,000個程度と言われている。ヒトの染色体は23種類なので、1本の染色体には平均1,000個ほどの遺伝子が存在する。このような状態を遺伝子が**連鎖**（linkage）しているという。連鎖している遺伝子は同じ染色体上に存在しているので、自由に配偶子の中に入ることはできずに行動をともにす

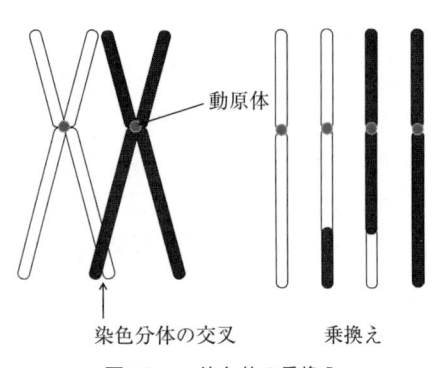

図19-1　染色体の乗換え

る。その結果、メンデルの独立の法則に当てはまらない。

ベーツソンとバーネット（ともにイギリス）によるスイートピーの花色（紫と赤）と花粉の形（長と丸）の実験では、親として（紫・長）と（赤・丸）を交雑したところ、F_1（雑種第1代）では、すべて（紫・長）となった。

F_2（雑種第2代）は（紫・長）：（紫・丸）：（赤・長）：（赤・丸）＝ 9：3：3：1とならず、独立の法則が成り立たない。また、花色と花粉の形の遺伝子が完全に連鎖しているとすれば、理論値は（紫・長）：（赤・丸）＝ 3：1であるはずが、実験値は（紫・長）：（紫・丸）：（赤・長）：（赤・丸）＝ 1528：106：117：381となり、説明できない。

配偶子の形成過程で二価染色体ができるときに、細長い染色体がねじれているのが観察できる。このとき染色体の一部が入れ替わり（**乗換え**；crossing-over）、遺伝子の組み合わせが変わる（**組換え**；recombination）ことになる。

組換えが起きる割合を**組換え価**（recombination value）という。

組換え価（％）＝（組換えの起きた配偶子数÷全配偶子数）×100

ベーツソンとバーネットの実験では、約11％の割合で組換えが起きたと考えると、（紫・長）：（紫・丸）：（赤・長）：（赤・丸）＝ 13.3：1.0：1.0：3.8となり実験値に近い数値が得られる。いま、遺伝子型 AaBb で、A と B が連鎖（a と b も連鎖）している場合、組換え価が20％であれば、組換えによって生じる配偶子の遺伝子型は Ab、aB なので、Ab が10％、aB も10％となる。残り80％は組換えが起きない場合の AB、ab であり、それぞれ40％ずつとなる。

つまり、AB、Ab、aB、ab の割合は40％、10％、10％、40％となり、比率では AB：Ab：aB：ab ＝ 4：1：1：4となる。

組換え価は、2つの遺伝子の距離が離れているほど、事故（組換え）は起きやすい。組換え価を調べると、2つの遺伝子間の相対的な位置関係を知ることができる。例えば、A、B、C の3つの遺伝子間の互いの組換え価が、A－B 間で9％、B－C 間で6％、C－A 間で3％で

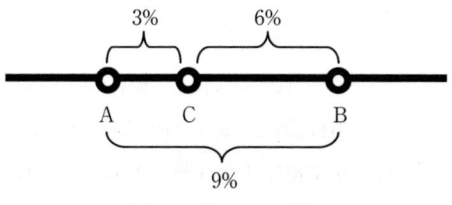

図 19-2　三点交雑法

あれば、図19-2のようにA−C−Bの順に配列していることがわかる。このように3つの遺伝子間の組換え価を調べること（三点交雑法；three-point test）を繰り返すことによって染色体地図（chromosome map）を作成することができる。

【遺伝の用語】

- 形質（character）；生物の形・色などの形態および性質。形質を決めるのは遺伝子だけでなく、環境の影響も大きい。例えば、1本のサクラの葉を見ると、日向と日陰では葉の色や厚みが違う。葉は同じ遺伝子をもつが光の影響によって形質に差が生じる。
- 対立形質（allelotype）；対になった形質（例 耳垢；あめ耳とこな耳、まぶた；二重と一重）。両方が同時に現れない。例えば、ヒトの髪毛の巻毛と直毛は対立形質である。これらの形質が同時に現れて、頭の左半分は巻毛、右半分が直毛になったりすることはない。
- 自家受精（self-fertilization）；同一個体より生じた配偶子間で行われる受精
- P（親）；ラテン語のParens（親）の頭文字
- F_1（雑種第1代）；ラテン語のFilius（子）の頭文字。純系の親どうしの交配によって生じる子
- F_2（雑種第2代）；F_1の自家受精によって生じた子
- 純系（pure line）；対立遺伝子が同じ遺伝子（ホモ）になっているもの。例 AA、aa、AAbbCC
- 優性形質（dominant caracter）と劣性形質（recessive caracter）；純系の親の交配で生じた子に現れる形質を優性形質といい、現れない形質を劣性形質という。
- 表現型（phenotype）；実際に現れる形質 例 種子の形 丸い（優性形質）、しわ（劣性形質）
- 遺伝子型（genotype）；個体のもつ遺伝子の組合わせ。優性遺伝子を大文字で、劣性遺伝子をその小文字で示す。ホモ（homo 同質の）；同じ遺伝子が対をなす遺伝子型（例 AA、aa、AABB、AAbb など）、ヘテロ（hetero 異質の）；異なる遺伝子が対をなす遺伝子型（例 Aa、AaBb など）

・検定交雑（test cross）；遺伝子型を調べるために劣性形質をかけ合せる交雑。
・メンデルの法則
　優性の法則（law of dominance）；対立形質をもつ両親（P）の交雑で生じる子（F_1）には優性形質が現れる。
　分離の法則（law of segregation）；対立形質を支配する一対の要素（対立遺伝子）は、配偶子形成のとき、性質を変えずに分離して、1個ずつ配偶子に分配される。

4. 伴性遺伝

ショウジョウバエの白眼やヒトの赤緑色覚異常（red-green blindness）などは雄に現れやすい。どちらかの性に現れやすかったり、雌雄の形質を入れ換えて交雑すると、形質の現れ方が雌雄で異なったりするときは**伴性遺伝**（sex-linked inheritance）が考えられる。

メンデルの遺伝の法則では説明できないが、遺伝子が雌雄で異なる**性染色体**（sex chromosome）上にあると考えれば、上記の結果を説明することができる。つまり、伴性遺伝が発見されて、遺伝子が染色体上にあるという証拠が得られた。メンデルの法則は、遺伝子が雌雄に共通な**常染色体**（autosome）上にあるときに適用できる。

ショウジョウバエの眼色の遺伝では、赤眼（A）が優性形質で白眼（a）が劣性形質である。いま、純系の赤眼の雌と白眼の雄を交雑するとF_1は雌雄とも赤眼になり、F_2では赤眼と白眼が3：1の割合で生まれる。これは図19-3の左図にように、眼色の遺伝子が常染色体上にあると考えても説明できる。ところが、F_2では雌はすべて赤眼であるのに対して、雄では赤眼と白眼が1：1の割合になり、全体としては赤眼と白眼が3：1の割合になっている。

これを常染色体上に眼色の遺伝子があると考えた場合には、雌雄ともに赤眼と白眼が3：1となるので、実験結果を説明できない。

一方、性染色体上にあると考えると（図19-3右）、F_2の結果もうまく説明できる。つまり、性染色体上に眼色の遺伝子があると考えなければならないことになり、遺伝子が染色体上にある証拠といえる。さらに、雌雄の形質を入れ換え

常染色体上にある場合

P　　赤眼（♀）　　白眼（♂）
　　　　AA　　×　　aa

配偶子　Ⓐ　　　　　ⓐ

　　　　赤眼（♀）　赤眼（♂）
F_1　　Aa　×　Aa

　　Ⓐ、ⓐ　　Ⓐ　ⓐ

F_2　　AA　Aa　Aa　aa

　　　赤眼 3 : 白眼 1（♀、♂）

性染色体上にある場合

P　　赤眼（♀）　　白眼（♂）
　　　X^AX^A　×　X^aY

配偶子　X^A　　　　X^a　Y

　　　　赤眼（♀）　赤眼（♂）
F_1　　X^AX^a　　X^AY

　　X^A　X^a　　X^A　Y

F_2　　X^AX^A　X^AX^a　X^AY　X^aY

　　　　♀赤眼　　　♂赤眼 1　白眼 1

図 19-3　ショウジョウバエの眼色の遺伝

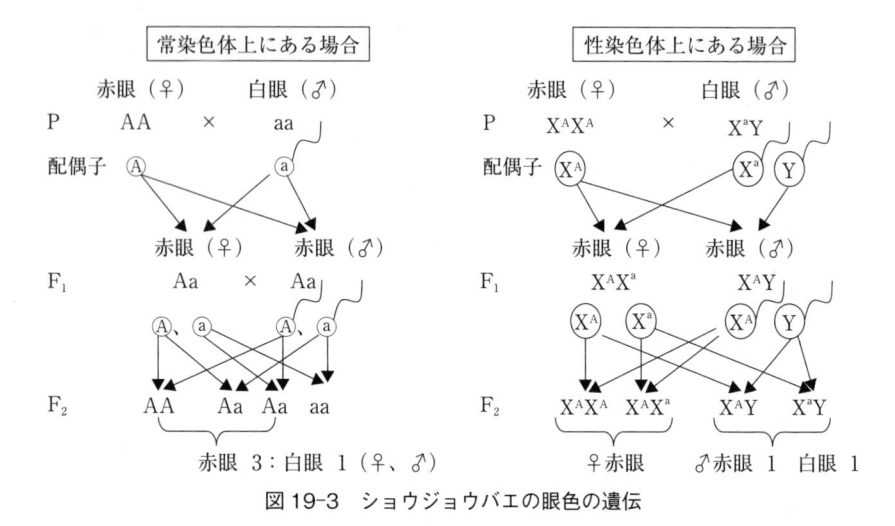

て、白眼の雌と赤眼の雄を親として交雑したとき、常染色体上に遺伝子があると考えたときは、入れ換えないときと同じ結果になる。一方、性染色体上にあるとすれば、理論的に F_1 で雌はすべて赤眼、雄はすべて白眼になるが、実験値も同じ結果になるので、性染色体上に眼色の遺伝子があると考えなければならない。

コラム　なぜ、女性は強い

　ヒトの赤緑色覚異常や血友病は伴性遺伝する。日本人男性は 20 人に 1 人の割合で赤緑色覚異常が現れるが、女性は 400 人に 1 人の確率である。XX は女性、XY は男性のもつ性染色体である。女性に赤緑色覚異常が現れるのは遺伝子を 2 つ持つ場合（aa）で、AA、Aa は正常となる。男性は X 染色体が 1 つなので、遺伝子 1 つ（a）で赤緑色覚変異が現れ、A があれば正常となる。それは、日本人という集団の中で a という遺伝子が 1/20 の確率で存在すれば、男性は X 染色体が 1 つだから 1/20（5％）で赤緑色覚異常が現れ、女性は 2 つだから 1/20×1/20＝1/400（0.25％）で現れることになる（実際は 0.2％である）。しかし、女性の X 染色体のうち 1 つは不活性化され、これをライオニゼーション（lyonization）という。この結果、X 染色体は凝集し特有の構造ができる。これは光学顕微鏡で観察できるので、セックスチェックに利用できる。どちらの X 染色体が不活性化するかは、細胞ごとに異なるので、女性の体は細胞によって異なる X をもつモザイクになる。その結果、どちらかの X 染色体が正常であれば、異常は軽減される。

5. 動物の配偶子の形成

　卵や精子をつくる元になる細胞を**始原生殖細胞**（primordial germ, 2n）といいうが、発生の早い段階で出現し、卵巣に入ると**卵原細胞**（oogonium, 2n）、精巣に入ると**精原細胞**（spermatogonium, 2n）となる。これらの細胞は体細胞分裂を繰り返して、それぞれの細胞数を増やしている（図19-4）。

　個体が成熟すると（ヒトでは思春期）、卵原細胞は栄養分となる卵黄を細胞内に蓄積して大きな**一次卵母細胞**（primary oocyte, 2n）になり減数分裂を行う。第一分裂で大きな**二次卵母細胞**（secondary oocyte, n）と小さな**第一極体**（first polar body、n）ができ、第二分裂で二次卵母細胞は大きな**卵**（egg、n）と小さな**第二極体**（second polar body、n）となり、1回の減数分裂によって1つの卵と3つの極体ができる。動物極側に付着している極体は、やがて消失する。ヒトでは出生時に、すでに減数分裂第一分裂前期の状態であり思春期になると減数分裂が再開される。

　一方、同じように精原細胞は**一次精母細胞**（primary spermatocyte、2n）に

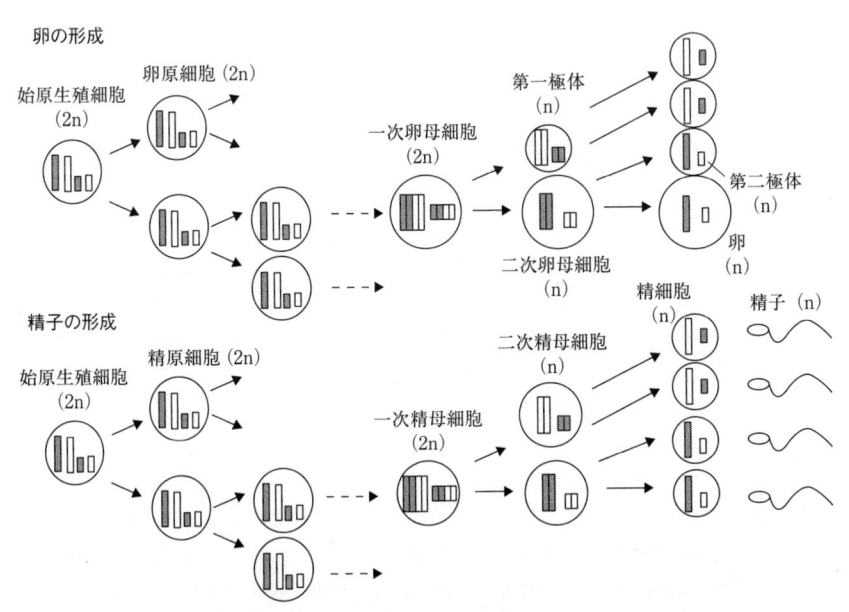

図 19-4　配偶子の形成（上；卵の形成　下；精子の形成）

なり、減数分裂を行い4つの精細胞（spermatid、n）を生じる。精細胞は運動性をもつために変形して、べん毛ができ精子（spermatozoon、n）となる。

【確認テスト】
① 白子（アルビノ）は正常な遺伝子（A）の突然変異によって生じた劣性遺伝子（a）である。次の（ア）〜（エ）の親の組合せのうち、生まれてくる子の50%がヘテロ接合体であるものをすべて選び出したものはどれか。次の(1)〜(5)の中から1つ選べ。
　（ア）AA×aa　　（イ）AA×Aa　　（ウ）Aa×aa　　（エ）Aa×Aa
　(1) ウ　(2) アとイ　(3) イとウ　(4) ウとエ　(5) イとウとエ

② 遺伝に関する次の文を読み、下の各問いに答えよ。
　キイロショウジョウバエでは連鎖している遺伝子間には、雄では組換えは起きないが、雌では起きる。このハエの赤眼の遺伝子Aと紫眼の遺伝子a、正常翅の遺伝子Bと曲がり翅の遺伝子bについて次の実験1、2を行った。
【実験1】AABBの雌とaabbの雄を交配して生じた雑種（F_1）はすべて赤眼・正常翅であった。
【実験2】F_1の雌にaabbの雄を交配して生じた雑種の表現型の分離比は、
　　　　赤眼・正常翅：赤眼・曲がり翅：紫眼・正常翅：紫眼・曲がり翅＝4：1：1：4
　　　であった。
問1　実験1で生じたF_1の雄がつくる精子の遺伝子型の種類とその分離比を答えなさい。
問2　実験2で、F_1の雌の組換え価は何%か。
問3　実験2で、F_1の雌がつくる卵の遺伝子型の種類とその分離比を答えなさい。
問4　実験1で生じたF_1の雌雄を交配して得られる雑種の表現型とその分離比を答えなさい。

③ ヒトの染色体に関する次の文を読み、下の各問いに答えなさい。
　メンデルが仮定した遺伝子は染色体上にあり、対立遺伝子は（　ア　）染色体の同じ位置にある。1個の体細胞には形、大きさが同じ染色体が2本ずつあり、これらの染色体を（　ア　）染色体とよんでいる。ヒトの1個の体細胞では染色体は（　イ　）本であるが、男女で共通の染色体は44本であり、（　ウ　）染色体とよばれる。また、男女で組み合わせが異なる染色体を性染色体という。性染色体には、X染色体とY染色体があり、①男性の体細胞の染色体構成は44＋XYと表し、女性の体細胞の染色体構成は44＋XXと表す。
　性染色体上にある遺伝子によって起きる遺伝を（　エ　）遺伝といい、ヒトの例としては赤緑色覚異常や血友病がある。それらはともに男性に多い遺伝形質である。その理由は、ヒトの赤緑色覚異常や血友病の遺伝子は（　オ　）遺伝子で（　カ　）染色体上にあり、女性は2個の遺伝子で形質が決定されるが、男性は（　カ　）染色体が1つのため1個の遺伝子で決まり、男性に現れやすい。

問1　文中の（　ア　）～（　カ　）に当てはまる最も適当な語句や数字を答えなさい。
問2　下線部①を参照して、卵や精子の染色体構成は、それぞれどのように表されるか、数字と記号で答えなさい。
問3　ヒトのABO式血液型の遺伝子は性染色体上にない。いま、O型で正常ではあるが潜在的に赤緑色覚異常の遺伝子をもつ女性とAB型で正常な男性の間で生まれる子どものうち、A型で赤緑色覚異常の男子が生まれる割合は何%か。

4　次の図は、ある家系におけるABO式血液型と赤緑色覚異常に関する調査結果をまとめたものである。ただし、赤緑色覚異常については全員の調査ができたが、ABO式血液型については未調査のもの（?で示す）もある。なお、○は女性、□は男性を、黒く塗りつぶしてあるのは赤緑色覚異常を、番号はヒトの区別を示す。下の各問いに答えよ。

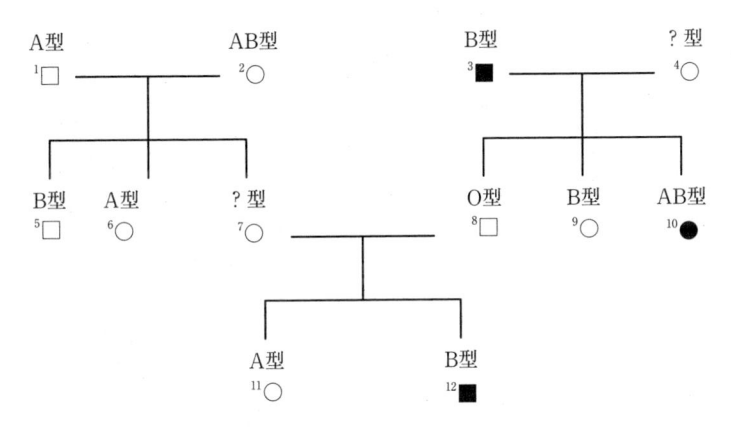

```
    A型        AB型              B型        ?型
   1□─────────2○              3■─────────4○
       │                            │
   ┌───┼───┐                ┌───────┼───────┐
   B型  A型  ?型              O型    B型    AB型
   5□  6○  7□              8□    9○   10●
            │
          ┌─┴─┐
          A型  B型
          11○ 12■
```

問1　4番のヒトの血液型（表現型）を答えよ。
問2　1番と2番の夫婦の子供がもつ可能性のない遺伝子型を次の①～⑥の中からすべて選べ。
　　①　AB　②　BO　③　BB　④　OO　⑤　AO　⑥　AA
問3　12番の血液型B遺伝子は、1番～4番の誰から伝えられたか、番号で答えよ。
問4　1番～12番のうち赤緑色覚異常の遺伝子型が決定できないのは誰か、すべての番号を答えよ。

第20講

動物の発生

受精卵が親と同じ生物体になるまでの過程を発生という。英語では発生を Development というが、他に展開という意味もある。目に見えない小さな受精卵が成長して個体が展開してくる現象は不可思議なことであったろう。17世紀は卵や精子に中にいるヒトの小人（ホムンクルス）が目に見える大きさに成長するという前成説の全盛時代であった。当時、顕微鏡の発明とともに多くの精子のスケッチが残されている。中には民族衣装を着たスケッチも残されている。現在、電子顕微鏡でも精子の中に小人は見つからない。あるはずだという思い込みがあると、見えないものも見えてくるようだ。これに対して発生が進むにつれて複雑な形がつくられるというのが後成説である。

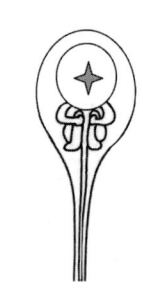

図 20-1　ホムンクルス

1. 発生と進化

受精卵は体細胞分裂と同じような分裂をして、その数を増やす。とくに初期発生の細胞分裂は生じた娘細胞（**割球**；blastmere）が母細胞の大きさにもどらず小さなままであるので、とくに**卵割**（segmentation）とよばれる。卵は極体が放出された側を**動物極**（animal pole）、その反対側を**植物極**（vegetal pole）という。栄養分である卵黄は植物極に多く、卵黄が細胞質分裂を妨げる。そのため、卵割は動物極側でよくみられ、卵全体の動きは動物極で激しく、動物極側の割球は植物極側に比べて小さい。

受精卵の1回目と2回目の卵割は動物極と植物極を通る面で起き（経割）、3

節足動物（ハチ、クモ、ムカデ、エビ）

軟体動物（タコ、アサリ）

環形動物（ミミズ、ヒル）

脊椎動物
（ヒト、ハト、カメ、カエル、タイ、ヤツメウナギ）

原索動物（ナメクジウオ、ホヤ）

棘皮動物（ウニ、ナマコ）

触手

原腸胚

A　クラゲ（左）とイソギンチャク（右）の構造

ウニ　カエル

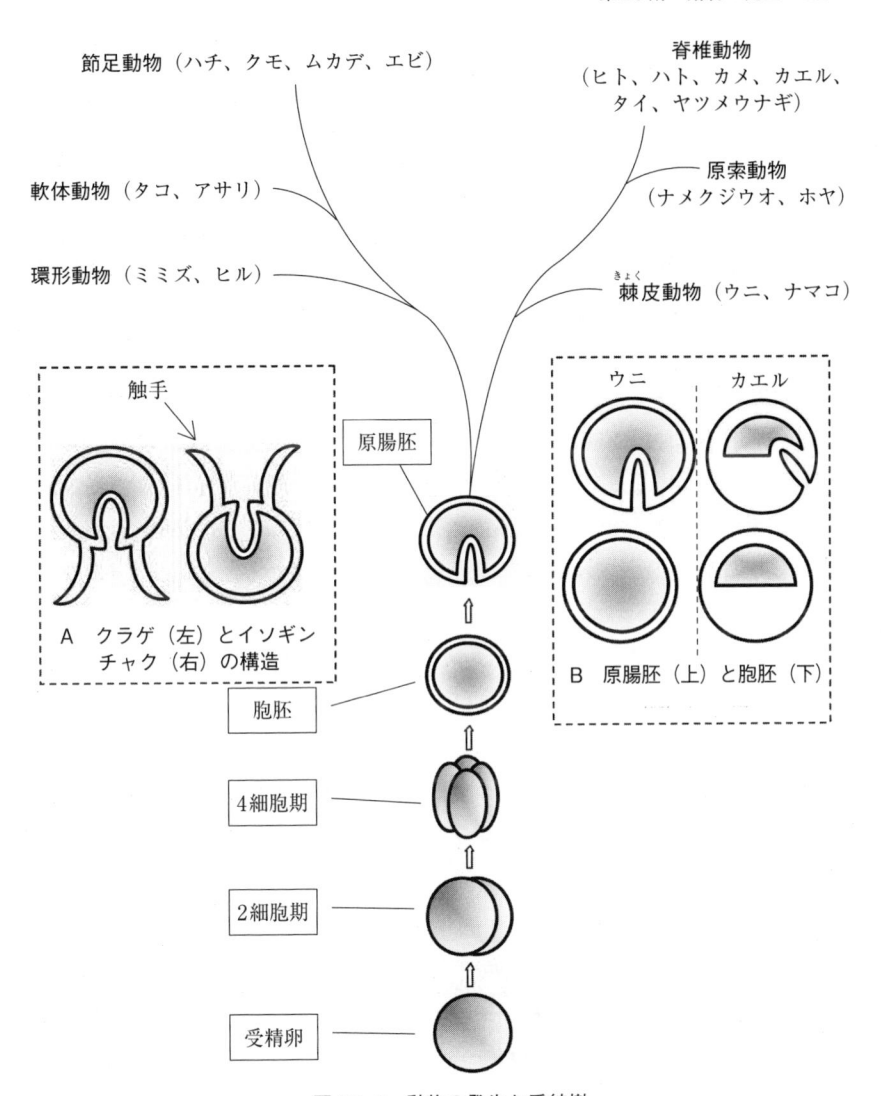

B　原腸胚（上）と胞胚（下）

胞胚

4細胞期

2細胞期

受精卵

図20-2　動物の発生と系統樹

回目はそれらと直交する面（赤道面に平行な面）で起きる（緯割）。細胞は卵割よって倍々に細胞数が増え、それぞれの細胞が分化して多細胞生物が誕生する。

　一般的な発生過程（図20-2）の中で、受精卵の段階で発生が止まったと考えられるのがアメーバなどの単細胞の生物である。また、中空の胞胚（blastula）

段階で止まったのが海綿動物である。さらに、陥入（invaginetion；植物極側の細胞が胚の内部に落ちこむ現象）の起きる初期の原腸胚（gastrula）で止まったのがクラゲやイソギンチャクなどの腔腸動物である。図20-2Aのように触手ができ、そのまま波間に漂ったのがクラゲであり、海底などに固着したのがイソギンチャクの仲間である。さらに、陥入が進むと3つの胚葉（外胚葉、中胚葉、内胚葉）の分化が見られ、中胚葉の誘導により外胚葉から神経管が分化し神経胚（neurula）へと進む。

2. 発生のしくみ

発生のしくみについては、ウニ、カエル、イモリ、クシクラゲなどの動物が実験に使われ、多くの知見を得ることができた。しかし、用いた材料や発生時期によって結果が異なり、発生のしくみの複雑さを際立たせることになった。発生には細胞の核と細胞質がともに重要な役割を果たしていると考えられる。

1）細胞質の働き

○ ヘルスタディウス（スウェーデン）の実験（1935年）

ガラス針でウニの未受精卵を赤道面で分割した場合（A）と動物極と植物極を通る面とで分割した場合（B）に生じた卵片をそれぞれ受精させたところ、（B）では小さいながら正常に発生するが、（A）では異常な発生が見られることを発見した（図20-3）。この実験では、核が2nとnの場合があるが、いずれも正常

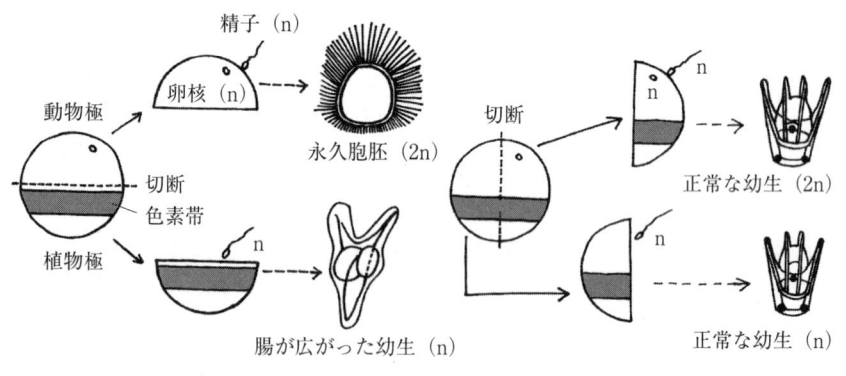

図20-3　ウニの未受精卵の分割実験

第20講 動物の発生

[図: ビコイド遺伝子（母親）→ビコイドmRNA→ビコイドタンパク質、ナノス遺伝子（母親）→ナノスmRNA→ナノスタンパク質、ギャップ遺伝子、ペアルール遺伝子、セグメントポラリティ遺伝子、ホメオティック遺伝子→生物体]

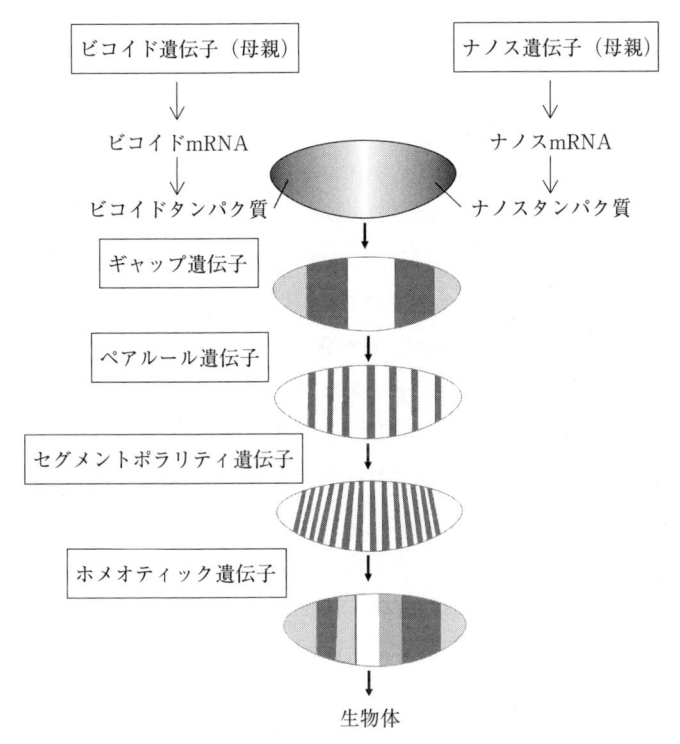

図20-4 遺伝子の連続的な発現

に発生したり、しなかったりするので、未受精卵の切断の違いが発生に影響を与えていることになる。この結果、卵の細胞質には動物極と植物極を結ぶ方向に何らかの物質の濃度勾配があり、赤道面で分割した場合はこの濃度勾配が維持できず異常な発生が起きたと考えられる。

※ 実験に使われたウニは卵の植物極側にエキノクローム色素の帯があるので、動物極と植物極の区別ができ、分割実験がしやすい。

○ショウジョウバエの卵の濃度勾配

卵黄の少ない等黄卵のヒト、ウニなどでは発生過程での融通はあると考えられるが、ニワトリやショウジョウバエのように卵黄の多い端黄卵をもつ動物では未受精卵の段階で体軸をはじめ多くのことが決定されている。

ショウジョウバエなどの昆虫の卵割は核だけが分裂し、細胞質分裂は初期に起きないので多核の細胞になる（ショウジョウバエでは約8,000個）。やがて核が

表面に移動すると細胞質分裂が開始される。このような卵割は表割（superficial cleavage）とよばれる。

ショウジョウバエの形態形成ではビコイド遺伝子（bicoid gene）、ナノス遺伝子のmRNAが母親から卵に送り込まれている。受精後、翻訳されて転写因子となるタンパク質がつくられ受精卵に濃度勾配をつくる。ビコイドタンパク質は前部ほど多く、ナノスタンパク質は後部ほど多い。ビコイドタンパク質をつくれない変異をもつ雌は頭部や胸部のない幼生を生むが、この雌の卵に野生型の卵の前方にある細胞質（ビコイドタンパク質を含む）を移植すると正常な幼生になる。また、野生型の卵の後方にビコイドタンパク質を含む細胞質を移植すると尾部にも頭部ができる。これらの実験からビコイドタンパク質が頭部形成に関与していることがわかる。ビコイドタンパク質はギャップ遺伝子の転写因子でありナノスタンパク質はその阻害因子である。これらの調節タンパク質のバランスで形態形成が開始され、ギャップ遺伝子、ペアルール遺伝子、セグメントポラリティ遺伝子と順に働き体軸の位置が決定される。その後、ホメオティック遺伝子（p.61）によって連続的な形態形成が完了する（図20-4）。

2）核の働き

○ シュペーマン（ドイツ）による受精卵をしばる実験

イモリの受精卵を新生児の毛髪でしばり、片側だけ卵割が続けて起きるようにした。16細胞期になったとき、1つの核が卵割をしていない側に移動したとき、卵を強くしばって完全に分離させた。核が移動した方も卵割が開始され、2匹の完全な幼生が生まれた。この結果、核がないと卵割が起きないこと、16細胞期の核でも受精卵と同じ遺伝情報をもつことが明らかになった（図20-5）。

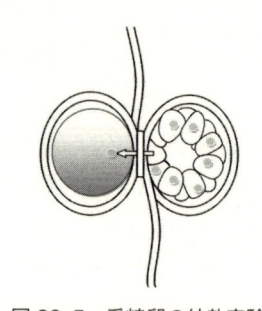

図20-5　受精卵の結紮実験

○ アフリカツメガエルの核移植実験

ガードン（イギリス）は未受精卵の核を紫外線で壊し、いろいろな発生段階の胚から核を取り出して、未受精卵に移植する実験を行った。その結果、発生の初期の胚からとった核の方が正常に発生する割合が高いことが分かった（図20-6）。また、泳いでいるオタマジャクシの小腸の細胞からとった核でも割合は低い

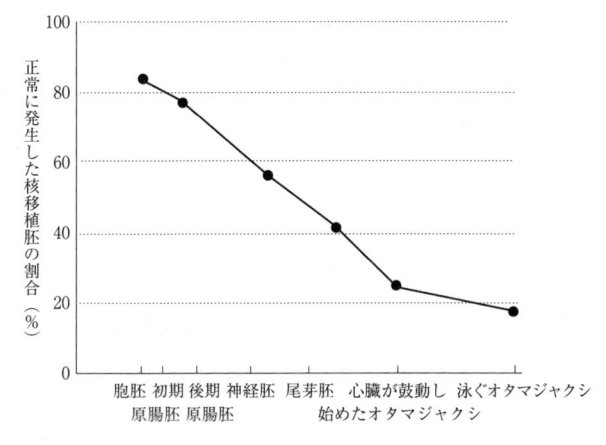

図 20-6　核移植実験

が正常に発生した。この結果から、図 20-5 の実験と同じように発生が進んだ細胞の核でも受精卵と同じ遺伝情報があること、発生が進んだ細胞では、核は細胞質からの影響により制限を受けていることなどが明らかになった。なお、移植した核が、紫外線で壊されずに残っていた核でないことを示すために、核小体の数が通常 2 個のものと、1 個の核小体しかもたないものを用いて区別した。

このガードンの実験について、問題点が指摘されている。1 つは、腸へは始原生殖細胞が移動することがあること、2 つは若いオタマジャクシの腸の細胞はまだ完全に分化していないことなどである。これについて、ガードンはケラチンという特徴的なタンパク質をつくるカエルの水かきの細胞を使い実験をしている。この結果は、オタマジャクシまでは発生したが、カエルまでは発生しなかった。

3. シュペーマンの実験

シュペーマンの原腸胚の交換移植実験は 1918 年という世界第 1 次世界大戦の頃に行われている。当然、胚の予定運命が分かっていないと実験できない。フォークト（ドイツ）による詳細な**原基分布図**[※]（p.195）は 1923 年の発表であり、シュペーマンはそれより早く実験していたことになる。

1) 原腸胚の交換移植

クシイモリの卵は白、スジイモリは褐色であり、これらの色の異なる2種類のイモリを用いて実験した。これは移植片がどのように分化していくかを区別するためである。初期原腸胚の表皮予定域と神経予定域を交換移植したところ、それぞれの移植片は移植された場所の運命に従っており発生運命はまだ決まっていないことが分かった。同じ交換移植実験を初期神経胚で行ったところ、場所の運命に従わず、もとの予定運命通りの結果になった。このことから、胚の予定運命は初期原腸胚から初期神経胚にかけて決定されると考えられる。

なぜ、このようになるのかは初期原腸胚、初期神経胚を切断するとよくわかる。図20-7のように、初期神経胚では神経予定域は**原口背唇**（dorsal lip）の組織で裏打ちされている。つまり、原口背唇は外胚葉を神経に誘導すると考えられる。

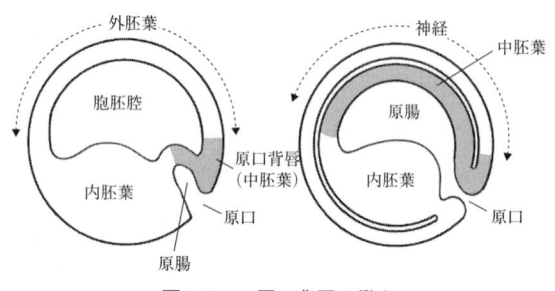

図 20-7　原口背唇の働き

2) 原口背唇の移植

色の異なる2種類のイモリの初期原腸胚を用いて、図20-8のように原口背唇部を切り取り、別のイモリの予定表皮域に移植した。すると、移植された胚（宿主の胚）は本来の神経板の他にもう1つ神経板が生じ、二次胚が出現した（1924年）。

二次胚の断面図をみると、脊索は移植片の色がついており、中胚葉の一部も同じ色になっている。神経管は宿主の色なので、原口背唇が外胚葉に働きかけて神経管に分化させたと考えられる。このような働きかけを**誘導**（induction）といい、誘導を起こしたものを**形成体**（オーガナイザー；organizer）とよんでいる。

第20講　動物の発生　195

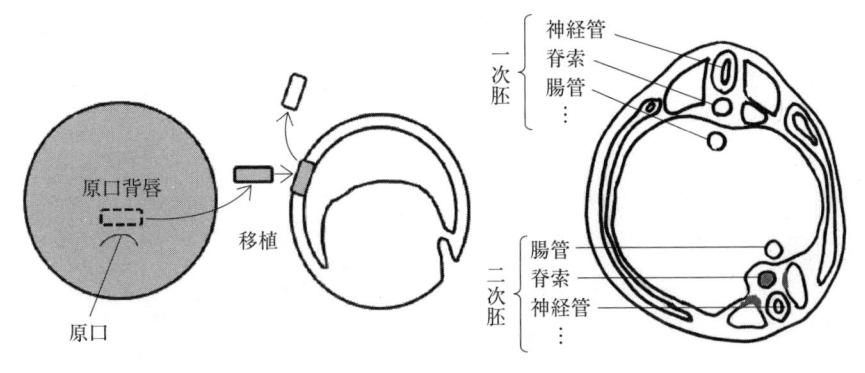

図20-8　原口背唇部の移植

※　フォークトの局所生体染色法（1923年）
生体にナイル青や中性赤などの無害な色素を使って胚を染め分ける局所生体染色法を用いて右図のような胞胚の原基分布図（fate map）を発表した。

各胚葉から分化する主な器官

外胚葉
（ectoderm）
- 表皮　表皮、毛、爪、汗腺、レンズ、角膜、内耳、口腔上皮、脳下垂体前葉
- 神経　脳、脊髄、自律神経、体性神経、網膜、視神経、脳下垂体後葉

中胚葉
（mesoderm）
- 脊索　退化・消失する
- 体節　真皮、脊椎骨、骨格筋
- 腎節　腎臓、輸尿管
- 側板　心臓、血管、血球、

内胚葉
（endoderm）
- 原腸　内臓筋、子宮
  肝臓、肺、えら、小腸、
  すい臓、消化管の上皮、
  ぼうこう

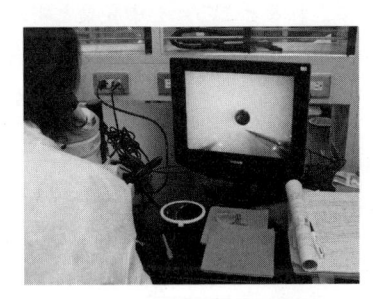

アフリカツメガエルの原口背唇の移植実験；特殊なピンセットを使い、顕微鏡下で操作する

4. ニワトリの前肢の形成

〔実験1〕

ニワトリの3日目胚には、体側に突出した翼（前肢）の原基がみられる。この原基の先端には外胚葉性頂堤（apical ectodermal ridge；AER）とよばれる隆起がある（図20-9）。このAERを除去するだけで翼の形成ができなくなる。また、発生時期を変えてAERを除去すると、翼の先端部ほど発達しなかった。つまり、発生の早い時期に除去すると、上腕部はできるが手・手首・前腕部のない翼が形成され、遅い時期に除去すると、上腕部・前腕部はできるが手・手首のない翼が形成される。

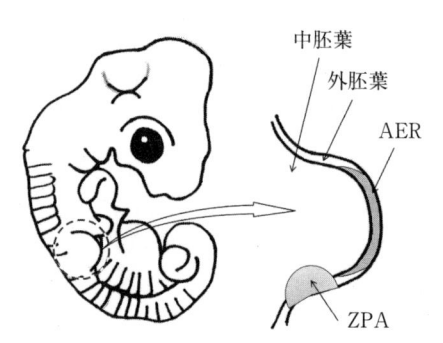

図20-9　AERとZPA

表20-1　先端外胚葉と中胚葉の組合せ

中胚葉＼先端外胚葉	正常型	多指型	無翼型
正常型	正常	正常	無翼
多指型	多指	多指	無翼

一方、ニワトリの翼の突然変異種として、無翼型と多指型が知られている。無翼型は翼が発達せず、多指型は正常型に比べて大きなAERが形成される。このAERが形成される前に、正常型、多指型および無翼型の先端外胚葉（AERが形成されるところ）を中胚葉と組み合わせて発生させると、翼は表20-1のような結果になった。この結果、AERを除去すると無翼になること、無翼型からとった先端外胚葉と他の型の中胚葉を組み合わせると、すべて無翼になることから、無翼型の先端外胚葉はAERになる能力を欠いていると考えられる。また、先端外胚葉が正常型であっても多指型であっても、正常になったり多指になったりする。ところが、中胚葉が正常型であれば正常になり、多指型であれば多指になることから、中胚葉の働きでAERが形成されるとわかる。

〔実験2〕

ニワトリの2日目から3日目の胚には、翼（前肢）の原基の後部に極性化域（zone of polarizing activity；ZPA）とよばれる部分があり、図20-10に示すように、ここから前方へ拡散する物質の濃度によって、第4指・第3指・第2指が分化する。つまり、濃度の高い方から第4指、第3指、第2指の順で手ができ

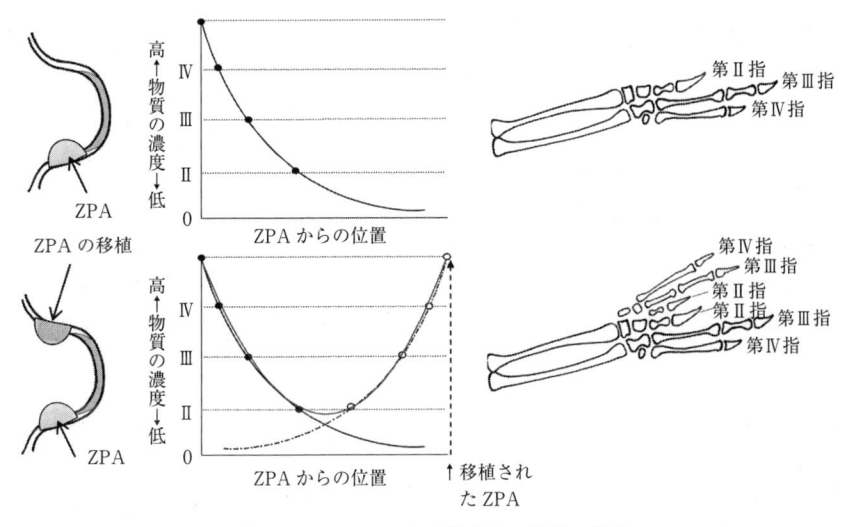

図20-10 ZPAから分泌される物質の濃度

る。いま、翼の原基の前部に別の胚からとったZPAを移植すると、対称的な位置に重複した指をもつ翼が生じた（図20-10）。

この結果、ZPAから分泌される物質濃度がどの指をつくるかを決定している。また、多指型は、翼の後部だけでなく前部にもZPAがある種類と考えられる。

5. アポトーシス

アポトーシス（apoptosis）はプログラムによる細胞死のことで、ギリシャ語のapo（離れる）とptosis（落ちる）を合わせた落葉の意味である。手足の指がつくられるとき、オタマジャクシがカエルになるとき尾が短くなるとき、免疫の司令官であるT細胞が胸腺で死んでいくのも、すべて遺伝子の指令で計画的に行われているアポトーシスである。

また、細胞死には損傷や栄養分・酸素の不足によってもおきる。このとき細胞は膨らんで破裂し、内容物が放出され炎症がみられる。これをネクローシス（necrosis）という。

> **コラム** 恐竜は鳥になったのか
>
> 　2011年2月、東北大学から恐竜の前足の指と鳥の翼の指は同じものであるという発表があった。恐竜の一部から鳥が誕生したという説は始祖鳥をはじめ多くの証拠があるが、恐竜の指は第1、2、3指の3本であるのに、鳥は第2、3、4指の3本であると言われてきた。この矛盾点を東北大が解き明かしたようだ。それは、鳥の前肢の第4指は発生初期はZPA域にあるが、指の番号が決まるころに指1つ分だけずれることが明らかにされた。その結果、実際には第2、3、4指ではなく第1、2、3指になるというのである。
>
> 　映画「ジュラシックパーク」は樹液に閉じ込められた恐竜の血を吸った蚊を使ったが、鳥が恐竜であるなら鳥の中に眠る恐竜のDNAを復元すれば羽毛恐竜を作り出せるかもしれない。

【確認テスト】

1　発生に関する次の文を読み、あとの問いに答えよ。

　イモリの初期原腸胚から①原口の背側の一部を切りとって、他の初期原腸胚の側面の胞胚腔に移植した。すると、この移植片はみずから②中胚葉性器官に分化するとともに、これに接する外胚葉に働きかけて（　ア　）をつくり、本来の一次胚のほかに二次胚ができた。つまり、移植片はその近くの未分化の組織を特定の器官へ分化させる働きがある。このような働きをもつものを（　イ　）といい、この働きを（　ウ　）という。

問1　文中の（　ア　）～（　ウ　）に当てはまる最も適当な語句を答えよ。
問2　下線部①の名称を答えよ。
問3　下線部②の中胚葉性器官とは何か。次の(1)～(5)の中から最も適当なものを1つ選べ。
　　(1) 脳　　(2) 心臓　　(3) 肝臓　　(4) 脊索　　(5) 胃

2　右図はイモリの初期原腸胚を色素で染め分けて、将来の胚の予定運命を調べたものである。

問1　上記のような実験方法を何というか。
問2　実験で用いた下線部の色素とは何か。2つ答えよ。
問3　下線部の色素が用いられるのは、どのような理由からか。15字程度で答えよ。
問4　図のb、d、eの予定運命は何か。
問5　脳、筋肉、腎臓の各器官は、図のa～fのどの部位から分化したか、記号で答えよ。

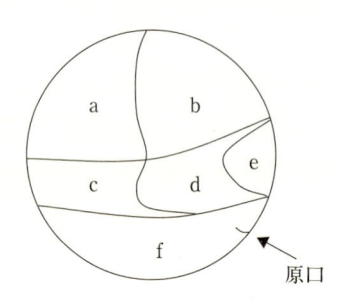

第21講

植物の発生

　花は植物の生殖器官であり、内部で受精と胚発生が行われ種子ができる。種子をまけば発芽し、ルート（root；根）、シュート（shoot；茎・葉など）の器官が分化していく。雌雄の区別がある動物と違って、植物はめしべ（雌ずい）とおしべ（雄ずい）が1つの花に同居している場合が多い。もっともイチョウやヤマモモなどでは動物と同じように1つの株に雌花だけ、雄花だけが咲くのでメスの木とオスの木の区別がある。私たちが食べる銀杏（イチョウの実）は当然メスの木にしかならない。現在、植物の中で最も進化している被子植物の重複受精や植物の器官の分化のしくみなどを探求しよう。

1．花の構造

　シダ植物やコケ植物には花は咲かない。裸子植物には花が見られるが、きれいな花を咲かせるのは被子植物である。被子植物の花の構造にはめしべ、おしべ、がく、花弁がある。がく・花弁はめしべ、おしべを守るそれぞれドレスやオーバーのようなものである。とくに虫によって花粉を運んでもらう虫媒花の花弁は虫の目を引くために鮮やかな色をもつようになる。中にはアジサイのように花弁より、がくが立派なものもある。

　植物はフリーセックスで、特定の相手が決まっているわけではない。風、虫、鳥などの仲人まかせである。植物も近親結婚は避けているが、動物と違って相手を探すことができないので、自分の花粉で受精する

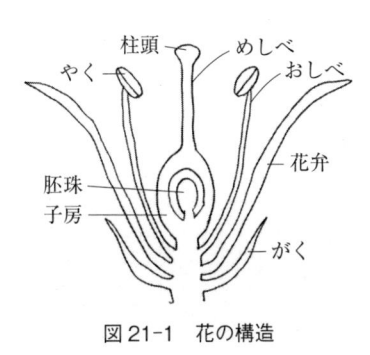

図21-1　花の構造

図21-2　葉から花への分化

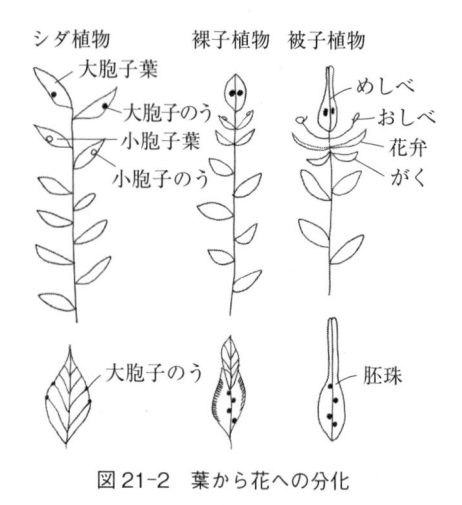

ことも行われる。種族を維持するためには子どもを残すことが先決である。なお、動物は老化に伴って生殖能力はなくなるが、植物の生殖能力は年とともに衰退することはない。

花は葉が変形してできたという。この花葉（floral leaf）という考えは、有名な詩人ゲーテ（ドイツ）が提唱したものである。シダ植物では葉の裏側にたくさんの胞子を入れた褐色の袋（胞子のう；sporangium）をつくる。この葉を胞子葉という。花を咲かせる被子植物では、胞子葉が先端に集まり、大胞子葉からはめしべが、小胞子葉からはおしべが誕生したと考えられる。大胞子葉だけが集まれば雌花、小胞子葉だけが集まれば雄花、両方ならめしべ、おしべをもつ花になる。さらに、花弁やがくも葉が変形して胞子のうを守っている。たとえば、エンドウのめしべは1枚の葉がくるっと巻いて胞子のう（被子植物では胚珠とよばれ内部に種子ができる）を包み込んででき、アオギリは5枚の葉が合わさってめしべをつくっている（図21-3）。また、ミカンの房を観察すると、白いすじが葉の葉脈のように見える。この房はめしべの子房がふくらんだものであり、内部の粒々はめしべをつ

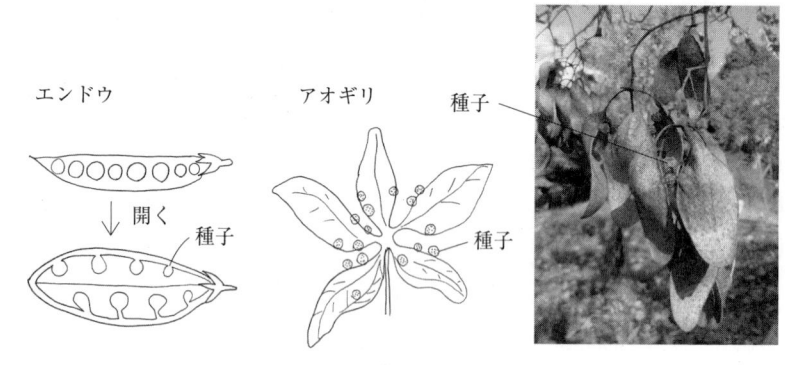

図21-3　エンドウとアオギリの大胞子葉（右の写真はアオギリ）

くっている葉の裏側の毛に果汁が貯まったものである。さらに、モモやウメの実は1本のすじがある。このすじはめしべが1枚の葉が巻いて生じた証拠でもある。

2. 重複受精

重複受精（double fertilization）は被子植物に特有で、同時に2つの受精がみられる。1つは、卵細胞（egg cell, n）と精細胞（sperm cell, n）の受精により受精卵（fertilized egg, 2n）ができる。もう1つは、中央細胞（2つの極核、n+n）と精細胞（n）の受精により胚乳（albumen, 3n）が形成される。

植物は無性生殖で増える世代（胞子体）と有性生殖で増える世代（配偶体）の2つの生活体がある。一般に高等植物になるにしたがって、胞子体が大きくなり、配偶体が胞子体に寄生するようになる。普段見ているコケ植物は配偶体、シダ植物や種子植物（被子植物、裸子植物）は胞子体である。シダ植物の配偶体は前葉体とよばれ1cm程度で肉眼でも見られる。種子植物の配偶体は胞子体内部にあり、花粉（雄性配偶体）や胚のう（雌性配偶体）が相当する。受精する配偶子は花粉管中の精細胞、胚のう中の卵細胞と中央細胞である。

おしべの先端にはやくとよばれる胞子のうがあり、花粉母細胞（2n）が減数分裂をして胞子にあたる花粉四分子（n）ができる。さらに花粉四分子は1回分裂して花粉管細胞（n）と雄原細胞（n）となり、成熟した花粉になる。花粉はめしべの先端の柱頭につくと、花粉管を伸ばしはじめ、雄原細胞がもう1回分裂して2個の精細胞（n）ができる。

めしべの下部にある胚珠（胞子のう）の中で胚のう母細胞（2n）が減数分裂をして、胞子にあたる胚のう細胞（n）ができる。胚のう細胞は3回続けて核分裂を行い8個の核ができる。そのうち1つの核が卵細胞（n）となり、2つの核（極核）が中央細胞、3つの核が反足細胞、2つの核が助細胞（n）となり胚のうができる。

重複受精が行われると、受精卵は分裂をくり返し、胚をつくる。胚乳核（3n、極核と精核の融合したもの）も分裂して多核となり、その後、胚乳をつくる細胞となる。胚は子葉、幼芽、胚軸、幼根が分化し、胚珠の外側の珠皮はかたい種皮となり種子ができる。胚珠を包む子房壁は成長して果実となる。種子は休眠後、適当な条件下で発芽して器官が形成され植物体となる。

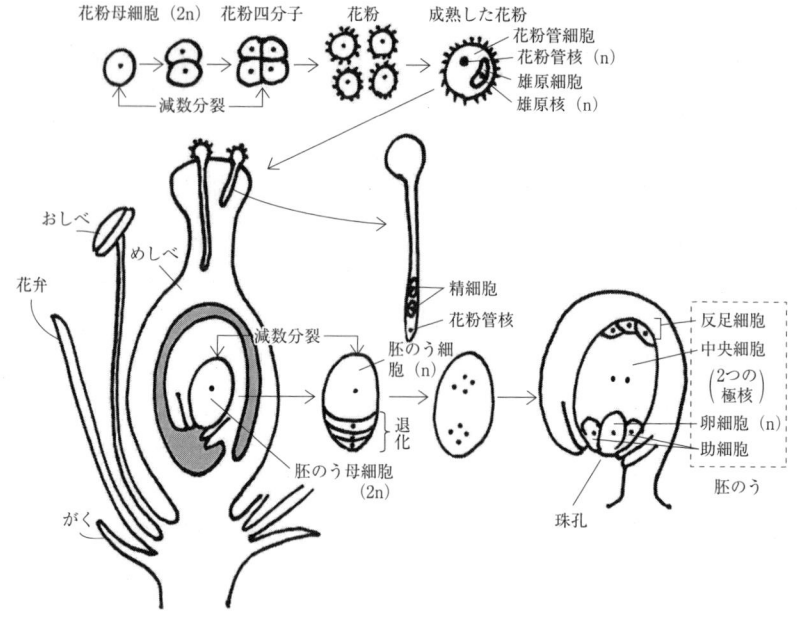

図21-4　被子植物の重複受精

3. 不思議な植物の器官

　生物はアメーバやクロレラなどの単細胞の生物からより複雑な多細胞の生物へと進化してきた。つまり、同じ形や働きをもつ**細胞**（cell）が集まり**組織**（tissue）をつくり、いろいろな組織が集まり**器官**（organ）ができ、さらに器官が集まって**個体**（individual）が形づくられる。

　動物の器官には、目、脳、心臓、肝臓、腎臓など多くの器官があるが、植物の器官は、ルート（根）とシュート（茎・葉）の2つとシュートが変化した生殖器官である花しかない。これはどうしてなのだろうか。

　植物は光合成によって太陽の光と水さえあれば、他にたよることなく生きることができる。葉の枚数が少々たりなくても、枝や根が短くてもそれほど大きな影響はない。茎を切って水に入れると根や葉ができ、融通がきく。ところが、動物は目が1つしかなかったり、心臓をつくる部屋が1つ少なかったりすると生活することが難しくなる。動物では心臓は1つ、肝臓も1つ、目や耳は2つというぐあいに、器官の数や形は厳密に決まっている。心臓がなくなったら肝臓が代わり

をすることはできない。動物は生きていくために瞬時に動くことができるように器官の形、働きをより厳密に決め、互いに密接に関連している。それに対して、植物は器官に融通性が備わっているため、葉や茎など器官の数は多いが、器官の種類は少ない。

1) サツマイモは根？　ジャガイモは茎？

イモというと土の中にあるので、根に養分が蓄えられたものと思われる。しかし、ジャガイモは地下茎である。では、どのようにして見分けるのだろうか。もし、イモが根であれば、小さな側根が出ていたり、先の方が細くなったりする。茎なら太さにほとんど差はないし、側根もない。だから、サツマイモは根であり、ジャガイモは茎ということになる。

図 21-5 上のようにサツマイモの側根に、つまようじを突き刺すと、側根が 5 列に並んでいるのがわかる。

ジャガイモには、ところどころにくぼみがあるが、ここから芽が出る。図 21-5 下のように、この芽に先端から墨で印をつけると、規則正しく並んでいることに気がつく。つまり、2 周する間に 5 つの芽がある。これは、ジャガイモの茎に葉がつくのと同じ間隔である。

2) 葉のつき方と数学

葉を見ただけで植物の種類がわかるほど、葉は植物の器官の中でも変化にとんでいる。葉は茎につくが、そのつき方は規則正しい。これは、上方からの光を効率よく受けるために葉が重ならないように少しずつズレを生じるからである。

図 21-6 は、カヤツリグサとバラの葉の付き方（葉序）を示している。カヤツリグサでは最も若い葉（第 1 葉）は、次に若い葉（第 2 葉）と 120°離れ、第 3 葉も第 2 葉から 120°離れている。このとき、葉のつき方（葉序）は 1/3（120°/360°）であるという。バラでは第 1 葉は、第 2 葉と 144°離

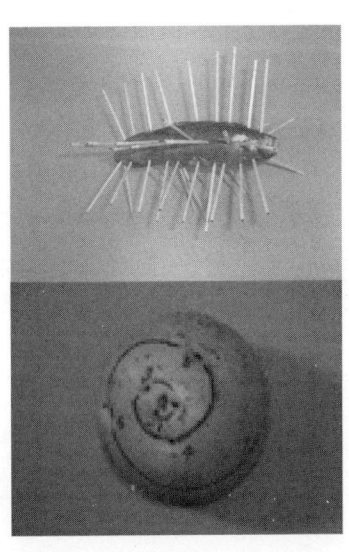

図 21-5　サツマイモとジャガイモ

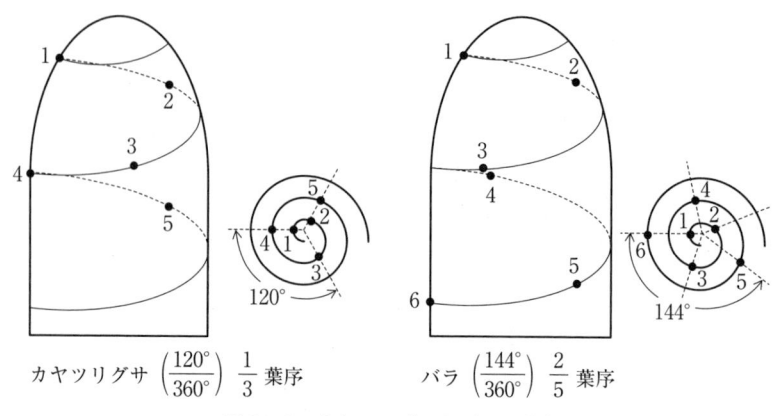

カヤツリグサ $\left(\dfrac{120°}{360°}\right)$ $\dfrac{1}{3}$ 葉序　　バラ $\left(\dfrac{144°}{360°}\right)$ $\dfrac{2}{5}$ 葉序

図21-6　カヤツリグサとバラの葉序

れ、第3葉と第4葉の間に位置する。葉の葉序は2/5（144°/360°）となる。

いろいろな植物の葉序を調べると表21-1のようになる。

表21-1

1/2葉序	1/3葉序	2/5葉序	3/8葉序	5/13葉序	8/21葉序
アヤメ、イネ	カヤツリグサ、スゲ	バラ、カシ、シイ	オオバコ、アサ	ウルシ、ヤナギ	センネンボク

この表の分子と分母を順に並べてみると

分子　1　1　2　3　5　8　…

分母　2　3　5　8　13　21　…

この数の並び（フィボナッチ数列）では 1+1=2、1+2=3 のように、前2つの数字の和が次の数字になっていることがわかる。このように考えると、分子の数列8の次の数字は13であり、分母の数列では34となり、次の葉序は13/34（オオハンゴンソウなど）になる。

また、1/3、1/4、2/7、3/11、5/18…のような葉序もある。

一般式は、1/n、1/n+1、2/2n+1、3/3n+2、5/5n+3、8/8n+5…と表され、n=2やn=3のときが、上記の例として示したものである。

3) サボテンのトゲとウツボカズラの捕虫葉

サボテンのトゲは葉が変形したものである。高校生のころ、ウチワサボテンの種を植えたことがある。発芽して出てきたのはまるまると太った双葉であり、サボテンの葉も最初からトゲになっているわけではない。しかし、双葉から出てきた茎にはサボテンのトゲ（葉）が出てくる。このトゲには動物からサボテンを守る役割や水分の蒸発を防ぐ目的がある。また、砂漠の砂嵐や強い太陽の熱から身を守るカーテンのようなはたらきももっている。

やせた土地に生育している食虫植物は、虫を捕まえ養分として取り込む。そのために葉が変形してできた捕虫葉は実に様々である。ねばねばした葉をもつ鳥もち型のモウセンゴケ、ムシトリスミレ、虫が入ると一瞬に葉が閉じるわな型のハエジゴク、水中のミジンコなどが入り口にふれると吸い込まれるスポイド型のタヌキモ、蜜で誘いふくろの中に落とし込む落とし穴型のウツボカズラやサラセニアなどがある。オオウツボカズラの捕虫葉の長さは30cmにもなるので、虫だけでなく小さなネズミやカエルが入っていたりすることもある。

図21-7　サボテンの芽生え（左上）ウツボカズラ（右上）、ハエジゴク（下）

コラム　奇想天外とよばれる植物とは？

ナミブ砂漠（アフリカ）の変わり者が奇想天外だ。学名はウェルウィッチア（*Welwitschia mirabilis* Hook.f.）。"*mirabilis*"とは「驚異の」という意味である。

短い茎から葉が何枚もあるように見えるが、風で裂けたのだ。実は生涯に2枚しか葉ができない裸子植物なのだ。写真のように葉の付け根から花茎を伸ばし花が咲く。

果実は松ぼっくりのような形である。砂漠に生きる植物なので、根は長いもので 20m におよぶ。寿命も長く 1000 年以上に達するものもあるという。まさに奇想天外な植物である。

奇想天外

4. シロイヌナズナの ABC モデル

1991 年、マイロヴィッツら（アメリカ）は、シロイヌナズナ（アラビドプシス；*Arabidopsis thaliana*）の花の形態形成について図 21-9 に示すようなモデルを提唱した。つまり、花は葉が変形して生じたものであり、A、B、C の 3 つの遺伝子の組み合わせにより、外側よりがく・花弁・おしべ・めしべの順に分化する。

花が形成されるとき花の原基を上から見ると、同心円状に①〜④の 4 つの領域が設定され、A は①と②の領域、B は②と③の領域、C は③と④の領域で発現する。

A だけが発現するとがく、A と B では花弁、B と C ではおしべ、C だけではめしべがそれぞれ形成される。なお、A と C は互いに拮抗しており、どちらかが失われると残った方が相手の領域をも支配すると考えられている。いろいろな変異株について ABC モデルは事実をうまく説明できる。

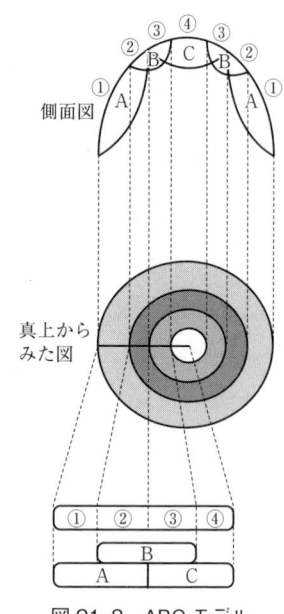

図 21-8　ABC モデル

第21講 植物の発生　207

■ 野生株（正常花）

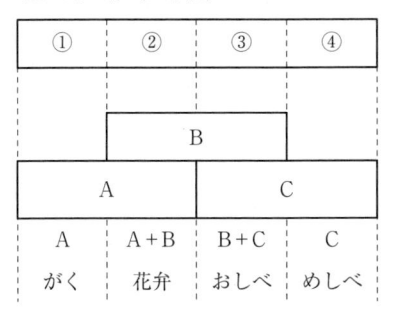

①	②	③	④
	B	B	
A	A	C	C
A	A+B	B+C	C
がく	花弁	おしべ	めしべ

■ Aの変異株

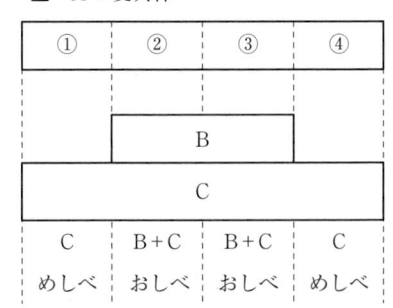

①	②	③	④
	B	B	
C	C	C	C
C	B+C	B+C	C
めしべ	おしべ	おしべ	めしべ

■ Bの変異株

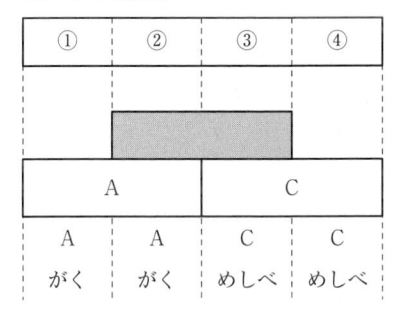

①	②	③	④
A	A	C	C
A	A	C	C
がく	がく	めしべ	めしべ

■ Cの変異株

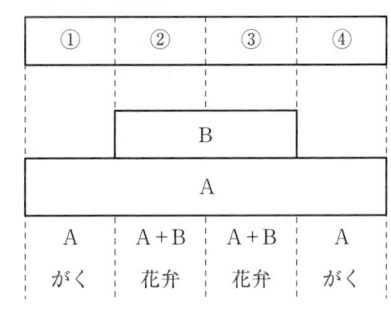

①	②	③	④
	B	B	
A	A	A	A
A	A+B	A+B	A
がく	花弁	花弁	がく

図21-9　ABCモデルの例

コラム　大根の根はどこ？

　ダイコン（大根）の食用部分がすべて根ではない。よく観察すると、横からも細い根が出ている。これを側根といい、下方の3分の2から出ている。側根の出ている部分が根で、上方の3分の1（青い部分）が茎である。ダイコンやニンジンの側根につまようじを刺してみると、写真のようになる。ダイコンは互いに180度離れて2列に並び、ニンジンは互いに90度離れていて4列になる。

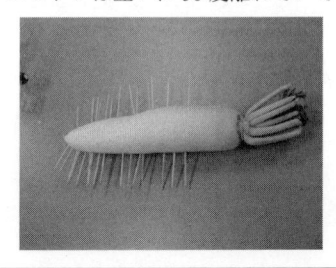

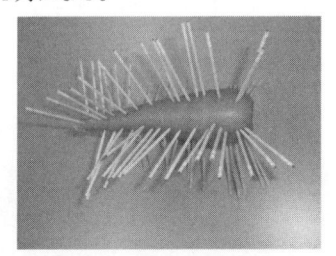

【確認テスト】
① 被子植物の受精について、次の問いに答えよ。
問1 下図の中で、減数分裂を行っているのはどこか。C→Dのように答えよ。

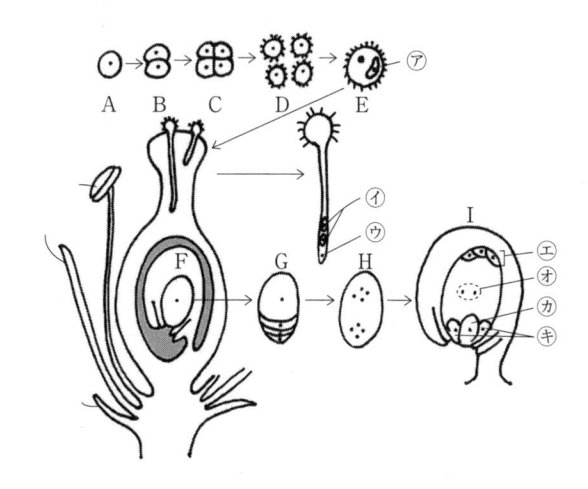

問2 D、F、⑦〜㋖の名称を答えよ。
問3 被子植物の受精は、胚ができる受精（Ⅰ）と胚乳ができる受精（Ⅱ）が同時におきる。（Ⅰ）、（Ⅱ）は、それぞれ図の⑦〜㋖の何が合体したものか。また、このような受精を何というか。
問3 ⑦、㋑、㋕の染色体数は、n、2n、3nのどれか。
問4 ABCモデルでは正常花は下図のようになるが、図のA遺伝子が突然変異した花はどのような花になるか。a〜eより選べ。

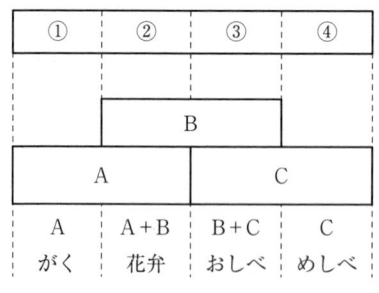

①	②	③	④
	B	B	
A	A		C	C
A	A+B	B+C	C
がく	花弁	おしべ	めしべ

正常花

a おしべのない花になる
b めしべのない花になる
c がくと花弁だけの花になる
d めしべとおしべだけの花になる
e 花はつかない

第22講

神　経

　杉田玄白が「神気」と「経脈」を合わせて『解体新書』の中で初めて神経という語を用いた。神経は脳に外界の様々な情報を伝え、脳はそれらを統合して神経を通して反応する。脳もまた中枢神経であり、神経の基本構造は図22-1のようなニューロン（神経細胞）である。

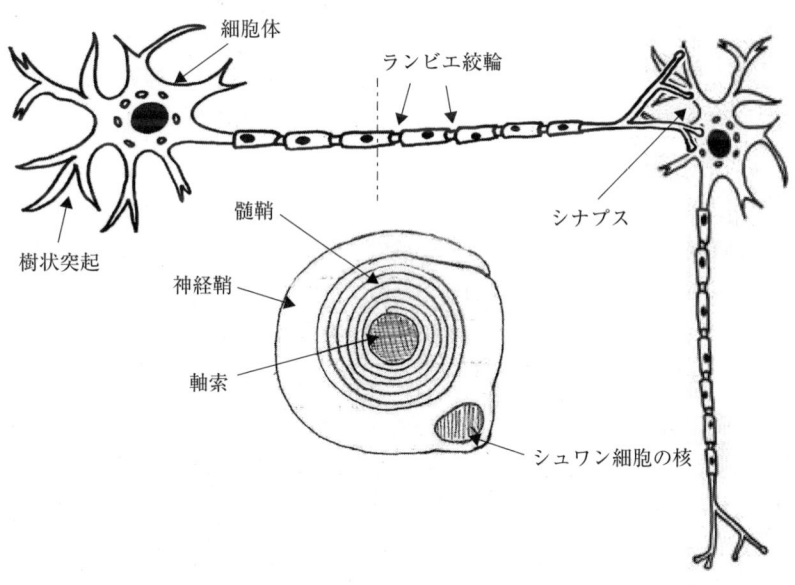

図22-1　ニューロン

1. ニューロン

ニューロン（neuron；神経細胞）は特殊な形をしている。細胞体から樹木の枝のように分かれた**樹状突起**（dendrite）と1本だけ長く伸びた**軸索**（axon）という構造をもつ。軸索は信号を送り出す線であり、樹状突起は信号を受け取る線である。

脊椎動物の軸索は、**神経鞘**（neurilemma）という薄い膜状のシュワン細胞で包まれている。シュワン細胞とシュワン細胞の間には隙間がありランビエ絞輪とよばれる。軸索は、シュワン細胞内の**髄鞘**（marrow sheath）という絶縁体でバウムクーヘンのように包まれ（図22-1）、**有髄神経繊維**（神経線維；医学では線維を用いる）とよばれる。交感神経、介在神経、無脊椎動物などの軸索は、髄鞘で包まれていないので**無髄神経繊維**という。有髄神経の興奮伝導の速さは100m／秒程度、無髄神経では数m／秒程度である。

軸索の末端が次のニューロンと接している部位は**シナプス**（synapse）とよばれ、1つのニューロンに1万から10万のシナプスがあるため、シナプスには同時に多くの信号が送られる。信号には興奮を促進する信号と抑制する信号があり、抑制信号が多ければ次のニューロンに信号は送られない。シナプスの軸索末端部にはシナプス小胞とよばれる小さな袋があり、興奮が軸索末端に伝えられると袋が破れて、**神経伝達物質**（アセチルコリン、ノルアドレナリン、グルタミン酸、GABA（γアミノ酪酸）など）が放出され、次のニューロンの細胞膜を興奮させる（p.215）。信号はニューロンでは電気的に伝わり、**伝導**（conduction）とよばれ、シナプスでは化学的に伝わり、**伝達**（transmission）とよばれる。

2. 興奮の伝導

細胞膜にある**ナトリウムポンプ**（sodium pump）はナトリウム－カリウムATPアーゼという酵素のことで、2種類のタンパク質からなるサブユニット構造になっている。このポンプは1分子のATPを分解して、ナトリウムイオン（Na^+）3個を細胞外へ放出し、カリウムイオン（K^+）2個を細胞内に取り入れている。そのため、細胞の外側にはNa^+が多く、内側にはK^+が多くなる。このように濃度差に逆らってエネルギー（ATP）を使って物質の輸送を行うことを**能動輸送**（active transport）という。

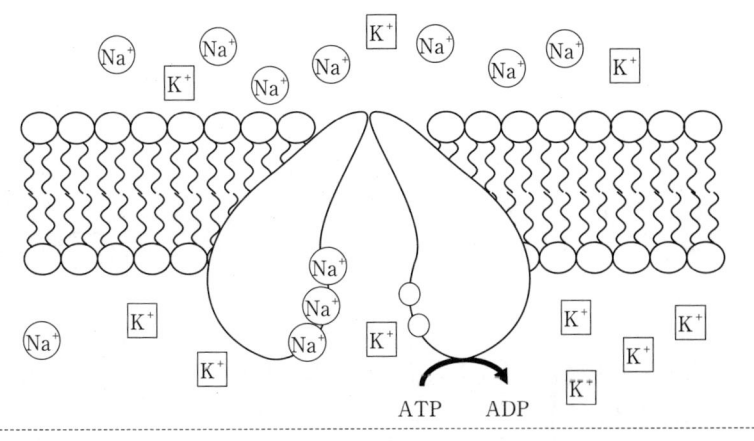

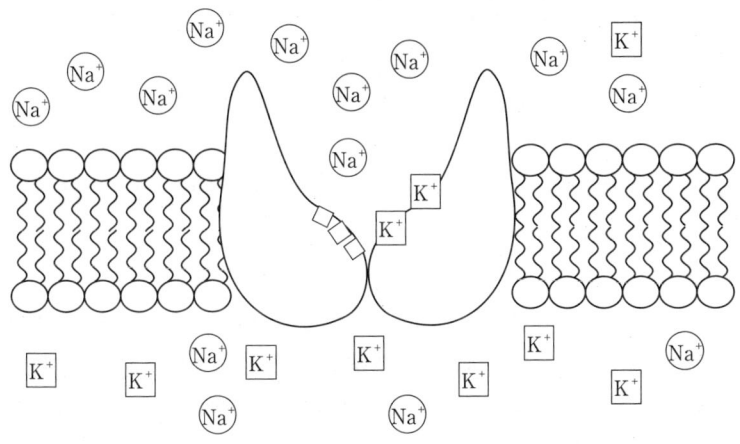

図22-2　細胞膜のナトリウムポンプ

1) 伝導のしくみ

　細胞膜はK⁺を比較的よく通すが、Na⁺は通しにくい性質がある。普段は細胞膜にあるカリウムチャネル（K⁺を通す通路）は開いているが、ナトリウムチャネル（Na⁺を通す通路）は閉じているためである（図22-3）。つまり、静止時ではナトリウムポンプによって生じた濃度差によってK⁺が細胞外へ出た分だけ、電気的に内側が負（−）、外側が正（＋）になる（分極という）。そのため、細胞表面を基準にして細胞内外を電極でつなぐと、−60〜90mV（ミリボルト）の電位差がみられる。この電位差が**静止電位**（resting potential）であり、細胞は

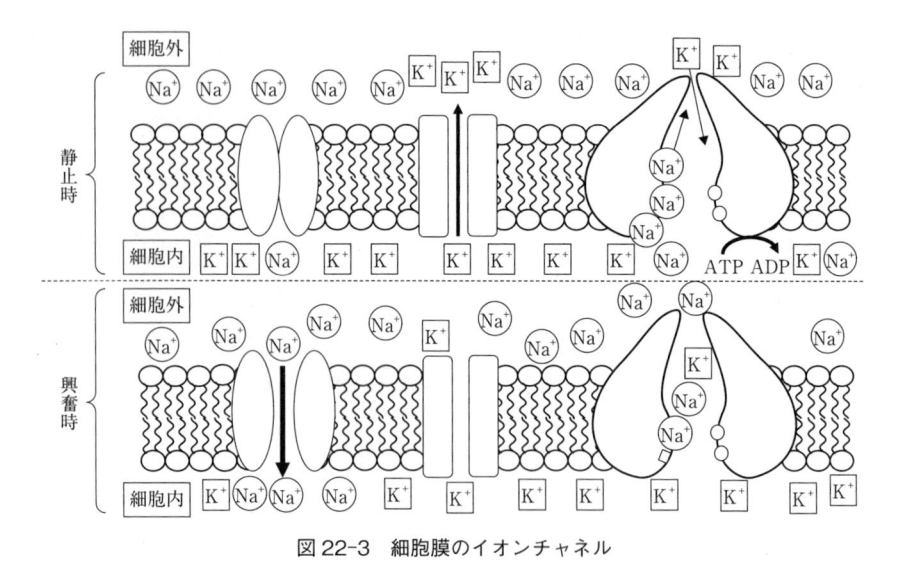

図 22-3 細胞膜のイオンチャネル

小さな乾電池と同じである。このときの K^+ が細胞外に出る量は、濃度差によって出る量と細胞外が＋であるので電気的に反発して出ない量とのつり合いで決まる。

　細胞膜を刺激すると、その部位の Na^+ に対する透過性が上昇し、Na^+ が細胞内に急激に流入するため、膜の内外の電位が逆転する。この電気的な逆転現象は約 1/1000 秒後に元に戻るが、このときの電位変化を**活動電位**（action potential）という。また、活動電位が発生することを**興奮**（excitation）とよぶ（図 22-4）。興奮部と隣接部には電位差が生じるので**活動電流**（action current）が流れる。これが刺激となり隣接部が興奮し、ドミノ倒し（将棋倒し）のように次々と伝わっていく。この方式は金属中を電気が流れる速さよりかなり遅いが、着実に伝えることができる。

　図 22-5 で、刺激が軸索の白い矢印に入ると、細胞膜の内外の電位が逆転する（2. 興奮時）。刺激によって Na^+ チャネルが開き、細胞外の Na^+ が大量に流入し、K^+ の流出を上まわるためである。図 22-4 に示す膜電位のグラフでは＋30mv 程度になっている（脱分極）。

　Na^+ チャネルは約 1/1000 秒後に閉じるため、流入した Na^+ と同じ K^+ が流出

第22講　神　経　213

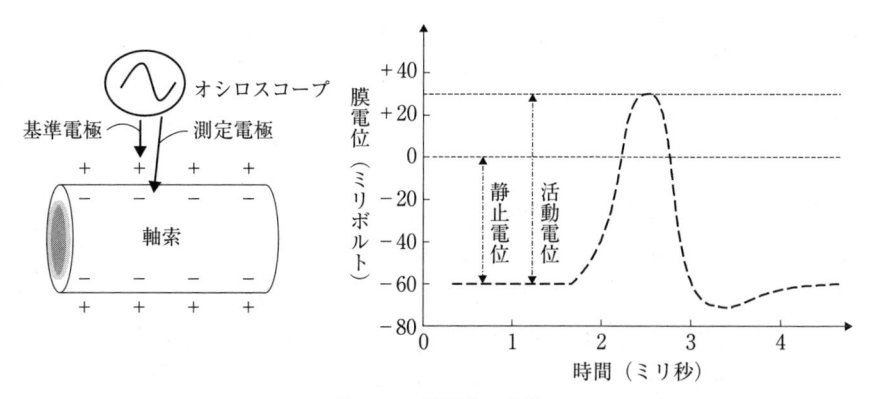

図22-4　膜電位の変化

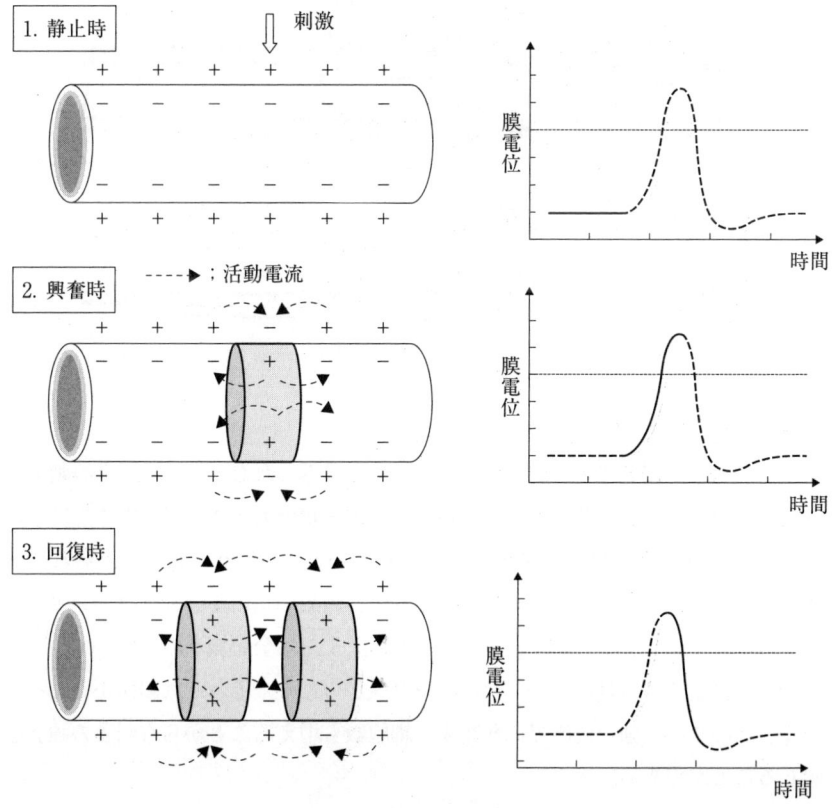

図22-5　興奮伝導のしくみ

して静止状態にもどる（3.回復時）。このとき、Na$^+$チャネルは不応期となり刺激がきても興奮しないので、刺激が逆戻りしたり、一度入った刺激が永遠に続いたりすることはない。

2）跳躍伝導

有髄神経では、軸索が髄鞘で絶縁されているために、分極はシュワン細胞間の隙間（ランビエ絞輪）だけにみられる。そのため活動電流はランビエ絞輪間を跳躍して流れるので、興奮の伝導速度は速くなる。これを跳躍伝導という。ちょうど、急行列車が駅を飛ばしながら進むような有髄神経に対して無髄神経は各駅停車の列車のような状態である。

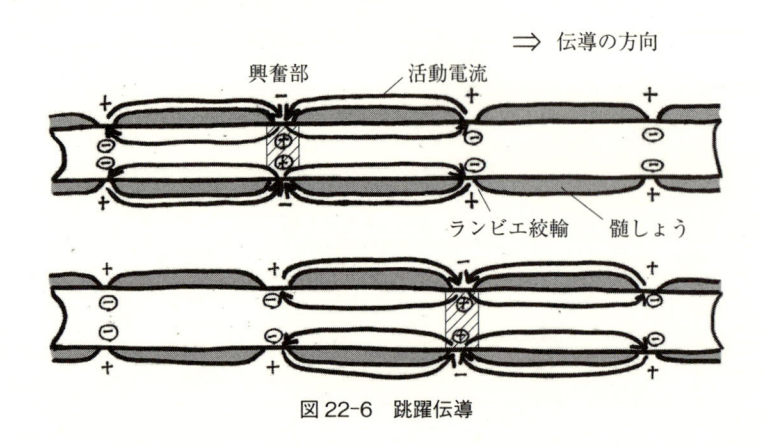

図 22-6　跳躍伝導

3）全か無かの法則

ニューロンに閾値以下の刺激を与えても興奮はみられない。それ以上の刺激を与えると興奮するが、刺激の強さにかかわらず興奮の大きさ（活動電位）は一定である。これを全か無かの法則（all-or-none law）という。しかし、触れられる感覚と殴られる感覚とは全く違う。これは、刺激の強弱を活動電位の発生する頻度の多少で感じることができるからである。また、全か無かの法則は1つの細胞であてはまるが、神経は多くのニューロンからなり、それぞれ閾値が異なっている。そのため、強い刺激では興奮する細胞数も増えることからも刺激の強弱を感じることができる。

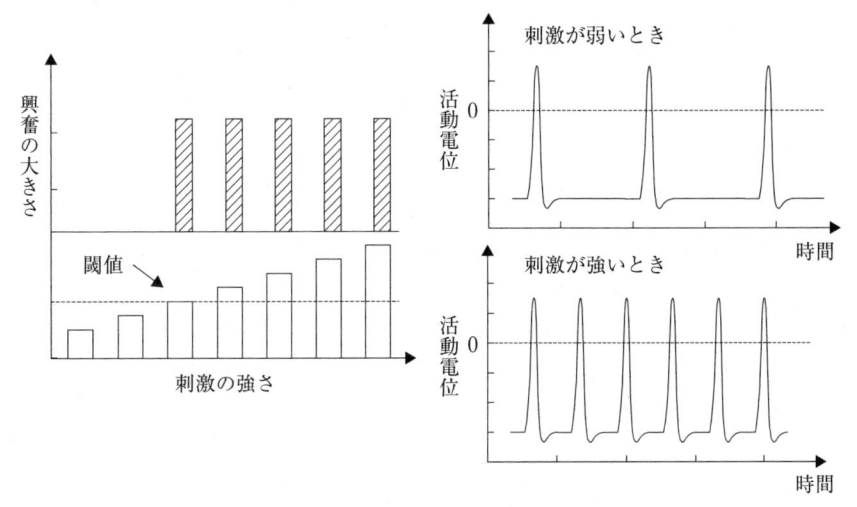

図22-7　全か無かの法則

3. 興奮の伝達のしくみ

　ニューロンとニューロンや筋肉などの効果器の連結部はシナプスとよばれ、50nm（ナノメートル）ほどの隙間（シナプス間隙）があり、電気的に伝えることができない。そこで、**神経伝達物質**（neurotransmitter）によって興奮を伝達している。興奮がシナプス前細胞の軸索の末端（**神経終末**；nerve ending）に到達すると、Ca^{2+}チャネルが開きCa^{2+}の流入によってシナプス小胞（synaptic vesicle）から神経伝達物質が出される。この神経伝達物質がシナプス後細胞の細胞膜にある受容体に結合すると、受容体がNa^+チャネルとして働き、Na^+が流入して活動電位が発生してニューロン内を興奮が伝導する。

　軸索の途中を刺激すると興奮は両方向に伝わるが、シナプスでは神経終末のみに神経伝達物質があり、シナプス後細胞だけに受容体があるので、興奮は神経終

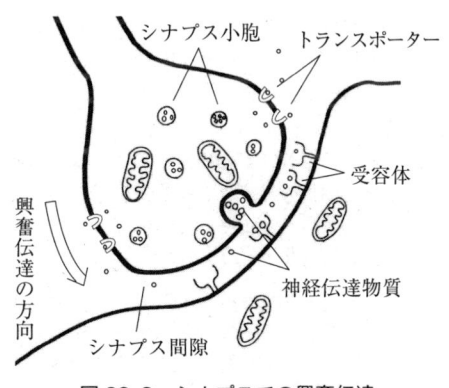

図22-8　シナプスでの興奮伝達

末からシナプス後細胞の方向にしか伝わらない。

放出された神経伝達物質には、3つの運命がある。①トランスポーターで神経終末に再吸収される。②グリア細胞に取り込まれて代謝される。③シナプス間隙で酵素によって分解される。

地下鉄サリン事件で使われたサリンは、使用済みの神経伝達物質のアセチルコリンを分解する酵素（アセチルコリンエステラーゼ）の働きを抑制することによって伝達を阻害し死に至らしめる猛毒のガスである。

ニューロンでは電気的な信号であるのに、シナプスではなぜ化学的信号に変換するのか。これは、1万以上あるシナプスでは促進タイプと抑制タイプがあり、化学物質に変換することで物質どうしの化学反応によって興奮の増幅や消去ができるからである。なお、興奮性シナプスではグルタミン酸やアスパラギン酸などが放出され、抑制性シナプスではγ-アミノ酪酸（ギャバ；GABA）やグリシンなどが放出される。

コラム　バレンタインデーとチョコレートの関係

神経伝達物質は、アセチルコリン、モノアミン系、アミノ酸系、ペプチド系の4つに大別される。最初に発見された神経伝達物質はアセチルコリンであり、次のような実験がきっかけであった。2つの心臓を血管でつなぎ、片方の心臓につながった副交感神経（迷走神経）を刺激すると心臓の拍動が抑制され、血管でつないだ他方の心臓の拍動も抑制されることから神経末端から放出される物質があることが明らかになった。この物質がアセチルコリンであった。

モノアミン系にはドーパミン、セロトニン、アドレナリン、ノルアドレナリンがあり、アミノ酸系にはグルタミン酸、GABA、グリシン、アスパラギン酸がある。ペプチド系には、エンケファリン、ソマトスタチンなどがあるが、未解明のものが多い。

チョコレートの中に恋愛中のドキドキ感を伝える神経伝達物質が見つかっている。フェニルエチルアミン（PEA）と言う物質で"love molecule"（恋愛物質）ともよばれる。この物質は脳内麻薬とよばれるエンドルフィンの分泌を促すため、快感をもたらす。恋愛初めのドキドキ感があると分泌されるが、長く付き合って慣れてくると減少する。また、PEAはノルアドレナリンやドーパミンが関与する神経を刺激するので、高揚感も得られる。ただし、とりすぎると脳の一部が壊され正しく判断できなくなり、恋は盲目の状態となる。バレンタインデーにチョコレートを贈る習慣があるが、冷めた恋を年に一度は復活させる願いがあるのだろうか。なお、PEAはチーズの中にチョコレートの10倍の量が含まれているようだ。チョコレートの代わりにチーズを贈る方が効果的かもしれない。

【確認テスト】

1　刺激と反応についての次の設問に答えよ。

問1　ニューロンとニューロンの接続部位を何とよんでいるか。
問2　有髄神経の伝導のしかたを何というか。
問3　運動神経の末端から分泌される神経伝達物質は何というか
問4　ニューロンの特徴はどれか。次の (1)〜(5) の中から最も適当なものを1つ選べ。
　(1) 細胞はまばらに存在し、細胞間物質を分泌する。
　(2) 規則正しく層状に配列し、横にしっかりつながっている。
　(3) 数cmにも及ぶ細長い細胞で、1個の細胞に多数の核をもつ。
　(4) 多数の細胞が互いにつながったネットワークを形成する。
　(5) 食作用が活発で、病原菌や異物などを取り込んで処理する。

2　次のニューロンに関する文を読み、下の1〜3の問いに答えなさい。
　ニューロンは核のある細胞体と、そこから伸びる多数の突起からなり、1本の長く伸びた突起を（ ア ）、多数の枝分かれした短い突起を（ イ ）という。（ ア ）の多くは薄い膜状のシュワン細胞でできた神経鞘で包まれており、（ ア ）と神経鞘をあわせて（ ウ ）という。また、シュワン細胞の細胞膜は何重にも巻いて、特殊な構造を形成している。この構造は（ エ ）とよばれ、この構造をもつ（ ウ ）を（ オ ）という。

問1　（ア）〜（オ）に当てはまる最も適当な語句を答えなさい。
問2　刺激を受けるとニューロンでは細胞膜の内外で電気的な変化が起こる。このことに関して、次の文の (a)〜(h) に当てはまる語句や数字を答えなさい。
　　刺激を受けてないニューロンの静止部位では、細胞膜の外側は（ a ）に、内側は（ b ）に帯電しており、膜の内外で電位差が生じている。これを（ c ）電位といい、多くの場合この電位差の値は約（ d ）mVである。
　　ニューロンが刺激を受けると、刺激を受けた部分では細胞膜内外の電位が瞬間的に（ e ）し、内側が（ f ）に、外側が（ g ）になって、短時間で元の状態に戻る。この一連の電位変化を（ h ）電位という。
問3　ニューロンは狭いすきまを隔てて次のニューロンや効果器と連絡している。この部分の名称を答えなさい。また、ここでの神経情報の伝達の方法について次のキーワードをすべて用いて100字程度で説明しなさい。【キーワード】 興奮、神経伝達物質、一方向

第23講

脳と心

　脳はもともと怠け者である。脳は心臓と違って、24時間休みなく働くわけではない。脳を働かせるためには、光が必要なので、朝しっかりと起き、布団をあげ、歯を磨き、挨拶をするなど、手、足、口をよく動かすことである。また、脳は試験を受けるときのように、時間の制約を受ける方がよく働き、長時間、脳を働かせることは効果的ではなく、60分なり90分なり時間の制約をする方がよいといわれている。人間は最も発達した脳をもつために、うつ病をはじめ心の病を抱え込んでしまうことがある。

　著名な生物学者、A・セント・ジェルジ（ハンガリー）は脳について、次のように述べている。

> 　生存競争の中で、ある動物は牙を、また他の動物は爪や角を発達させました。人は脳を発達させたが、このぶよぶよした一見、無定形のゼリー状の脳というものが、動物界における人の最高位を保障したのは奇妙ながら事実です。
> 　自然の立場からみれば、脳は私たちに有利なこと、それも直接身近な有利なことに役立つためであって、真理の探究のために自然がつくったものではありません。私たちの脳は私たちが真理を見いだすのを助けないばかりではなく、むしろ真理を隠して、私たちの本能的な欲望や行動を正当化するのを助けます。しかし、命よりも真理を尊しとするような異常な脳の持ち主がいます。彼らは偉大な科学者やモラリストなのです。

1. 脳の進化

　私たちを人間として行動させているのは脳（brain）である。その脳は赤ん坊・大人、異なる人種でもその働きの原則は同じである。どのようにして脳が進化してきたのかを調べれば、私たちの脳の本質が明らかになる。

脳は赤ん坊で約400g、体重の13%にあたる。成人では約1,400g、体重の2.2%にあたる。20歳から50歳まではほとんど変わらないが、以後少しずつ減少していく。ヒトの大脳皮質の細胞数は、およそ140億（神経細胞数は1,000億）、チンパンジーでは80億、アカゲザルは50億といわれる。一般的には脳細胞は赤ん坊のときに成人と同じ数ができ、その後は増えない。重くなるのは数が増えるのではなく、ネットワークが進み、樹状突起や軸索が伸びたり、細胞が大きくなったりすることによる。また、脳細胞を養うためのグリア細胞（gria cell）などの数が増えるためである。

食べるための器官である口、餌を探すための器官の目・鼻・耳が体の前方にあるのは当然としても脳が前になければならない理由があるのだろうか。神経細胞には数多くの情報が入力される。それらを統合し、過去の記憶と照合して取捨選択をするには、できるだけ情報源の近くに神経細胞間の密な連絡場所があった方が便利である。その場所が脳に進化したと考えられる。

1）脊椎動物は中央集権的な神経系

無脊椎動物は神経節という神経細胞の集まりがあり、これらの神経節の中で頭部にある神経節はよく発達して脳になる。脊椎動物との大きな違いは各神経節が独立しており、言わば地方分権的な神経系である。頭を切断した状態でも、カイコガはお尻だけで卵を産み続けることができ、カマキリはカマを振りあげて威嚇できる。

脊椎動物の神経系は、発生上では外胚葉からできるちくわ（竹輪）のような神経管（neural tube）に由来する。先端の膨れた部分が脳（brain）になり、膨れなかった部分が脊髄（spinal cord）になる。神経管の中の空所は、脳管では脳室に、脊髄管では中心管になり中身は脳脊髄液で満たされている。

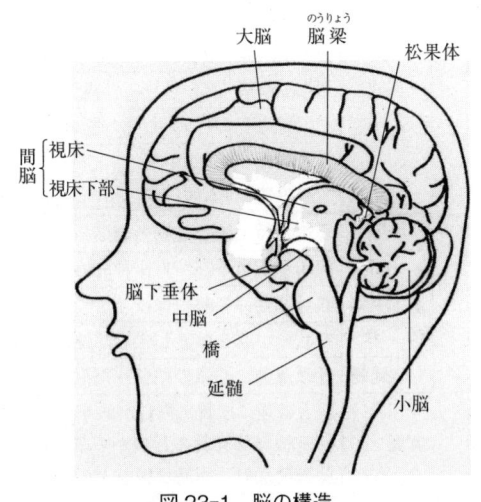

図23-1 脳の構造

脳（神経管由来）から前脳胞、中脳胞、菱脳胞の3つのくびれが入り、前脳胞の両端が膨れて大脳半球（cerebral hemisphere）となり、間脳（inter brain）も生じる。間脳からは腹側に脳下垂体（pituitary body）の後葉、背側に松果体（corpus pineale）ができる。

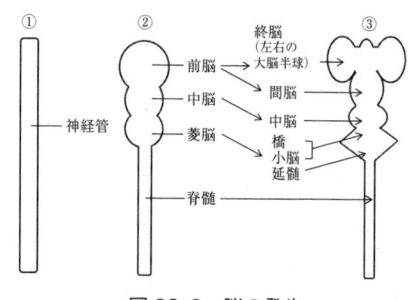

図23-2 脳の発生

中脳胞はあまり変化せず中脳（mid-brain）となり、菱脳胞からは後脳と延髄（medulla oblongata）ができ、後脳から橋と小脳（cerebellum）ができる。間脳、中脳、橋、延髄を合わせて脳幹（brain stem）という。脳幹は生命維持の中枢であり、脳幹の活動停止は脳死につながる。

2）ヒトの脳

動物が高等になるにつれて、脳は中央集権的になり統合力が増してくる。そのため脳がなくなると何もできなくなる。ヒトも脳管から大脳などの脳ができる

表23-1 ヒトの中枢神経系

脳	大脳	新皮質	前頭葉	大脳を真ん中で大きく2つに分けている溝（中心溝）の前方、おでこの下の部位、創造・思考などの精神活動の場
			頭頂葉	中心溝の後方、空間認識、知覚、理解、認識
			後頭葉	脳の真後ろ、視覚中枢
			側頭葉	耳のあたり、脳の側部。聴覚中枢
		古皮質	嗅覚中枢	大脳辺縁系
		原皮質	本能行動、情動・欲求	（扁桃体、海馬など）
	小脳		平衡保持、随意運動の調節、体で覚えるとは小脳の記憶プログラムである	
	脳幹	間脳	視床と視床下部、自律神経の最高位の中枢（体温、血糖量などの調節）	
		中脳	眼球運動、姿勢の保持	
		橋	左右の小脳を橋渡しする部位、運動の調節	
		延髄	呼吸運動、心臓の拍動、だ液分泌の中枢 せき、くしゃみなどの反射の中枢	
脊髄			脳とは逆に皮質に白質があり、髄質に灰白質がある。神経の情報伝達の通路、感覚神経は脊髄の背根から脳に連絡、運動神経は腹根から出て筋肉に連絡、膝蓋腱反射、屈筋反射などの中枢	

が、管状のままで発達すれば、七福神の福禄寿や西洋レストランのコックさんの帽子のような円柱形の頭になってしまう。私たちの脳が丸くコンパクトに頭蓋骨に収まっているのは間脳の部位で折れ曲がっているためである。

図23-3左のように、大脳を輪切りにすると、表面に灰白色の**大脳皮質**（cerebral cortex, 灰白質；grey matter）と白色をした**大脳髄質**（cerebral-medulla, 白質；white matter）に分かれている。灰白質は生きているときは血液のせいで肌色をしている。灰白質は神経細胞体の集まり、白質は神経繊維が集まっている。

大脳皮質は**新皮質**（neocotex, ヒト型脳）と**原皮質**（哺乳類型脳）、**古皮質**（爬虫類型脳）からなり、新皮質は人間的な理性・精神の座であり、原皮質は本能行動や情動・欲求などをつかさどる。古皮質は発生学上では一番古い脳、嗅脳のことである。**大脳辺縁系**（limbic system）は原皮質と古皮質を含み、海馬、扁桃体、帯状回などからなる。大脳辺縁系は私たちの「動物的な勘」とか「本能的」などという理性以前の行動をつかさどる。**大脳基底核**（核とは白質内にある神経細胞の集団のこと）は大脳の深部にあり、尾状核、レンズ核を含み、歩くなどの随意運動をスムーズに行う調節をつかさどる。また、学習や記憶にも関係している。

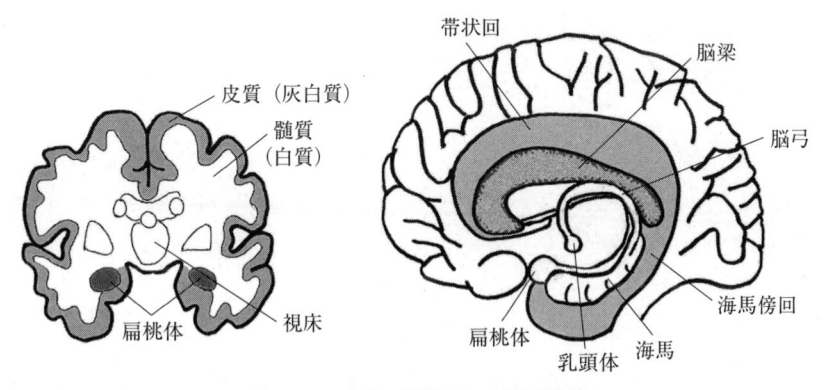

図23-3　大脳の横断面と大脳辺縁系

2. 脳と心

心が心臓にあるといったのはアリストテレスである。確かに感情が高ぶるとドキドキと鼓動が高まるが、現在は心が脳の活動であることは明らかになっている。「見る」「聞く」などの五感が脳のどの領域で知覚されているかについてはPET、MRIなどの最新の機器によってかなりわかってきた。しかし、脳と心の関係は現在の難問の1つである。

『広辞苑』によると、「心」とは人間の精神作用のもとになるもの、知識・感情・意志の総体、思慮、おもわく、気持ち、心持ちなどと記されている。心は人間が最も発達しているので、一般に心が宿る場は、大脳新皮質と考えられる。しかし、喜怒哀楽の感情は大脳辺縁系が関与しているので、大脳全体で心を司っているといえる。

1) 扁桃体

扁桃体はアーモンドの形をした15mmほどの丸い器官で、大脳辺縁系の1つである。ネコの扁桃体を電気刺激すると激しい怒りの状況がみられ、扁桃体が感情を司っていることが知られている。喜怒哀楽の感情を制御しているのは扁桃体と間脳の視床下部（食欲、性欲などの本能の中枢もある）である。

扁桃体が壊れると、奇妙なことが起きる。ふつうのサルはヘビを極端に恐れるが、サルの扁桃体を壊すとそのヘビを口に入れて食べようとする。人間のウルバッハ・ビーテ病は扁桃体だけが壊れる病気であるが、表情から相手の感情を読み取ることができなくなり、怒っている人に近づいてトラブルに巻き込まれたりする。

2) 海 馬

海馬は想像上の「ヒポカンパス」という半馬半魚の動物の尾に似ているところから名づけられた。また、海馬の断面がタツノオトシゴに似ているので、その学名のヒポカンパス（*Hippocampus*）に由来するともいわれている。長さ5cmほどの器官で大脳辺縁系の1つである。

見たもの、聞いたことなど脳に入る様々な情報は、大脳皮質で知覚され海馬の記憶装置にいったん記憶される。また、大脳前頭葉が司る思考・創造などの抽象的な内容も同じように海馬に記憶される。海馬はコンピュータのメモリに相当する。喜怒哀楽の感情は視床下部を経て海馬に直接記憶されるため、感情を伴っ

た記憶は鮮明に残ることになる。海馬に刻まれた記憶は3年ほどかけて大脳側頭葉に、さらに上方の大脳頭頂葉に転送され記憶ボックスに収納される。事故で海馬を損傷すると新しいことが覚えられず、また直近3年分の記憶が削除されてしまうことから明らかになった。海馬は「短期記憶」の場であり、大脳皮質は「長期記憶」の場ということである。また、海馬は眠っているときにも働いているため、夢を見させる部位でもある。

3） PTSD（心的外傷後ストレス障害）

阪神・淡路大震災の直後では、PTSD（Post-Traumatic Stress Disorder）という言葉が注目された。多くの被災者が熱心にボランティアをしているのは、役に立ちたいという思いのほかに、不安を何か行動することで紛らわせている可能性がある。しばらくして落ち着いた頃、堰が切れたときのように不安が噴き出すことがある。

強いストレスを体験すると、その事件が急に蘇ったり、寝つきが悪くなったり、その場所から回避しようとする急性ストレス症状があらわれる。ふつう1カ月もすると落ち着くのだが、それが依然として続く状態がPTSDである。PTSDになるような強いストレスでは、副腎皮質からストレスホルモンの糖質コルチコイド（glucocorticoid）が分泌され続け、海馬に作用して海馬を委縮させるといわれている。海馬には糖質コルチコイドの受容体があり、過剰になると、視床下部に糖質コルチコイドを減らす指令を出すのだが、糖質コルチコイドが分泌され続けると海馬の受容体が減少しフィードバックができなくなることが原因といわれている。

コラム　心はいつ生まれたか

人類学者ラルフ・ソレッキ（アメリカ）はイラクのシャニダール洞窟でネアンデルタール人の化石を9体発見した。そのうちの1つは右腕がなく、右足やくるぶしに足の骨がくだける怪我をしていた。1人では生きてゆけないから仲間に養われていたと考えられる。また、埋葬されたと考えられる人骨が発見され、その周りには多数の花粉が見つかった。それらの花粉はタチアオイ、アザミなどで、これらは群生をする花ではなく、自然状態でまぎれ込んだとは考えられない。上半身に近いところで花粉が多く見つかったのは、胸の近くに花束にして置いたと考えられ、ネアンデルタール人は仲間の死を悼み、花束を手向ける心をもっていたと考えられる。

また、松沢哲郎（霊長類研究所）は西アフリカのギニアでチンパンジーの母親が子どもがミイラになっても抱きつづけた事例から、人類だけが死を認識するのではなく、チンパンジーもまた死を認識できるのではないか、心の芽生えがあるのではないかと考えている。

3. 男の脳と女の脳

　男女の脳はほとんど同じであるが、性差がみられる部位がある。左右の大脳新皮質をつなぐ脳梁、左右の古い脳をつなぐ前交連、視床下部、大脳半球である。図23-4は女性の脳であるが、男性に比べて破線の円で囲んだ脳梁の後方が大きく、前交連も太い。しかし、視床下部や大脳半球は男性の方が大きくなっているという違いがみられる。

　女性は言葉を使うとき、脳梁が発達しているため、左右の脳を両方使用しているのに対して、男性は左脳（言語脳）しか使っていない。そのため、左脳に障害があると、男性は言語障害がみられるが、女性はもう片方の脳が代用するので回復しやすい。女性がしゃべることが得意なのも両方の脳を使うためである。一方、感情を司る扁桃体などの古い脳でも女性は2つの脳を使うので、情報量が多くなりすぎて言葉や感情の収拾がつかなくなって混乱しやすくなる。

　男性では、思春期に精巣から分泌されるテストステロン（アンドロゲンの一

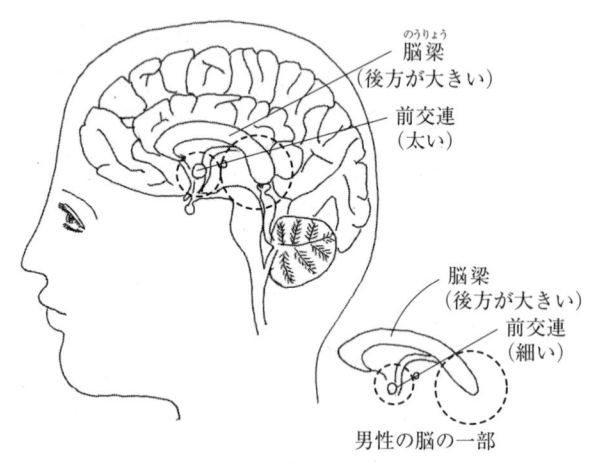

図23-4　女の脳と男の脳

種）が大脳辺縁系や視床下部に働きかけると、大食いや攻撃性が増長される。しかし、しだいに大脳新皮質によって制御されるので、しても良いこと悪いことの判断ができるようになる。これは小さいときに遊びながらケンカして、どれくらいまでなら攻撃してよいかなどを学習する。これが十分に行われていないと、大脳新皮質による制御ができなくなって攻撃性だけが目立ちキレるという状況を生み出してしまう。

女性の場合にはエストロゲンが大脳辺縁系や視床下部に作用すると、小食になったり、レプチンという摂食抑制ホルモンが分泌されたり、ケーキが好きになったり、性周期などがみられるようになる。

4．夢多き人生は健康の証拠

人は一生のうち3分の1は眠っており、睡眠中には必ず夢を見る。夢を見なくなったら死期が近づいているともいわれる。人生に夢が必要なのは科学的にも確からしい。

夢はREM睡眠時に見ている。レム（REM）睡眠とは"Rapid eye movement"の略で、眼玉が活発に動いている状態での眠りのことである。このとき、体は休んでいるので、少々揺り動かしても目覚めない「深い眠り」である。ところが、脳波は目覚めているときと同じで頭が活発に働いている。このような逆説的な睡眠を逆説睡眠（パラ睡眠；Paradoxical sleep）ともいう。

しかし、この現象はなかなか理解されなかった。つまり、寝ているのに目覚

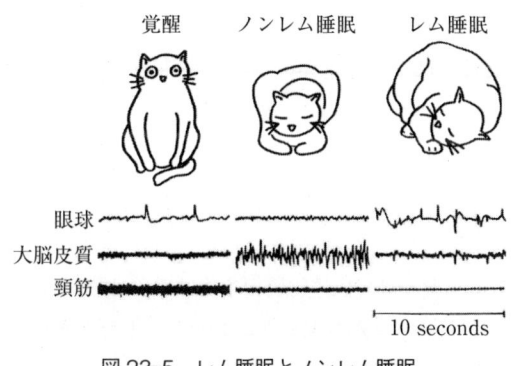

図23-5　レム睡眠とノンレム睡眠

めているときと同じ脳波がでるのは、被験者がタヌキ寝入りをしていたからだろうと思われた。そこで、実験対象を人からネコに切りかえてもレム睡眠（パラ睡眠）が見られたことから、ネコはタヌキ寝入りをしないだろうということで理解された経緯がある。

人は8時間ほど寝て昼間の疲れをとっているが、2種類の眠りで体の疲れと頭の疲れを別々にとっている。1つは「浅い眠り」（ノンレム睡眠）で頭が休んで体は制御されている状態、もう1つは、体は休んで頭が活発に活動している状態。このうち「深い眠り」（レム睡眠）のときに夢を見ている。一晩にこの深い眠りと浅い眠りを4、5回繰り返している。夢は昼間に見たことを脳の記憶ボックスに整理する。必要なことは記憶にとどめ、不要なことは忘れてしまう。脳の大切な作業である。ただし、生命の維持を行っている脳幹は、一生眠ることはない。

5. 脳と食べ物

脳は体重の2%でありながら、体が必要とするエネルギーの約20%を消費する。そしてグルコースだけを呼吸材料としている器官である。脳をよく働かせるためには、グルコースの他に神経伝達物質のもとになるアミノ酸、神経細胞の細胞膜をつくる脂質（必須脂肪酸やリン脂質）、酵素の働きを補助するビタミンや無機塩類の栄養素を取り入れる必要がある。

脳はゆっくりとグルコースを放出するスローリリースなデンプンがベストであり、とくに白砂糖は脳に悪いといわれる。それは、白砂糖や精製されたデンプンは血糖量がすぐに増加し、それを抑制するためにインスリンが急激に分泌され、かえって血糖量が低下するという状況になるからである。そのため、GI値（Glycemic Index；グルコース50gを摂取してからの血糖値の上がり方を表す指標。グルコースの値を100として計算する）がなるべく低い食品を摂るようにする方がよいといわれている。例えば、玄米55、サツマイモ54、ダイズ15、野菜類15以下などがある。

神経細胞の働きに重要な神経伝達物質の多くはアミノ酸からつくられる（表23-2）。例えば、トリプトファンからセロトニンやメラトニンが生じ、フェニルアラニンはチロシンというアミノ酸を経てドーパミン、ノルアドレナリン、アドレナ

表23-2 主な脳内伝達物質

アミノ酸	グルタミン酸	記憶、てんかん発作に関与	
	GABA（γアミノ酪酸）	神経の過剰反応を抑制する、不安や緊張を抑える。	
	タウリン	脳のブレーキの役割	
モノアミン類	カテコールアミン	ドーパミン	快楽ホルモン。過剰は精神分裂症・不安障害。不足はパーキンソン病・うつ病。脳のアクセル
		アドレナリン・ノルアドレナリン	攻撃性、過剰；不安障害。不足；うつ病 脳のアクセルの役割
	インドールアミン	セロトニン※	生体リズムをつくる。幸福な気分をつくる
		メラトニン	夜に放出され、睡眠効果がある。
アセチルコリン		記憶力の向上。過剰放出はパーキンソン病、不足はアルツハイマー型認知症	
神経ペプチド	βエンドルフィン	脳内麻薬であり、快楽を与える。「ランナーズハイ」の原因物質。	
	メチオニンエンケファリン	痛覚などに抑制的に働く。モルヒネと類似の働きをする。	

※ セロトニン（幸福物質）；ビタミンB_6が不足すると産生が低下する。過剰の場合は不安障害、不足の場合はうつ病・片頭痛（偏頭痛）が起きる。明るい時には増加し、暗くなるとメラトニン（睡眠ホルモン）に変わる。

リンを生じる。また、グルタミン酸はアミノ酸そのものである。アミノ酸は大量に摂取しない限りは、抗うつ薬と同じ効果があるといわれている。

　頭が良いことを「頭がやわらかい」などというが、脳は**脂質**が多くやわらかい臓器である。肉食動物が獲物を捕らえて真っ先に食べるのが脂質の多い頭や内臓である。動物に必須脂肪酸の少ない食べ物を与えると記憶力が低下することが知られている。脳に脂質が必要なのは、神経細胞の軸索を絶縁するミエリンの主成分として働くからであり、もしミエリンが少ないとショートしたり漏電したりして神経の情報伝達が麻痺してしまう。また、シナプスでは神経伝達物質による情報伝達を行うが、この物質の受容体は細胞膜に埋め込まれている。細胞膜はリン脂質からなり、脂質がないと土台になる細胞膜がうまくできないためでもある。

　脳に必要な脂質として脂肪酸があるが、このうち不飽和脂肪酸（分子内に炭素と炭素の二重結合を多く含むもの）が多い食べ物が頭を柔らかくする。不飽和脂肪酸の代表としてはオメガ3があるが、プランクトンにはオメガ3の一種のαリ

ノレン酸が含まれ、これが食物連鎖で、プランクトン（αリノレン酸）→ イワシ → サバ → マグロなどと栄養段階が進むと、魚の体内で EPA（エイコサペンタエン酸）、DHA（ドコサヘキサエン酸）に変化する。食べ物として、αリノレン酸を含むアマニ油やシソ油をサラダにかけて食べてもよいが、イワシ、サバ、サンマ、マグロなどの背の青い魚を食べてもよい。摂取された DHA や EPA などは PG-3（プロスタグランジン 3 型）というホルモンになり、血圧の低下、免疫力の向上、インスリンの機能促進、炎症抑制、痛みの緩和などの効果を発揮するとともに頭の回転をよくする。また、DHA は母乳に多く含まれていて、子どもの頭の回転を速くする。なお、マーガリンやマヨネーズに大量に含まれているトランス脂肪酸は DHA の働きを妨げる働きがあるといわれている。

　ビタミンや無機塩類は酵素の補酵素や補因子として重要である。酵素が働かないとグルコースから ATP をつくることも、神経伝達物質も生成できなくなる。ビタミン B_1（thiamin；チアミン）はピルビン酸デヒドロゲナーゼなどの糖代謝の補酵素であり、不足すると心と体に疲れがでる。ビタミン B_3（niacin；ナイアシン）は生体内で NAD^+、$NADP^+$（p.143）に変換され、酸化還元酵素の補酵素となる。不足すると、認知症、下痢、ペラグラとよばれる皮膚炎が起きる。パントテン酸（pantothenic acid）は広く（pan-）分布する酸という意味で、多くの食品に含まれている。補酵素 A（CoA）の構成成分で、アセチルコリンの合成、脂肪酸の分解・合成、ピルビン酸からアセチル CoA（活性酢酸）の合成などに関与している。不足すると、記憶力の低下や倦怠感が起きる。ビタミン B_6（pyridoxine；ピリドキシン）はアミノ酸の代謝の補酵素として関与し、不足するとセロトニンの生産が落ちるためうつ症状が起きる。ビタミン C（ascorbic acid；アスコルビン酸）は強い還元力をもち抗酸化作用がある。白血球の働きを促進するなど免疫力を高める。うつ症状や統合失調症を和らげる働きがある。不足すると壊血病が起きる。無機塩類のカルシウム（Ca）やマグネシウム（Mg）が不足すると、不安やいらいらが起きる。マンガン（Mn）が不足すると不眠症、ひきつけなどの症状が現れやすい。亜鉛（Zn）は 100 種類以上の酵素の補因子となり、最も不足しやすいといわれている。活性酸素を除去する酵素の補因子でもあり、セロトニン、メラトニンの合成に必要である。喫煙すると、活性酸素が増え、タバコに含まれているカドミウム（Cd）が亜鉛を駆逐してしまう。統合

失調症患者は体内の亜鉛量が少ないこと、喫煙率が高いことが知られている。

6. 脳と病気
1) アルツハイマー病（アルツハイマー型認知症）
　海馬の周辺の神経細胞の異変が徐々に大脳皮質に拡大し、神経細胞が壊れていく。そのため、始めは軽度の物忘れにはじまり、やがて徘徊、精神混乱がおき、人格が崩壊し最終的には植物状態（脳幹は機能しているが、大脳皮質の働きがない）になる病気である。原因は、最近の説によると、脳の神経細胞がβアミロイドの沈着によって（アルツハイマー病の脳に特徴的にみられる老人斑ができる）正常な働きが損なわれるためと考えられている。

2) パーキンソン病
　神経伝達物質のドーパミンの産生されないため、逆の働きをするアセチルコリンとのバランスが崩れて四肢がふるえ、しだいに動かなくなる。また、快楽ホルモンであるドーパミンができないため、快楽喪失、不安、うつ症状が出てくる。

コラム　忘却曲線

　人間の記憶は長く残らないのがふつうで、印象的な出来事だけが記憶に残る。物事を覚えるのは神経細胞と神経細胞のネットワークが強くなることであり、ネットワークが繰り返し使われる必要がある。

　学校では予習、復習の大切さが叫ばれるが、予習をすれば授業が1回目の復習であり、さらに2、3日後にもう1回復習すればネットワークが強くなり長く記憶が残るからである。右図のように、テストの直前に覚えたことは、テスト後の1週間で忘れてしまう。1日後に復習すれば、もっと長く記憶され、3日後にも復習すれば、忘却するまでの期間はさらに長くなる。

　しかし、人は物事をいつまでも覚えておくのではなく、忘れるからこそ生きていける。つらい記憶は削られて良い思い出だけが残るようになっている。

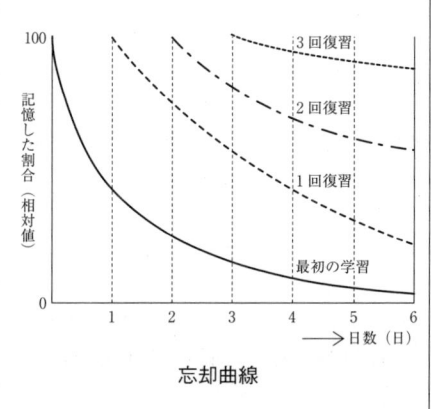

忘却曲線

【確認テスト】

1 次図は、ヒトの脳の構造を示したものである。次の各問いに答えよ。

問1 ヒトの中枢神経系は神経管から分化する。神経管の前方の広がった部位、後方の細長い部位をそれぞれ何というか。

問2 ヒトの中枢神経系を割断すると、白色に見える部分がある。この部分には神経細胞のどの部分が集まっているか。

問3 図の①~③はそれぞれ何というか。

問4 次の（ア）~（オ）の働きを図の①~⑥の中から選べ。
(ア) 眼球運動、姿勢の保持の中枢がある。
(イ) 平衡保持、随意運動の調節の中枢がある。
(ウ) 呼吸運動、心臓の拍動、だ液分泌の中枢がある。
(エ) 自律神経系の最高位の中枢があり、血糖量の調節、体温の調節に関与している。
(オ) 外側が灰白質、内側が白質からなり、創造、思考などの精神活動や知覚の中枢がある。

問5 脳死とはどのような状態のことか、説明せよ。

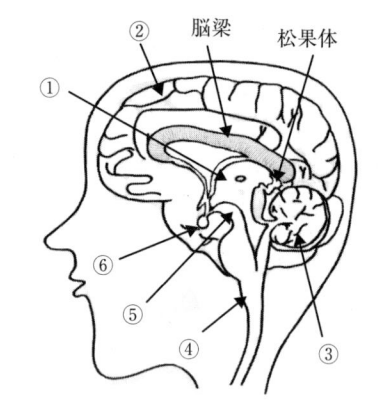

2 脳と食べ物に関する次の文を読んであとの問いに答えよ。

脳は体重の2%でありながら、体が必要とするエネルギーの約20%を消費する。そして（ ア ）だけを呼吸材料としている。脳をよく働かせるためには、（ ア ）の他に神経伝達物質のもとになる（ イ ）、神経細胞の細胞膜をつくる（ ウ ）（必須脂肪酸など）、酵素の働きを補助する（ エ ）や無機塩類の栄養素を取り入れる必要がある。

問1 文中（ア）~（エ）に適当な語句を入れよ。
問2 下線部の神経伝達物質に関する次の(1)~(3)の問いに答えよ。
(1) 交感神経の末端から分泌される物質は何か。
(2) ドーパミン、アセチルコリンなどは神経を興奮させる車のアクセルに相当するが、ブレーキに相当する物質を1つ答えよ。
(3) 生体のリズムをつくるセロトニンは明るいときに分泌されるが、夜になると睡眠を誘う物質に変わる。この睡眠を促進する物質は何か。

第24講

受容器（目と耳）

　動物は外界からの刺激に反応する。特定の刺激（適刺激；adequate stimulus）を感じ取り中枢神経（脳など）に伝える器官が受容器（receptor）であり、代表的なものに目（視覚）、耳（聴覚、平衡覚）、鼻（嗅覚）、舌（味覚）、皮膚（触覚など）などがある。これらは五感とよばれるが、アリストテレス（ギリシャ）が初めて区分した感覚である。

1. 目

　「百聞は一見にしかず」という諺がある。よく使われる諺であるが、科学的に考察をしてみよう。昼間マッチに火をつけてもそれほど明るく感じないけれど、夜にマッチに火をつけるとかなり明るく感じる。これは、刺激の強さの変化を感じる最小量（$\varDelta R$）と元の刺激の強さ（R）との比が一定であるというウェーバーの法則 $\varDelta R/R=K$（一定）による。

　ヒトでは視覚（vision）のKの値は1/100、聴覚（auditory sense）は1/7であることが知られている。Kの値が小さいほど鋭

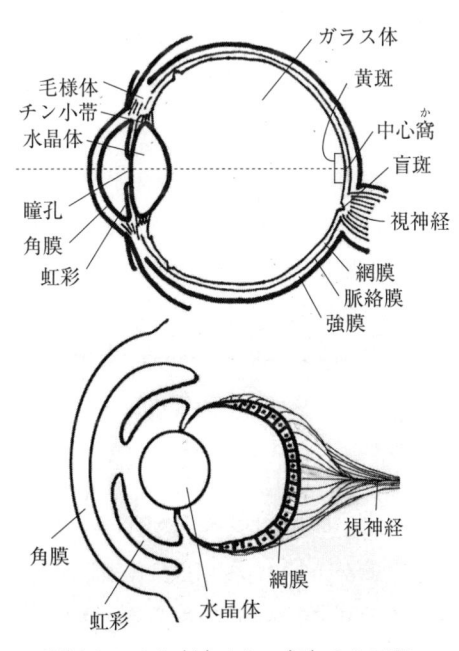

図24-1　ヒト（上）とタコ（下）のカメラ眼

敏な感覚であるから、感覚としては視覚の方が聴覚より鋭敏と言える。ヒトは視覚を中心に行動するので、「見かけで人を判断するな」と言われるが、裏を返せばそれだけヒトは見かけで判断する動物といえる。

ヒトの目はカメラ眼とよばれ、カメラの構造によく似ている。**角膜**（cornea）は保護レンズ、**水晶体**（crystalline lens）はレンズ、**虹彩**は絞り、**網膜**（retina）はフィルム、黒い**脈絡膜**は暗箱に相当する。

タコの眼もカメラ眼であるが、ヒトの眼と異なる。1つは遠近調節の仕方について、ヒトでは水晶体の厚みを変化させるが、タコでは水晶体の位置を変えて行う。また、タコは網膜にある**視細胞**（visual cell；光受容細胞）が光の方を向き、視神経は後方にあり脳にうまく連絡している。ヒトでは、視細胞から出る視神経が光の来る方向に突き出ており、網膜の一カ所を突き破らないと脳に連絡できない。その突き破った場所が**盲斑**（blind spot）である。そのため、ヒトにある盲斑がタコには存在しない。

1） 視細胞の種類

視細胞は網膜上にあり、**桿体細胞**（rod cell）と**錐体細胞**（cone cell）の2種類がある。

桿体細胞、錐体細胞の名前は、外節の構造に由来する。桿体細胞の外節にはロドプシン※（rhodopsin）が含まれ、錐体細胞には2〜4種類の錐体オプシンが含まれている。これらの色素タンパク質が光を吸収する働きをもつ。

桿体細胞は弱い光のもとで働き、明暗に反応する。錐体細胞は強い光のもとで働き、色の識別ができる。ヒトでは錐体細胞は網膜の中心部（**黄斑**；macula）に多く、桿体細胞は周辺部に多く存在している。黄昏時には色の識別ができず白黒の映像になるのは桿体細胞が主に働くためである。夜道を歩くとき、注意して足元を見れば見るほど道が見えなくなる。これは注視すると黄斑に像が結ばれるが、その部位には錐体細胞が集まっているため弱い光では働かないからである。夜道を歩くには足元ではなく先の方をぼんやりと見る方が道が見えるようにな

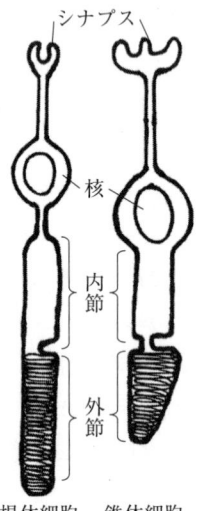

図24-2 視細胞の外節の構造

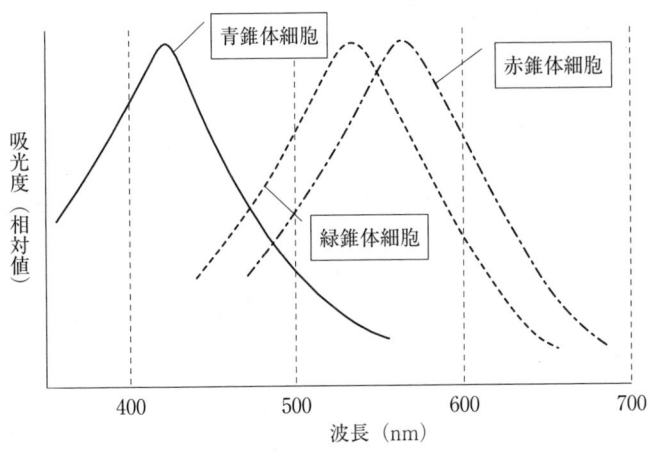

図24-3 錐体細胞のスペクトル

る。「夜目、遠目、笠のうち」とは女性が実際より美しく見える場合のことだが、いずれもぼんやりと見える状況であり、心理的には良いイメージを頭の中につくる傾向があるためらしい。

　ヒトと類人猿以外の哺乳類は白黒の世界を見ているから、スペインの闘牛で牛が赤い色を見て興奮するのではなく、闘牛士の動きを見て興奮するのだと聞いていた。ところが、ウシにも色覚がある。色覚を識別できる錐体細胞が2種類あり、赤光（red）と青光（blue）に感じることができるが赤と緑の区別は難しい。ヒトでは錐体細胞が3種類あり、赤光（red）、青光（blue）、緑光（green）に感じる。これらの組合せによって七色の光を識別することができるようになる。

　鳥や恐竜は4種類の錐体細胞があり、紫外線も見えると言われる。哺乳類は恐竜から逃れて夜行性になったため錐体細胞が退化したが、恐竜の絶滅後、ヒトの祖先は昼間活動するようになって3種類に復活したようである。なお、桿体細胞のロドプシンは錐体細胞の3種類のオプシン（opsin）より前につくられていたと考えがちだが、夜行性になって、後から出現したといわれている。

※　ロドプシン：レチナールとタンパク質のオプシンの複合体。レチナール合成にはビタミンAが必要。ビタミンAが欠乏するとロドプシンができないので夜盲症になる。

> **コラム　動物の眼は藻類から生まれた？**
>
> 　光合成を行う植物は、光を吸収するために多くの色素をもっている。ボルボックスという群体をつくる藻類はロドプシンという動物の視細胞にある感光色素をもっている。その色素が葉緑体の中にあるということは、かつて光合成細菌のシアノバクテリアが、宿主細胞に飲み込まれて葉緑体となり植物細胞が誕生したことと同じようなことが動物にも起こり、ロドプシンが光受容体に利用されて眼の誕生につながったのではないかという説がある。

2）遠近調節のしくみ

　ヒトの遠近調節は水晶体の厚みを変えて行われる。これには水晶体の周りにリング状に存在する毛様体（ciliary body）と水晶体に蜘蛛の巣状に巻きついているチン小帯（Zinn's zonule；毛様体小帯）が関与する。

　遠くを見るためには水晶体が薄くなり、焦点距離を長くして網膜上に像を結ぶ。そのために毛様体が弛緩してリングが大きくなり、チン小帯が引っ張られ、水晶体が薄くなる。逆に、近くを見るためには水晶体を厚くし、焦点距離を短くして網膜上に像を結ぶ。そのために毛様体が収縮してリングが小さくなり、チン小帯が緩んで、水晶体自身の弾性によって厚くなる（図24-4）。

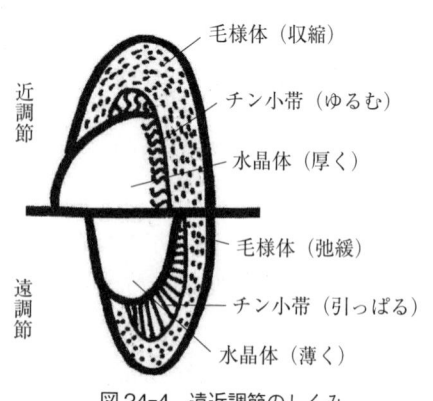

図24-4　遠近調節のしくみ

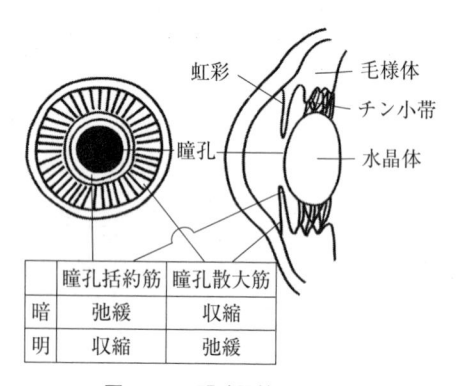

3）明順応と暗順応

　明るい屋外から暗い映画館などの屋内に入ると、しばらくは何も見えないが、やがて見えるようになっ

	瞳孔括約筋	瞳孔散大筋
暗	弛緩	収縮
明	収縮	弛緩

図24-5　明暗調節のしくみ

てくる。これを暗順応（dark adaptation）という。このとき、瞳孔括約筋が弛緩し、瞳孔散大筋が収縮して瞳孔が広がり光を取り入れるようになる。また、桿体細胞内でロドプシンの合成がはじまり桿体細胞の感度が上がり見えるようになる。逆に暗い場所から明るい場所に出ると、最初は眩しくて見えないが、しだいに見えるようになる。これを明順応（light adaptation）という。このときは、瞳孔括約筋が収縮し、瞳孔散大筋が弛緩して瞳孔が狭くなり目に入る光が少なくなる。眩しいのは、桿体細胞内でロドプシンが急激に分解するためであり、やがて桿体細胞に代わって錐体細胞が働くようになる。

4） 視交叉

目で物を見るとき、水晶体が虫眼鏡と同じ凸レンズなので、網膜上には上下左右が反対の像が映る。図24-6のように網膜上の一点一点より出た視神経によって、それぞれ大脳の特定の部位に投射され、最終的に大脳の左右の後頭葉に結ばれ、両方合わせて1つの像になる。その際、両目の網膜を出た視神経は、内側の半分だけが交叉し外側は交叉しない。これは視神経が脳でクロスしているからで、これを視交叉（optic chiasma）という。いま、ヒトと同じような視交叉をもつネコを用いて次の実験を行った。

［実験1］ ネコに食べ物を与えるとき、右目を覆い左目だけで三角と四角の図を見せて、三角の図（△）のついた扉を押すと餌を与え、四角の図（□）のついた扉を押すと電気ショッ

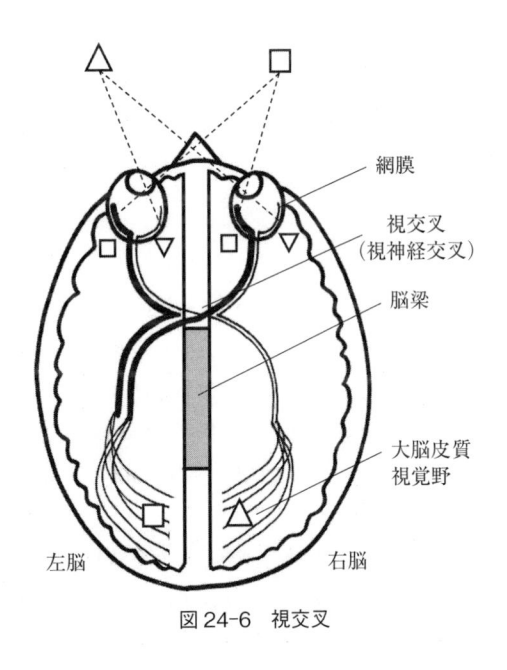

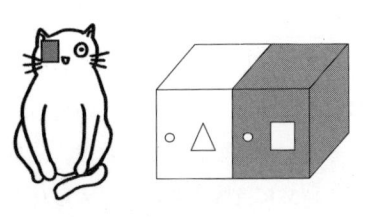

図24-6 視交叉

図24-7 眼帯をしたネコ

クを与えるという操作を何回も繰り返した。その結果、このネコは三角と四角の意味を記憶した。

［実験2］ 三角と四角の意味を記憶した実験1のネコを用いて、右目の覆いを外し、左目を覆って、すぐに三角と四角の意味がわかるかどうかをテストした。その結果、右の片目でも三角と四角の意味が理解できた。

［実験3］ 三角と四角の意味を記憶した実験1のネコの脳梁（左脳と右脳をつなぐ部分）を切断した後、実験2と同じ操作を行った。その結果、右の片目では三角と四角の意味が理解できなかった。

［実験4］ 視神経交叉と脳梁を切断された別のネコでは、左目だけで見たとき三角の図のある扉を押せば餌が出ることを、右目だけで見たときは四角の図のある扉を押せば餌が出ることを覚えさせるという全く正反対のことを記憶させることができた。

　ネコが△と□の扉を注視したとき、△の扉は水晶体により反転して黄斑の右側に像を結び、□の扉は左側に像を結ぶ。この像は視神経により大脳の左右の後頭葉に送られ、両方が合わさって扉の全体像を見ることができる。この際、左右の網膜上から出る視神経は、図24-6のように交叉しているが、左目の網膜の左半分から出る視神経は交叉しないで左脳に入る。同様に、右目の網膜の右半分から出る視神経は交叉しないで右脳に入る。すなわち、視神経の内側の半分だけが交叉し、外側は交叉していない。この結果、両目の網膜の右半分に写るものはすべて右脳に入り、左半分に写るものはすべて左脳に入ることになる。

　もし、視交叉で切断したとすれば、両目の網膜の内側半分の視神経が切断されたことになる。つまり、左目は△の扉が見えなくなり、右目は□の扉が見えなくなる。しかし、両方の目を開けているときは、扉の△と□はつながって全体像を見ることができる。

　脳梁は左右の脳のはたらきを緊密に結びつけるので、右目（左目）で見ても、右脳（左脳）は脳梁を通して左脳（右脳）の記憶を利用できることになる。しかし、脳梁が切断されると利用できなくなる。

　実験4のネコは左右の脳の記憶が正反対になっている。ちょうど2匹のネコが脳の中に同居しているようなものである。左目に三角の図を見せれば左脳の記憶に従って餌をとり、左目に四角の図を見せれば左脳の記憶に従って餌をとらない。また、両方の目に見せれば、左右の脳のどちらが優位に立つかは、その時その時の偶然に支配されると考えられる。

> **コラム　水晶体（レンズ）**
>
> 　ヒトの眼の水晶体は特殊な細胞でできている。水晶体は複数の細胞からなり、それぞれクリスタリン（クリスタル（水晶）に由来）というタンパク質で満たされ、血管もなく透明な構造でできている。ところが、このタンパク質は酵素として働く機能タンパク質であり多くの動物にも存在している。ヒトではシャペロン（タンパク質の保護をする働き）として存在し、脳、肝臓などにも含まれている。多様な生物は、最初から新しい部品をつくって生まれたのではなく、既存の部品を別の目的でリサイクルして活用しているようだ。なお、動物の水晶体がすべてタンパク質でできているのではなく、三葉虫などは炭酸カルシウムの結晶の方解石でできており、現存するクモヒトデの水晶体も方解石からつくられている。

2. 耳（聴覚、平衡覚）

　ヒトの耳は外耳、中耳、内耳の3つの領域がある。内耳には聴覚を司るうずまき管（spiral duct）、平衡覚を司る前庭（vestible；前庭器官）、回転覚を司る半規管（semicircularis cannel）がある。

　中耳と外耳の間には鼓膜があり、音波は鼓膜を振動させ、耳小骨（auditory ossicle；つち骨、きぬた骨、あぶみ骨）で梃の原理で約15倍に増幅されて、うずまき管に伝えられる（図24-8）。

　飛行機で空に上がったときや自動車で高い山から急に下ったときに、耳が鳴るような経験があるだろうか。これは中耳と外耳の気圧の差によって鼓膜がおされることによって起きる。唾を飲み込んだり、あくびをしたりして、気圧の差をなくせば直すことができる。それは耳管が口腔に通じているためである。

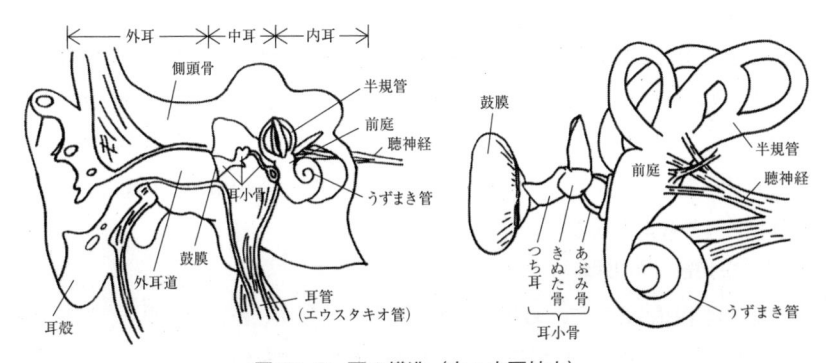

図24-8　耳の構造（右；内耳拡大）

1）うずまき管

　耳小骨のアブミ骨はうずまき管の卵円窓というビンの口ほどの部位に接続し、鼓膜の振動を伝える。うずまき管は2回転半ほど巻いており、引きのばすと3.5cm程度あり、2階建てになっている。うずまき管はリンパ液で満たされており、1階部分は鼓室階、2階部分は前庭階とよび、それぞれ外リンパ液で満たされている。管を切断すると中2階部分にうずまき細管があり、内リンパ液で満たされている。この中におおい膜（tectorial membrane）と聴細胞からなるコルチ器（聴覚の受容器）がある（図24-9）。

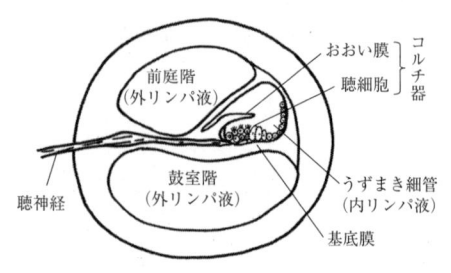

　音は鼓膜 → 耳小骨 → 前庭階 → 鼓室階へと伝わり、その過程で基底膜の特定の部位を振動させる（図24-9）。基底膜の幅は中耳に近い基部では0.1mm程度、うずまき管の頂上部では0.5mm程度と広くなっている（図24-10）。そのため低音（波長の長い音；振動数が小さい）では頂上部を共鳴振動させ、高音（波長の短い音；振動数が大きい）では基部を共鳴振動させる。

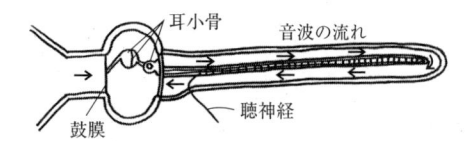

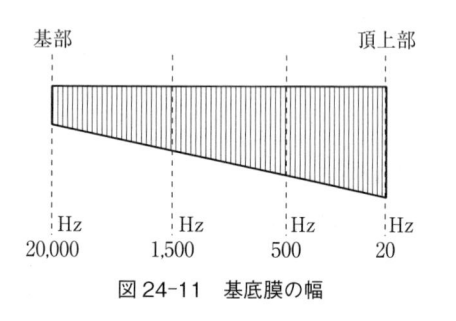

　ヒトは20ヘルツ（Hz）から2万ヘルツの音を聞くことができるが、老いると高音から聞こえなくなる。老人が気難しくなるのは、人の話がよく聞こえなくなるのも一因と考えられる。

2）半規管（三半規管）

　半規とは半円のことで、お互いに3次元方向に直交した管からなり、回転覚を司る。3つのそれぞれの付け根には膨大部があり、感覚細胞の上にクプラとよば

れるムコ多糖類でできた分泌物がある。管内のリンパ液が回転によって動くと（横転、前後回転、水平回転）、慣性の法則によって、回転と反対方向にクプラも動き、感覚細胞が興奮して回転覚を生じる。

3）前 庭

前庭はうずまき管と半規管の間にあり、平衡覚を司る。前庭にはリンパ液で満たされた2つの嚢（球形嚢と卵形嚢）があり、この中に耳石器

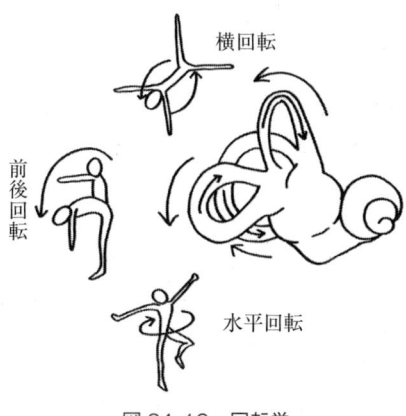

図24-12 回転覚

があり互いに直角に配置されている。耳石器は感覚細胞の上にゼリー状の物質で固められた炭酸カルシウムでできた耳石があり、傾くと耳石器の傾きにより感覚細胞が興奮し傾きを知ることができる。

コラム　骨伝導　難聴のベートーベンが作曲？

耳が聞こえなくなったベートーベンがなぜ作曲を続けることができたのだろうか。それは口で指揮棒をくわえ、ピアノにそれを押しつけて音を聞きとることができたからだ。音は空気の振動だけでなく、骨に振動を伝えてうずまき管に伝える方法がある。まさにベートーベンは骨伝導で音を聞いていたのである。骨伝導は頭骨を振動させるので危険と思う人もいるようだが、実は私たちも日常体験している。自分の声をテープで録音して聞くと、よい声に聞こえない。自分で聞いているのは、空気の振動による声と骨伝導による声を同時に聞いているからよく聞こえるのだ。因みに、クジラやイルカも水の振動をあごの骨伝導で聞いている。

---

3. 味 覚

欧米人は「甘い」「塩からい」「酸っぱい」「にがい」の味覚（sense of taste）しかないと考えていたが、日本人によって「うま味」が加えられた。動物は体に必要なものは食べ物として取り入れ、危険なものは食べないように進化した。エネルギー源の糖質は「甘味」として、体液調節などのナトリウムイオンは「塩から味」として取り入れ、タンパク質の破片は「にが味」、タンパク質を変性させ

るものは「酸味」として食べないように進化した。生物の体をつくる必要な物質であるタンパク質・アミノ酸・核酸・ヌクレオチドに味の感覚がないはずはない。これが、「うま味」である。うま味の成分としてはグルタミン酸（アミノ酸）やイノシン酸（ヌクレオチド）などがある。

コラム　ミラクルフルーツとギムネマ茶

　西アフリカ原産のミラクルフルーツの赤い果実を食べてから、酸っぱいレモンをかじっても甘く感じる魔法の実である。これは、果実に含まれているミラクリンというタンパク質が酸味の成分と結びつき、それが舌の甘味の受容体と結合することによって、甘く感じるようになる。

　ギムネマ茶はインドから東南アジアに自生するギムネマ・シルベスタという植物の葉からつくられる。その中にギムネマ酸が含まれていて、インドでは昔から糖尿病の治療薬となっている。ギムネマ酸は小腸からの糖の吸収を抑制する働きがあることが知られている。原因はまだ解明されていないが、この葉をかんだり、お茶をしばらく口にふくんでから、甘いものを食べても甘味が感じられなくなる。例えば、チョコレートを食べても泥を食べているような感じになり、甘いものの食べ過ぎ防止になる。もちろん、この効果が続くわけではなく、数時間もすれば味覚は元に戻る。

【確認テスト】

① ヒトの眼の構造と調節のしくみについて、次の文を読み各問いに答えよ。

　光の刺激を受けとる光受容細胞は、一般に［ア］と呼ばれ、網膜内に存在している。光受容細胞には形やはたらきの異なる細胞が2種類あり、［イ］は網膜の周辺部に多く存在し［ウ］を感じて薄暗い所で物の形を識別するのに役立っているが、［エ］を区別することはできない。もう一方の［オ］は、網膜の中心部に多く存在し明るい所で物の形を識別し［エ］の区別をするのに役立っている。

問1　［ア］～［オ］に適語を記入せよ。
問2　図の眼は水平断面を上から見たものである。
　　　A、B、D、E、Hが示す部分の名称を記せ。
問3　図の眼は右目は左目か。理由も付記せよ。
問4　Hの部分が光を受容しない理由を簡単に説明せよ。
問5　遠くのものを見るとき、毛様体、チン小帯、水晶体の厚さはどのようになるか。

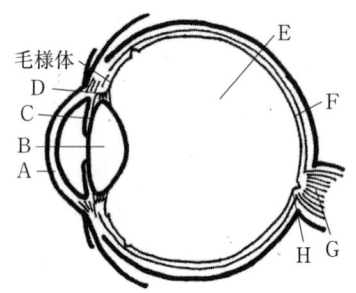

第25講

効果器（筋肉）

　動物は外界からの刺激に反応する。そのときに中枢神経（脳など）からの指令によって動かす器官が**効果器**（effector）であり、代表的なものに**筋肉**（muscle 骨格筋など）や腺（汗腺、甲状腺、唾液腺など）がある。骨格筋へは運動神経を介して、腺へは自律神経を介して中枢神経からの指令が伝えられる。

1. 筋　肉

　脊椎動物の筋肉には**骨格筋**（skeletal muscle）、**心筋**（heart muscle）、**平滑筋**（smooth muscle）の3種類がある。骨格筋と心筋には横縞模様がみられ**横紋筋**（striated muscle）とよばれる。骨格筋は骨に付着し体性神経系に支配されており、意志によって動かすことができるので**随意筋**（voluntary muscle）とよばれる。心筋と平滑筋（内臓の筋肉）は自律神経系に支配され意志によって動かすことができない**不随意筋**（involuntary muscle）である。骨格筋をつくる細胞は繊維状で多核であり、心筋は円柱状で枝分かれをした単核の細胞からなり、平滑筋は紡錘状で単核の細胞からなる。骨格筋の収縮は早いが疲労しやすい。心筋、平滑筋は疲労しにくい。

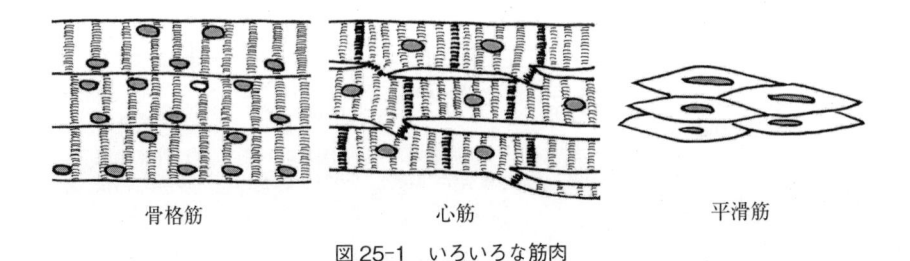

骨格筋　　　　心筋　　　　平滑筋

図 25-1　いろいろな筋肉

2. 骨格筋の収縮実験

図 25-2-a のようにカエルのひ腹筋（ふくらはぎの筋肉）に座骨神経をつけて取り出したものを用いて筋収縮の実験を行った。神経に1回だけ刺激を与えたところ、図 b のようなグラフが得られた。この収縮を単収縮（れん縮）という。図 b では、刺激後すぐに収縮するのではなく、1/100 秒の潜伏期があり、その後 5/100 秒の間に収縮し、さらに 8/100 秒後に弛緩している。1回の収縮に要する時間は 14/100 秒となる。図 c のように、単独の刺激ではなく1秒間に 15 回の割合（0.067 秒間隔）で連続的に刺激したときは、弛緩期に次の刺激が入り、単収縮が重なったようなギザギザの収縮曲線になる（不完全強縮）。1秒間に 30 回の割合（0.033 秒間隔）で連続的に刺激したときは、収縮期に次の刺激が入り、

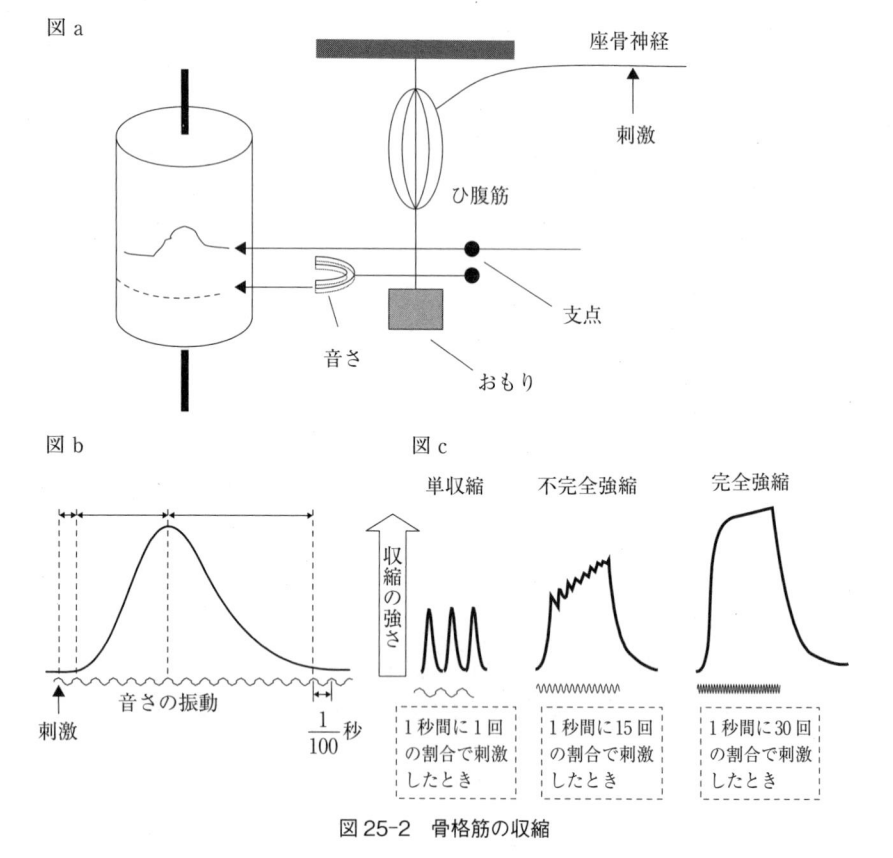

図 25-2　骨格筋の収縮

大きな収縮曲線になる（完全強縮）。一般に、筋肉が収縮するときは完全強縮になる。

3. 筋収縮のエネルギー

　筋収縮はアクチン（actin）とミオシン（myosin）という2種類の繊維状タンパク質によって引き起こされる。これらのタンパク質は特定の構造をもちアクトミオシンという複合体をつくっている。このアクトミオシンは0.6モルの塩化カリウム（KCl）に溶け、0.1モルでは溶けずに濁る。この濁った液にATPを加えると、アクトミオシンが沈殿する。この現象はセント・ジェルジが「試験管の中で筋収縮をとらえた」と感激した現象である（1942年）。

　筋肉の収縮に必要なエネルギーが筋肉中に蓄えられているATPだけとすると、筋肉はすぐに収縮を止めてしまう。表25-1は骨格筋100g中に含まれている物質のg数を示したものである。この表によると、筋肉の収縮の前後において、ATPの量は全く変化せず、クレアチンリン酸[※]（creatine phosphate）の変化が著しい。

　1925年、マイヤーホフは、酸素の存在しないときでも筋肉の収縮が何百回もみられ、その結果、乳酸が蓄積されることを見つけた。このことから、筋収縮のエネルギーは乳酸の合成される反応によるという考えを提唱した。

　1930年、ルンズゴールは、乳酸が合成される反応を阻害する薬品で筋肉を処理しても、筋肉はおよそ70回収縮し、その際クレアチンリン酸の減少がみられることを見つけた。これらの結果からは筋収縮の直接のエネルギー源がクレアチンリン酸であるとも考えられたが、実際はATPであった。

　1934年、ローマンは、ATPとクレアチンリン酸に関する次の3つの酵素反応を見つけた。

　　　ATP＋H_2O　　　　　　→　　ADP＋リン酸　　…　反応1
　　　2ADP　　　　　　　　　→　　ATP＋AMP　　　…　反応2
　　　クレアチンリン酸＋ADP　→　　クレアチン＋ATP　…　反応3

　筋収縮のエネルギー源としてATPが消費されている反応1にもかかわらず、

表25-1で収縮の前後でATPの量が全く変化しなかったのは、**反応3**によってATPがすぐに供給されていたためである。1960年代では筋収縮のATP使用量は測定できないと思われていた。

1962年、ディビスは、**反応3の酵素（クレアチンキナーゼ）反応を阻害する**ジニトロフルオロベンゼン（DNFB）でカエルの筋肉を処理し、表25-2に示すような1回の収縮に伴う筋肉1g当たりのリン酸化合物の含有量の変化を調べた。

筋肉1gが1回収縮するとき、何μモルのATPが使われるかを表25-2より求めることができる。ATPの減少量は筋肉の収縮前後の差から$(1.25-0.81)=0.44$ μモルとなる。しかし、このATP量しか使われなかったのではない。実験では**反応3**しか阻害していないので、**反応2**でAMPと同じμモルのATPが合成されているので、$(0.28-0.10)=0.18$ μモルも使われたと考えなければならない。よって、筋肉1gが1回収縮するとき、使われたATP量は$(0.44+0.18)=0.62\mu$モルと計算できる。

※ クレアチンリン酸
　細胞内でエネルギーの貯蔵を果たす物質。脊椎動物ではクレアチンリン酸がフォスファーゲンに相当するが、昆虫などの無脊椎動物ではアルギニンリン酸がフォスファーゲンとなる。筋肉に蓄えられている高エネルギーリン酸結合を含む物質。筋肉中のATPの量が少なくなると、クレアチンリン酸を使ってATPを合成する。

表25-1　（数字は骨格筋100g中のg数を示す）

物質名	収縮前	収縮後
タンパク質	19.0	19.0
グリコーゲン	0.7	0.5
クレアチンリン酸	1.0	0.2
乳酸	−	0.2
ATP	0.5	0.5

表25-2　（数字はμモル数を示す）

物質名	収縮前	収縮後
ATP	1.25	0.81
ADP	0.64	0.90
AMP	0.10	0.28

4．筋肉の構造

骨格筋は幅$50\sim100\mu m$、長さ$5\sim12cm$の細長い**筋繊維**（muscle fiber；筋細胞のこと。医学では線維を使う）が数多く集まってできており、筋繊維の中に幅$1\sim2\mu m$の**筋原繊維**（myofibril）が集まっている。筋原繊維はアクチンフィラメント（actin filament）とミオシンフィラメント（myosin filament）が規則

正しく配列している。横紋筋の明暗の縞模様は筋原繊維の構造に由来する。

光学顕微鏡下の濃く暗い部分を暗帯（A帯）、明るい部分を明帯（I帯）という。偏光顕微鏡で見ると逆に暗帯が明るく、明帯が暗く見える。そのため異方性帯（anisotropic band）からA帯、等方性帯（isotropic band）からI帯という。I帯の中央にZ膜（Z band）があり、Z膜からZ膜までをサルコメア（sarcomere；筋節）という。

サルコメアは筋収縮の基本単位であり、ミオシンフィラメントの間にアクチンフィラメントが滑り込むことによって収縮が起きる（滑り説）。ミオ

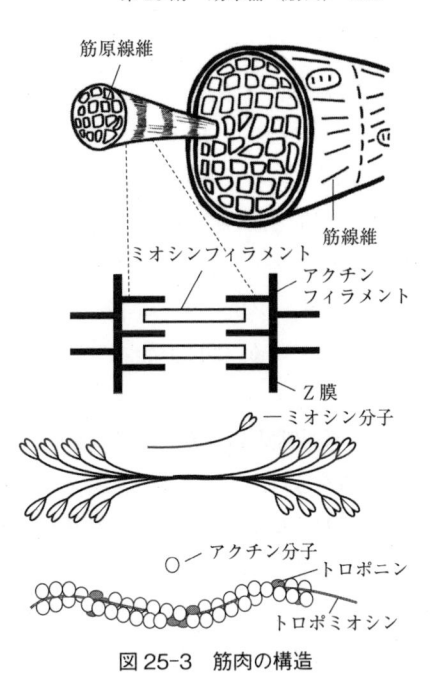

図25-3　筋肉の構造

図25-4　筋収縮の微細構造

シン分子（分子量約50万）は、2つの精子がより合わさった構造を持ち、これらが500本ほど集合してミオシンとなる。突き出したミオシン頭部（クロスブリッジ）にはアクチンと結合する部位とATP分解酵素（ATPアーゼ）活性をもつ部位がある。一方、アクチン分子（分子量約4万）は球状で、これらが二重らせん構造となってつながったものである。

1本のアクチンフィラメントの周りに3本のミオシンフィラメントが配列し、1本のミオシンフィラメントの周りに6本のアクチンフィラメントが配列する構造になっている（図25-4）。

5. 筋収縮のしくみ

階段を駆け上がる急激な運動をしても、急に息は弾まずに、しばらくしてから息が苦しくなる。これは酸素を必要とする呼吸が遅れて行われるからである。筋肉中に含まれているATPはすぐに消費されクレアチンリン酸でATPを再生するが、それでも不足すれば解糖（乳酸が生成する反応 p.153）でATPをつくる。かつては乳酸の蓄積が疲労の原因と言われたが、乳酸は逆にエネルギー源として、1/5は酸素を使う呼吸に利用されATPを産生し、残りの4/5は、そのエネルギーを使ってグリコーゲンに再合成される。

セント・ジェルジの実験では筋肉はATPを加えると収縮するが、収縮したままであった。筋肉は収縮と弛緩を繰り返す。このしくみはカルシウムイオン（Ca^{2+}）の有無であることを江橋節郎（日本）が発見した。骨格筋の収縮は次の①〜⑦のようにして起きる。

①運動神経の末端からアセチルコリン（神経伝達物質）が分泌され、筋繊維の細胞膜を興奮させる。②細胞膜が細くなって細胞内に入り込んだT管（transverse tubule）に興奮が伝わる。③T管に接し筋原繊維を取り巻いている筋小胞体（sarcoplasmatic reticulum）からCa^{2+}が放出される。④Ca^{2+}がトロポニンと結合すると、トロポニンの立体構

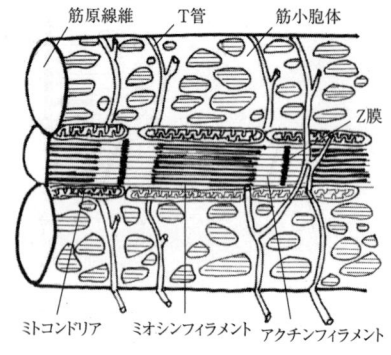

図25-5　筋小胞体の図

造が変化し、てこの原理でトロポミオシンを動かし、アクチンのミオシン結合部位が現れる。⑤ミオシンとアクチンが結合し、ミオシン頭部（クロスブリッジ）のATP分解によるエネルギーによってアクチンを中央部に引き寄せて収縮が起きる。⑥興奮が終わるとCa^{2+}の放出が止まり、収縮が終わる。⑦Ca^{2+}は筋小胞体の能動輸送によって筋小胞体内に吸収され、筋肉は弛緩する。

6. 筋肉痛

　筋肉痛は筋繊維が傷つくことによって起きる。顕微鏡で見ると、筋繊維の微細構造や結合組織が損傷し、修復のための白血球が集まってくる。白血球を集めるために白血球の1つのマクロファージなどがサイトカインという物質を分泌する。筋肉痛はこのときの炎症反応とサイトカインによると考えられている。山登りでは、登りよりも下りが疲れると言われる。理由は、筋肉痛が起きやすいのは筋肉が伸びながら力を出すときだからである。筋肉痛は時間が経てば治まるが、やはり早く治したいと思う。データが不足しているが、アメリカの研究者によると、これにはコーヒーのカフェインが効果があるという。

コラム　火事場の馬鹿力とは

　火事のとき、女性が重いタンスを運び出したり、寝たきり老人が一人で逃げ出したりとか、突然の出来事が起きると信じられないようなパワーが発揮されることがある。これを「火事場の馬鹿力」という。私たちの筋肉は、普段は用心をして20％ぐらいの力しか使っていないのに、突然の出来事では脳からの抑制指令が解除されてフルパワーで筋肉が収縮するためである。本番で強いスポーツ選手は火事場の馬鹿力をうまく利用しているからである。

　この馬鹿力を出すには大声を出したり、奥歯を噛みしめたり、顔を手でたたくなどの方法がある。

【確認テスト】

1. 効果器は刺激に反応して外界や体内に効果を及ぼす器官であり、その1つとして筋肉がある。筋肉について、最も適当なものを次の(1)〜(7)の中から2つ選べ。
(1) 横紋筋には骨格筋と心筋がある。
(2) 平滑筋は多数の核をもつ細長い細胞からなる。

(3) 神経からの刺激を1回だけ受けると、強縮がおこる。
(4) 神経からの刺激が強くなっても骨格筋の収縮の大きさは一定である。
(5) 神経から筋肉への情報はサルコメアという構造によって伝達される。
(6) 筋肉内に蓄えられているフォスファーゲンはクレアチンリン酸である。
(7) 筋肉内でおこる無気的な呼吸ではグリコーゲンが分解されてエタノールが生じる。

2 筋肉に関する次のA、Bの各問いに答えよ。

A. 図1は、骨格筋の筋原繊維を電子顕微鏡で観察したときの模式図である。

問1 図1のア、イの名称を答えよ。

問2 筋肉が収縮すると、A～Dのどの部分の長さが変化するか。該当するものをすべて選べ。

問3 筋肉中に存在する高エネルギーリン酸結合をもった化合物のうち筋収縮に直接関係しないものは何か。

問4 ATP分解酵素の活性をもっているのは、図1のア、イのどちらか。記号で答えよ。

図1

B. 図2は、サルコメア（筋節）の長さと張力の関係を示す。張力は2種の筋フィラメント（上図のア、イ）が重なりあった部分の長さに比例して増大する。筋フィラメント相互の衝突による高密度のバンドが暗帯中央部に観察されると、張力は減少し始める。

問5 図1のアの長さは何μmか。

問6 筋の静止時の筋節の長さは2.35μmである。このときの明帯の長さは何μmか。

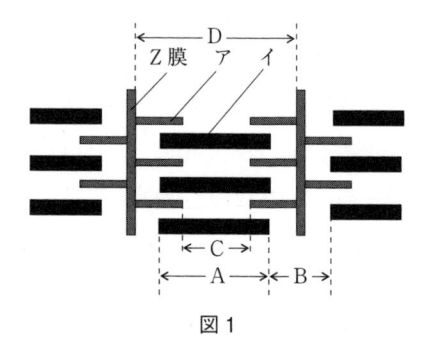

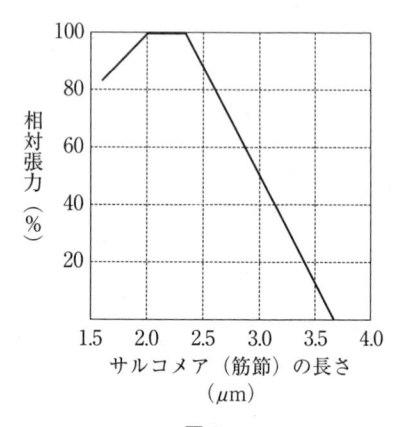

図2

第26講

生物の環境応答

　生物は外界からの刺激に対して反応する。動物では光、音、化学物質などの刺激を感覚器官で受容し、神経系によって情報を整理・統合して筋肉などの運動器官の働きで行動する。植物では、植物ホルモンや光受容体を介する反応が見られる。

1. 動物の行動

　動物の刺激に対する反応のうち個体として型にはまった一定の運動（movement）が見られるとき、行動（behavior）という。例えば、ゾウリムシが繊毛を動かすのは繊毛運動であるが、個体として繊毛を動かして、水面に移動する場合は行動（負の重力走性）である。

　神経系の発達した動物では複雑な行動がみられ、行動には、経験によらない生得的行動（走性、反射など）、経験に基づく学習や知能行動がある。生得的行動では途中で行動の変更ができないため、「飛んで火にいる夏の虫」のような不合理な行動もみられる。

1) ゴキブリの行動

　ゴキブリは節足動物門・昆虫綱・網翅目（カマキリに近い）、衛生害虫、4000種（内1％が屋内）、名前の由来は「御器かぶり」。体が脂ぎっているので油虫とよばれたり、北関東地方では、その卵鞘が小銭を入れるガマ口に似ているので黄金虫（がねむし）ともよばれる。野口雨情が「黄金虫は　金持ちだ　金蔵建てた　蔵建てた　飴屋で水飴　買って来た」の作詞した黄金虫はゴキブリだったといわれる。

　ゴキブリは恐竜たちより前にこの地球上に生息していたので、地球上では人類の大先輩である。生きている化石として発見されたが、現生のゴキブリとほとん

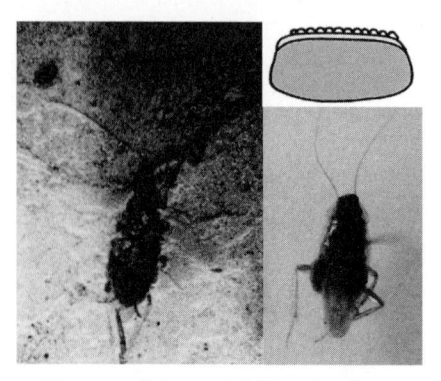

図26-1　生きている化石—ゴキブリ—
（左；白亜紀1億5,000万年前　ブラジル産　右；現生　チャバネゴキブリ、上；卵鞘のスケッチ）

ど同じ形をもつ（図26-1）。あまり進化せず、細く長く生存している。見つかると、スリッパなどで退治される代表的な不潔昆虫だが、意外にもクレゾールやフェノール（消毒薬）を分泌している。案外、奇麗好きなのかもしれない。

夜行性で昼間の潜伏場所にバラバラにいるのではなく集合し、お互いの触角を激しく動かし、スキンシップを図っているようである。触れ合うことで成長がよくなるが、触角を切ると成長は単独の場合と変わらなくなってしまう。スキンシップがホルモンの分泌に影響を与えるといわれている。ゴキブリの肛門近くからフェロモン（pheromone）という微量で他の個体に作用する化学物質が分泌される。そのため糞をみつけたら除去し、きれいに拭く必要がある。逆に、フェロモンを利用してゴキブリを一網打尽に退治することもできる。昆虫の行動はフェロモンに支配されていて、集合フェロモン（ゴキブリ、キクイムシ）、性フェロモン（カイコガ、ヨトウガ）、警報フェロモン（ミツバチ、アブラムシ）、道しるべフェロモン（アリ、シロアリ）などが知られている。

2）ミツバチの行動

ミツバチは女王バチ、働きバチ、雄バチからなる社会をつくる。そのうち卵を産むのは女王バチだけで、受精した卵はすべて雌になり、受精しなかった卵は雄になる。雌のうちロイヤルゼリーを与えられた雌だけが女王バチになり、与えられなかった雌は働きバチになる。

ミツバチはハチミツを集めるが、もちろん、人間のために集めているのではなく、自分たちの食糧にするためである。密源を仲間に教えるためにダンスを利用していることは、カール・フォン・フリッシュ（ドイツ）によって研究された。そのダンスは尻を振りながらの円形ダンスや8の字ダンスである（図26-2）。ふつう密源が近い（50〜100mぐらい、ミツバチの種類により異なる）時は円舞

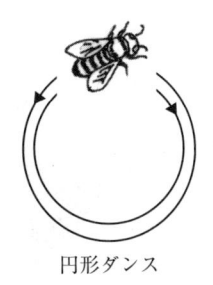

図 26-2　ミツバチの尻ふりダンス

（円形のダンス）、遠い時は8の字ダンスをする。仲間はその後を同じように追いかけて蜜源の場所を学習する。

巣箱の中は、図26-2左のように巣板が垂直に何枚も並んでいる。普段はふたがあるので中は暗い。ミツバチは太陽を目印にして、密源の位置を知る（太陽コンパス；solar compass）。例えば、図26-3のように巣箱と太陽を結ぶ線を基準にして、巣箱と蜜源を結ぶ線までの右回りの角度（例45°）を巣板の鉛直方向と逆方向（巣板の上方向）に太陽があるとみて、8の字ダンスをする。

ミツバチの眼は多くの個眼が集まってできた複眼構造で、個眼の1つを図26-4右に示した。ミツバチの視細胞を輪切りにすると、8列の視細胞があり、この

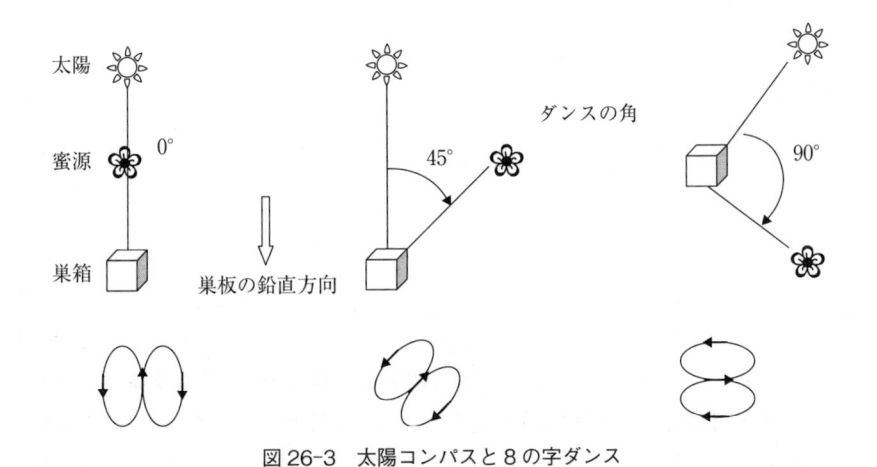

図 26-3　太陽コンパスと8の字ダンス

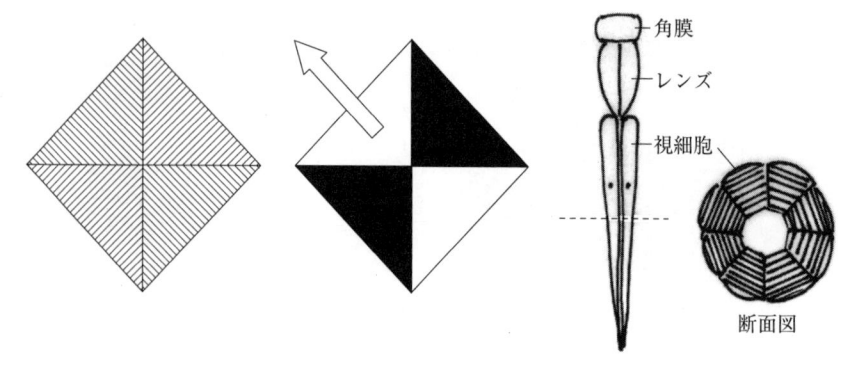

図26-4　ミツバチの眼の模型

視細胞は太陽からの偏光を感じることができるので、太陽の位置センサーとなる。ミツバチの眼の模型をつくる方法は、偏光板を45°ずつ回転させ、セロハンテープでとめる（図26-4左）。これを青空に向けて見ると、偏向が通過して明るく見える部位と暗く見える部位ができる。図26-4の場合では、太陽の位置は、白い矢印の方向である。

3）アメフラシの行動

アメフラシはサザエやカタツムリと同じ巻き貝の仲間で軟体動物門に属し、えらで呼吸する。えらは水管とよばれる開口部によって体外に通じている。水管を1回軽く突くという刺激を与えると、えらと水管を外とう膜の中に引っ込めてしまう防御反応がみられるが、しばらくして再び水管を外へ伸

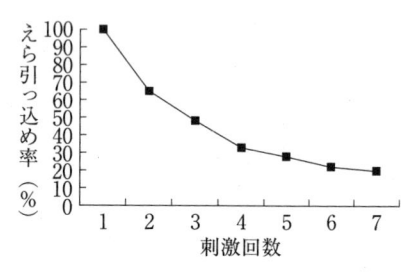

図26-5　アメフラシの慣れ

ばし元のようになる。アメフラシの水管を7回以上繰り返し軽くつつくと、刺激を無視するようになり、えらと水管を体外に出したままになる（図26-5）。この現象を慣れ（habituation）といい、最も単純な学習行動である。

アメフラシのえらを引っ込める行動に関する神経制御のしくみをまとめたものが図26-6右である。感覚ニューロンの一方は水管と、他方はシナプス（連結部分）を介してえら、水管の筋肉などを支配している運動ニューロンと直接連絡

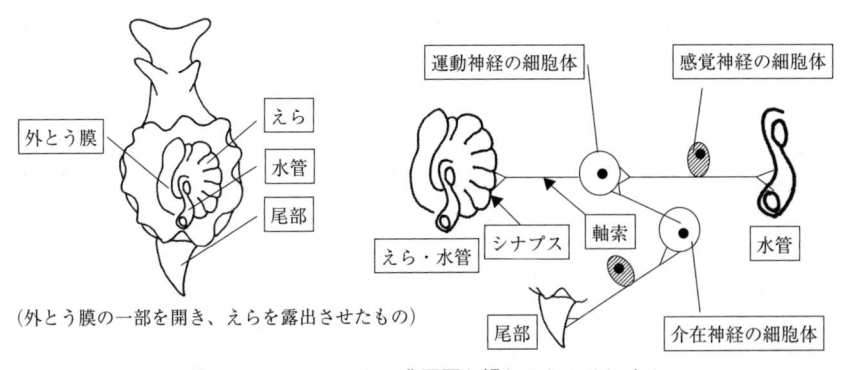

図26-6 アメフラシの背面図と慣れのおこるしくみ

している。感覚ニューロンが刺激されると、運動ニューロンが興奮し、えらと水管を引っ込める行動がみられる。このことに関する実験1～3が行われた。

[実験1]
　えらを引っ込めなかった個体の水管に接触刺激を加えると、水管に分布している感覚ニューロンには興奮がみられた。この興奮の大きさは、えら引っ込め率100%の個体にみられた興奮と同じ大きさであった。

　慣れがみられるアメフラシでも、水管を刺激したとき感覚ニューロンの興奮の大きさが同じであるので、感覚器官の感受性低下や感覚ニューロンの閾値が高くなったとは考えられない。

[実験2]
　えらを引っ込めなかった個体に対して、えらと水管に分布している運動ニューロンに一定の刺激を与えたところ、えらと水管を引っ込める行動がすべての個体にみられた。このときの運動ニューロンの興奮の大きさは、えら引っ込め率100%の個体にみられた興奮と同じ大きさであった。

　慣れがみられる個体でも、運動ニューロンを刺激するとすべてにえら引っ込め行動がみられるので、運動器官の感受性低下や運動ニューロンから放出される神経伝達物質量の減少は考えられない。よって、感覚ニューロンが繰り返し興奮することにより、感覚ニューロンの神経伝達物質の量が減少したため、反応が弱くなったと考えられる。

[実験3]
　尾部へ電気ショックのような警報的刺激を与えた直後に接触刺激を与えると、電気ショックがなければさほど反応しなかったであろうと思われるような弱い接触刺激に対して、すばやく反応するようになった（鋭敏化）。

　鋭敏化は慣れと異なり、より敏感になることである。尾部への電気ショックのような警報的な刺激を受けると、尾部の感覚ニューロンが興奮し、連絡している介在ニューロンが興奮する。この介在ニューロンは慣れのときと同じ運動ニューロンとつながっており、感覚ニューロンから分泌される神経伝達物質量を補うことができる。

　アメフラシが自然条件下で警報的刺激に会ったとき、それは危険な生物が近くにいることであり、その生物から逃れるために用心深くなるという意味がある。

4）利己的遺伝子（selfish gene）

　親が自分の命を投げ出しても子どもを助ける。このような自分を犠牲にする行動はどのように説明できるのだろうか。

　イギリスのハミルトンは、この問題を遺伝子の観点からとらえた。彼の説によると、自分を犠牲にして、血縁を助ける行動は、少なくともそれを行う個体にとって損失になる。しかし、個体にとって損失であっても遺伝子にとっては利益となるというのである。

　つまり、個体中の遺伝子からみると、両親の遺伝子の1/2ずつが子どもの中にある。親が子どものために自分を犠牲にする行動は、遺伝子から見れば、自分の1/2を救ったことになる。この1/2という値は血縁度とよばれ、血の濃さと考えることができる。この血縁度が高いほど、遺伝子によって個体は利他的な行動をとるようになる。親という個体は、愛情によってわが子を救ったつもりでも、実は遺伝子によって操られていたことになる。

　さて、ミツバチは女王バチを中心とした分業が進んだ社会をもつ昆虫である。雌は2nであるが、雄は受精せずに卵がそのまま発生するのでnである。ミツバチのような社会性昆虫の特徴は、産卵は女王バチだけで、働きバチ（ワーカー）はすべて不妊である。遺伝子の立場でみると、働きバチは子どもを産まないが、子どもより血の濃い姉妹の世話をするようになったというのである。

　ハミルトンの説をさらに発展させたドーキンス（イギリス）の「The Selfish

第26講 生物の環境応答 255

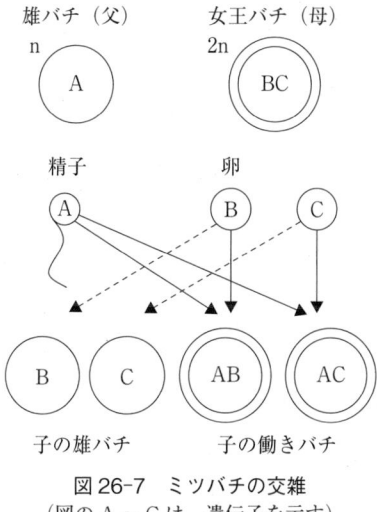

```
雄バチ（父）      女王バチ（母）
  n              2n
 ( A )          ( BC )

 精子            卵
 ( A )        ( B ) ( C )

 ( B ) ( C )  ( AB ) ( AC )
 子の雄バチ      子の働きバチ
```

図 26-7 ミツバチの交雑
（図の A〜C は、遺伝子を示す）

Gene」（利己的遺伝子）によると、個体は遺伝子が自分を増やすための道具にすぎない。主体は遺伝子であり、個体は遺伝子が自己複製のためにつくった乗り物（ビークル）である。親が自分を犠牲にしても子を助けたり、働きバチが女王バチの繁殖を助けるためにだけ、死ぬまで働く利他的な行動も利己的遺伝子のなせるわざである。つまり、利己的遺伝子は、いま自分の乗っている古いビーグル（親や働きバチなど）に新しいビーグル（子ども）を最大限世話させることによって生存し続けようとする。

　利己的な遺伝子の立場からみると、働きバチが子どもを生まず、兄弟よりも姉妹の世話をするのは、血縁度（ある個体がもつある遺伝子を他の個体がもっている確率）を計算すると分かる。図26-7から、女王バチと子どものハチの血縁度は1/2である。しかし、働きバチどうし（姉妹）の血縁度を計算すると、働きバチ（AB）の場合、A遺伝子はすべての姉妹がもっているので100%である。B遺伝子は50%の姉妹がもっているので、平均すると75%（血縁度3/4）となる。（AC）の場合も同様である。これは、親子の血縁度（1/2）より大きい。働きバチが姉妹の世話をするのは、遺伝子にとって子供より血の濃い姉妹を世話させる方が有利だからである。ところで、働きバチ（AB）と子の雄バチとの血縁度はを計算すると、雄バチは半分しか染色体をもっていないから、父からもらったA

遺伝子については0％。B遺伝子は50％の確率でもっているから平均すると25％となる。これでは親子の血縁度より小さい。あまり世話をする価値がない。そのため、ミツバチの雄は1つの巣で1割程度しか生まれてこないようにしている。

5） ハーローの実験

ハーロー（アメリカ）はアカゲザルを使って母親と子どもの絆について調べた。母親は子どもにとって、ミルクを与えてくれる存在なのか、スキンシップ（ふれ合い）のできる存在なのか。そこで図26-8のような針金でできた2種類の母ザルの模型を準備した。1つは針金がむき出しで胸の位置に哺乳びんをぶら下げた模型、他は針金を布でまいただけの模型である。子ザルは何かあると布をまいた方にしがみついた。このことから、ハーローはスキンシップの大切さと母親の子どもへの関心と世話が重要であると結論付けている。

布をまいた針金の母親　ミルクのついた針金の母親

図26-8　ハーローの実験

子ザルを母親から隔離して育てると、攻撃的になるか、逆に不安でおどおどするかのどちらかで、その後の社会的な行動ができなくなる。また、隔離した雌ザルが子どもを産んだとき、子どもを育てようとせず、逆に子どもが抱きつこうとすると噛みつくなどの虐待をする。

かつて日本の母親は背中に子どもを背負い、寒くなるとねんねこ（半纏：はんてん）を着ていた。このスキンシップが日本の子どもの情緒を安定させたと思われる。ハーローの言うように、スキンシップだけではなく、子どもに愛情をもって接することが重要である。ドロシー・ロー・ノルト／レイチャル・ハリス／石井千春訳の『子どもが育つ魔法の言葉』（PHP文庫）にも「愛してあげれば、子どもは人を愛することを学ぶ（If children live acceptance、they learn to love.)」という同じような内容が書かれている。

6） 刷り込み（インプリンティング）

モリス（イギリス）著の『裸のサル』（河出書房新社、1969）という本（言うまでもなく、裸のサルとは人間のこと）は、ヒトの行動を動物行動学の立場か

ら、ヒトが体毛を失った理由とか、食事、生殖、探索、闘争などをユニークなとらえ方で説明している。その中に育児という項目があり、母親がなぜ左胸に子どもを抱くかについて説明している。宗教画の聖母マリアが幼いキリストを抱いた466点の絵では、373点が左胸に幼子を抱いている。その割合は80%で、アメリカの母親が赤ちゃんを抱く時も、やはり80%が左胸に抱いたという調査結果がある。多くの人は右利きなので、それらの人が利き腕の右手が空くように赤ん坊を左胸に

図26-9 子を抱く母

抱くのだと考えられたが、右利きの母親の83%、左利きでも78%が左胸に赤ん坊を抱くので、この有意な差は他に理由があるはずである。

　そこで考えられたのが心臓であった。心臓は胸の中央やや左側にあり、胎児の頃からずっと聞いていたのが心音である。この心音に刷込み（インプリンティング；imprinting）されているのではないかというのである。つまり、心音を聞くと羊水に浸っていた胎児時代の安らぎを感じ赤ん坊が泣かないので、母親が心臓に近い左胸に抱くのだという仮説である。これを証明するための実験が行われた。1つのグループは無音の部屋に、1つは心音と同じリズムのメトロノームを鳴らした部屋に、もう1つのグループは心音そのものの録音を聞かせる部屋、最後のグループは子守唄を聞かせる部屋に入れた。どのグループが最初に眠りにつくかを観察したところ、心音のグループは他の半分の時間で眠りについた。やはり心音は赤ん坊に安心感を与えることができるようである。大人になっても緊張すると貧乏ゆすりをする人がいるが、これも自ら心音のリズムを再生していると考えられる。また、かつて部族間の戦でたたかれた太鼓の音は心音のリズムに近いといわれ、民族音楽の多くが同じリズムをもち、ロックンロールのような体をゆらすリズムも共通点をもっている。さらに、歯医者で治療を受ける患者に枕をもたせたところ、キーンという歯を削るときには思わず枕を左胸にだくという実験もある。これは、左胸に物を押し付けて心音リズムを感じ安心感を得ようとする動作とも考えられる。

刷込みは、ローレンツ（オーストリア）がガチョウのひなの行動から見つけた。ガチョウやアヒルなどのひなは生まれて20時間以内に最初に見た大きな動くものを親と認識するように刷込みされている。ふつうは親鳥を見るので問題は起きないが、もし人間や他の動物を見ると親と認識してその後を追従するようになる。その動くものは生物でなくおもちゃの自動車であっても親と認識してしまうようになる。

2. 植物の環境応答

植物も動物と同じように外界の刺激に対して応答している。動物と違って、一般的にその反応は緩やかであるが、オジギソウを触ると神経があるかのように見る間に小さな葉が閉じていく。また、ハエトリソウ（ハエジゴク）はハエなどの虫が葉内の小さなトゲにふれるとパタンと葉が閉じてしまう。さらに、アサガオやヘチマのつるは、まるで投げ縄のように物にふれると巻きつき、ヒマワリの芽生えは太陽を追いかける。アブラナやキクは日長を感じて春や秋に花を咲かせる。このように植物は、動物のように刺激を統合・制御する脳のような神経系はないが、環境からの刺激に対して応答している。そのしくみの1つとして植物ホルモンがある。

図26-10 オジギソウの睡眠運動

1) 植物ホルモン

植物の光屈性（phototropism）については進化論で有名なダーウィン（イギリス）の研究が知られている。イネ科植物の幼葉鞘の先端にキャップをかぶせると光屈性がなくなるので、先端に光を受け取るしくみがあることが明らかになった。ウェント（オランダ）などの研究から幼葉鞘の先端には成長を促進する物質があり、光屈性は光があたる側とあたらない側とで成長促進物質の濃度差が生じることによって起きることが明らかになった（1928 年）。この先端にある成長促進物質とよく似たものがケーグル（オランダ）によって人尿から見つけられ、ギリシャ語の"auxo"（成長の意味）に因んでオーキシン（auxin）と名付けられた。その後、植物体内にあるオーキシンがインドール酢酸（IAA；Indole Acetic Acid）であることが明らかになった。

植物ホルモンは他にジベレリン、サイトカイニン、アブシシン酸、エチレン、ブラシノステロイド、ジャスモン酸などが知られている。一般に成長を促進するのは、オーキシン、ジベレリン、サイトカイニン、ブラシノステロイドであり、抑制はアブシシン酸、エチレン、ジャスモン酸であるが、植物の種類、組織やエイジングによって、同じホルモンでも働きが異なるので広範囲にわたる研究が必要である。なお、幻のホルモンと言われる花芽をつくるフロリゲン（花成ホルモン）も実体が明らかになりつつある。

2) 植物の光受容体〜フィトクロム、クリプトクロム、フォトトロピン〜

植物が光合成の他に弱い光に反応することは古くから知られていた。そのためには光の刺激を受け入れる受容体が必要である。現在、光受容体として、フィ

表 26-1　植物ホルモンの種類と働き

植物ホルモン	主な働きと特徴
オーキシン	伸長成長の促進、頂芽優勢、屈性、極性移動
ジベレリン	矮性植物の成長促進、種子の発芽促進、子房の肥大促進（種なしブドウ）
サイトカイニン	細胞分裂促進、老化抑制、気孔を開く
アブシシン酸	種子の休眠促進、気孔を閉じる、離層の形成促進
エチレン	伸長成長の抑制、落葉・落果の促進、果実の熟成促進、
ブラシノステロイド	若い植物の成長促進、落葉抑制
ジャスモン酸	病害や傷害への応答、離層の形成促進、ジャスミンの香り主成分
フロリゲン	花芽の形成促進

トクロム（phytochrome）、クリプトクロム（cryptochrome）、フォトトロピン（phototropin）が知られている。フィトクロムは赤色光と遠赤外光を吸収し、クリプトクロム（cryptochrome）とフォトトロピンは青色光と紫外光を吸収する。いずれもタンパク質が主成分である。

　フィトクロムは光発芽種子のレタスの発芽実験から明らかになった。レタスは赤色光（red light；波長660nm）を照射すると発芽が促進されるが、その直後に遠赤外光（far-red light；波長730nm）を照射すると発芽しない。また、その後に赤色光を照射すると発芽する。発芽の有無は光の量ではなく、最後に照射された光の波長が、赤色光なら発芽促進、遠赤外光なら発芽抑制となる。フィトクロムには2つのタイプがあり、660nmを吸収すると活性型のP_{fr}となり、730nmを吸収すると不活性型のP_rとなる。$P_{fr} \rightleftarrows P_r$は可逆的に変化し、暗所では不活性型の$P_r$になる。自然界において、赤色光は光合成に最適な光であり、発芽すれば光合成が可能なので都合がよい。一方、遠赤外光は波長が長いため薄暗い場所にも届いているが、その環境ではもし発芽しても光合成ができない。そのため、遠赤外光で不活性型のP_rに変化するのは理にかなっている。

　クリプトクロムはギリシャ語で「隠れた色素」という意味で、植物にある青色光受容体である。植物を暗所で育てるともやし状になるが、クリプトクロムが青色光を受容すると、もやし状の伸長成長は抑制され、子葉が開いて葉が形成される。また、青色光も光合成に有効な光であり、クリプトクロムが光合成に関する遺伝子を制御して光合成の促進をしていることも理にかなっている。現在では植物にはフォトトロピンという別の青色光受容体があり、クリプトクロムは植物だけでなく動物（脊椎動物、昆虫）、シアノバクテリアなどにもよく似たものがあることが知られている。

　ショウジョウバエはクリプトクロムをもち、これによって磁場を見ることができるといわれている。ヒトにも網膜の桿体細胞に異なる型のクリプトクロムがあり、最近の研究では、これを遺伝子工学によってショウジョウバエのものと交換してもハエの磁場感受能力は失われないことが分かった。つまり、ヒトにも磁場の受容体はあるが、その情報を伝える経路に問題があるために磁場を見ることができないのではないかと考えられる。あるいは、ヒトの祖先はその能力をもっていたのかもしれない。

フォトトロピンは植物特有の青色光受容体であり、光屈性の受容体として発見された。シロイヌナズナのフォトトロピン欠如の突然変異を用いた実験では、光屈性が見られないだけでなく、葉緑体に光をあてると葉緑体が移動しなくなることも明らかになった。フォトトロピンが葉緑体の光定位運動に関与している証拠である。また、気孔の開口や葉の伸展にも関与していることが明らかになった。

コラム　枯葉作戦の被害

　1960年代のベトナム戦争でアメリカ軍はベトナムのゲリラが隠れている森を破壊するために、約10年間で、9万1,000トンもの除草剤を使った枯葉作戦を実施した。その除草剤の成分は人工オーキシンの2、4-D、2、4、5-Tの混合物だったが、猛毒のダイオキシンも混入していた。

　ダイオキシンの量に換算すると、1年間あたり17kgをばらまいた。不幸にして、ベトちゃん、ドクちゃんに代表されるような顔は2つで体は1つという双生児が生まれ、世界に衝撃が走った。その後の調査で母乳から1430ppt（1兆分の1の濃度、50メートルプールに小さじ1杯の塩を溶かすと1ppb、数粒の塩を溶かすと1pptになる）というダイオキシンが見つかった。日本の土中では40〜60pptなので、かなりの高濃度であったことがわかる。

【確認テスト】

1. ミツバチの行動と学習に関する次の文章を読み、各問いに答えよ。

　フリッシュはミツバチが仲間に蜜源の場所を伝達する₁ダンスを発見した。ふつう蜜源が50〜100mの時は円形ダンス、それ以上の時は（　ア　）ダンスをする。仲間はその後を同じように追いかける。巣箱の中は巣板が垂直に並んでおり内部は暗い状態である。巣板の面でのダンスでは、（　イ　）の方向と餌場の方向のなす角度が、₂鉛直方向の逆方向とダンスで前進する方向とのなす角度として表される。つまり、ミツバチは太陽を目印にして、蜜源の位置を知ることができる。このようなしくみを（　ウ　）という

問1　（ア）〜（ウ）に適当な語句を入れよ。
問2　女王バチの染色体数は、2n＝32である。働きバチ、雄バチの染色体数はそれぞれ何本か。
問3　下線部1のダンスは、次の動物の行動様式のうちのどれか。番号で答えよ。
　　　① 走性　　② 反射　　③ 本能　　④ 学習　　⑤ 知能
問4　太陽がちょうど南中した正午に、ミツバチのダンスを垂直な巣板の面で観察したところ、下線部2の角度が時計回りで90度であった。餌場はどの方向にあると考えられるか。東西南北を用いて答えよ。

② アメフラシの反応に関するあとの問いに答えよ。

アメフラシの水管に1回刺激を与えると、えらと水管を外とう膜の中に引っ込めてしまうが、しばらくすると元にもどる。アメフラシの水管を繰り返しつつくと、刺激を無視するようになり、えらと水管を体外に出したままになる。これを ア という。

下図のように、感覚神経の一方は水管と、他方は イ （連結部）を介して、えら・水管の筋肉などを支配している運動神経と直接連絡している。感覚神経が刺激されると、運動神経が興奮し、えらと水管を引っ込める行動がみられる。

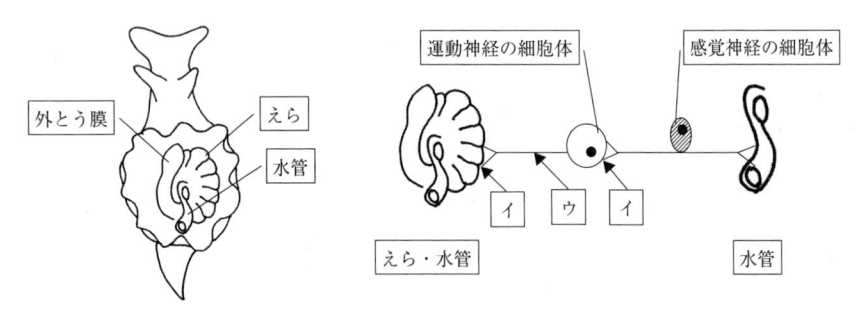

図1　アメフラシの背面図
（外とう膜の一部を開き、えらを露出させたもの）

図2　神経制御のしくみ
（アは連結部、イは細胞体から出た突起）

[実験1]　えらを引っ込めなかった個体の水管に接触刺激を加えると、水管に分布している感覚神経には興奮がみられた。この興奮の大きさは、えらを引っ込めた個体にみられた興奮と同じ大きさであった。

[実験2]　えらを引っ込めなかった個体に対して、えらと水管に分布している運動神経に一定の刺激を与えたところ、えらと水管を引っ込める行動がすべての個体にみられた。このときの運動神経の興奮の大きさは、えらを引っ込めた個体にみられた興奮と同じ大きさであった。

問1　文中および図の ア ～ ウ （細胞体から出た突起）の名称を答えよ。
問2　下線部の行動について、実験1・2よりどのようなことが考えられるか。次の (1)～(5) の中から最も適当なもの1つ選び、番号で答えなさい。
　(1) 刺激を受け入れる感覚器官の感受性が低下した。
　(2) えら引っ込めを行う運動器官の感受性が低下した。
　(3) 運動神経から放出される神経伝達物質の量が減少した。
　(4) 感覚神経から放出される神経伝達物質の量が減少した。
　(5) 感覚神経の閾値が高くなった。

3 次の文中の［ア］〜［オ］に最も適当な植物ホルモン名を記入せよ。

(1) 春早く開花するサクラは、その前年の春から夏にかけて花芽を形成するが、［ア］の働きによって、形成された花芽は休眠状態になっている。
(2) リンゴやバナナなどでは、果実の成長に先がけて、果実の中で［イ］が合成される。この植物ホルモンは、果実自身の成熟を促進する働きをもっている。
(3) ［ウ］は細胞分裂を促進する働きをもつホルモンであるが、気孔を開かせる働きもある。
(4) 花が咲いても受粉しないと、子房が発育せず種子ができない。しかし、［エ］を作用させると、果実が成長することがある。種なしブドウはこのような性質を利用したものである。
(5) タバコやニンジン組織を無菌的に切り出し、［ウ］と［オ］を加えた培地で培養すると、細胞分裂を繰り返してカルスを形成する。

第 27 講

生物の進化と多様性

　生命の誕生や原核細胞から真核細胞への進化については第1、2講で述べた。ここでは5億4000万年前の「カンブリア爆発」とよばれる「進化のビッグバン」について考えてみよう。

　進化といえば多くの人がダーウィン（イギリス）の名前をあげるだろう。そのダーウィンは主著『種の起源』（1859年）の中で、「私の理論にはいくつかの重大な難点がある。その1つは、カンブリア紀にいくつかの動物群が突然出現することだ。…これに対し、私は納得してもらえるような説明ができない」と述べている。彼の進化論である**自然選択説**（natural selection theory）では、生物は環境に適応したものが生き残り、自然選択を積み重ねて、ゆっくりと進化してきたという。生命誕生以来、30億年の時間をかけて進化してきた生物が、なぜ、カンブリア紀ではわずか1000万年の間に突然進化し、多様な生物が出現したのだろうか。

1. 進化のビッグバン～カンブリア爆発～

　現生の地球上の生物は約170万種が知られており、未知のものも入れると数千万種にもなると推定されている。カンブリア紀（Canbrian period）は今から5億4000万年前の時代であるが、現生と同じ38の全動物門がほぼ同時に出現した（分類学では上位から界・門・綱・目・科・属・種で生物をグループ化する）。それ以前の先カンブリア時代では化石が少数しか見つかっていないが、オーストラリアの5億7000万年～5億4000万年前の地層から**エディアカラ動物群**とよばれる動物化石が見つかっている。これらは軟体性で硬い殻などをもたなかったために発見が難しかったと考えられる。これらの動物群がカンブリア爆発で誕生し

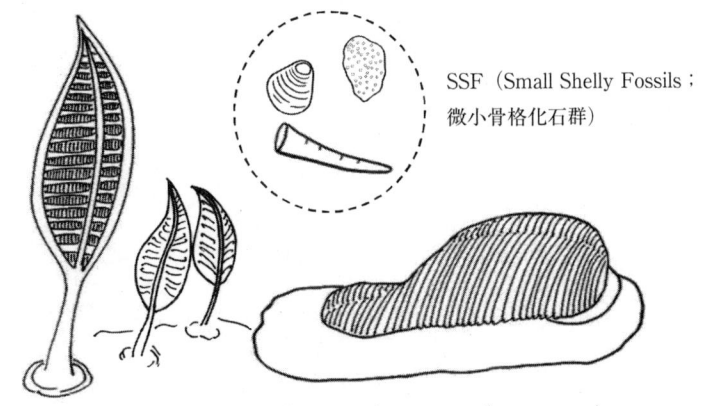

カルニオディスクス（*Charniodiscus*）　ディッキンソニア（*Dickinsonia*）
図27-1　エディアカラ動物群とSSFをもつ動物の復元図

た硬い組織をもつ動物とどのようにつながるのかは明らかになっていない。しかし、その間をつなぐような微小硬骨格化石群（Small Shelly Fossils；SSF、図27-1中央の円）が見つかっている。これらは1mmにも満たない大きさで、生物の部品と考えられている。これらの部品の持ち主がいくつか復元されている。

1）奇妙なバージェス動物群

　カンブリア爆発の契機となったのが、カナダのカナディアンロッキー山脈ワプタ山のバージェス頁岩層から三葉虫研究の権威であるウォルコット（アメリカ）らによって発見されたバージェス動物群である。この動物群はすべて奇妙な姿をしている。図27-2のように、オパビニア（*Opabinia*）は体長7cm、ゾウの鼻のような長い管の先に口をもち、眼が5つある。アノマロカリス（*Anomalocaris*）は体長60cm、当時の最大最強の動物で三葉虫などを捕食していたらしい。最初に発見された体の一部が触手の部分で「奇妙なエビ」を意味する「アノマロカリス」と名づけられた。その後、ナマコと思われた胴、クラゲと思われた口が同じ生物の部品であることがわかり、アノマロカリスの姿が復元された。また、私たちの祖先にあたる脊索をもつ体長4cmのピカイア（*Pikaia*）も出現している。

　また、カンブリア紀に初めて眼をもつ動物化石が見つかった。これがカンブリア紀の動物が硬い組織をもつようになった原因であるという仮説、眼の誕生説である。つまり、眼があれば捕食者は獲物を捕らえやすくなる。一方、被食者も敵

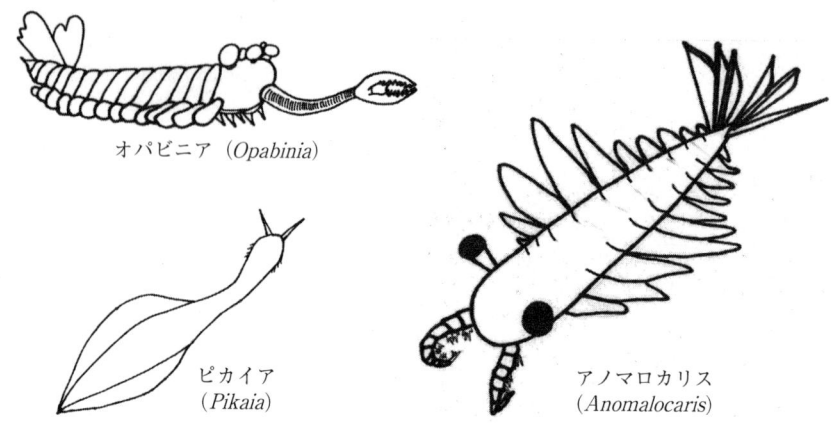

図27-2 バージェス動物群の復元図

オパビニア (*Opabinia*)
ピカイア (*Pikaia*)
アノマロカリス (*Anomalocaris*)

を発見し逃げることが容易になる。その結果、捕食者は強力な歯や襲うための武器を進化させ、被食者は体をより硬い殻や棘でおおうようになり、多様な硬い組織が現れたと考えられる。

2）遺伝子の爆発

カンブリア爆発の前、10億年前よりさらに前に遺伝子爆発が起き、動物、植物、菌類が分枝した。10億年〜9億年前にも遺伝子爆発が起きて海綿動物が分枝した。植物や菌類は動物に必要な遺伝子は持っていないが、海綿動物は一通りもっている。これはカンブリア爆発の前に必要な遺伝子はすべてあり、カンブリア爆発時に新しい遺伝子はつくられなかったことを意味している。遺伝子の利用方法が変化して、既存の遺伝子を別の目的に利用したと考えられる。例えば、熱水噴出孔に生息するチューブワームのヘモグロビンは、酸素だけでなく硫黄を運ぶ働きもある。ヒトの水晶体をつくるタンパク質も酵素の働きがある。さらに、遺伝子爆発は脊椎動物の進化の初期、無顎類（顎のない脊椎動物）と有顎類が分枝した5億年〜4億年前にも起きている。

多くの生物の誕生は遺伝子であるDNAの変異が原因である。変異はDNA複製時のミスによるものだが、それにはDNAの塩基の1つが別の塩基に置き換わる置換、新たな塩基の挿入、塩基の欠失などがある。また、トランスポゾン（transposon；動く遺伝子）のようにDNAにおける遺伝子の位置が移動するこ

とによっても起きる変異もある。トランスポゾンはヒトのDNAの4割強を占め、DNA自らが移動するDNAトランスポゾン、いったんRNAにコピーされてからDNAに逆転写して移動するレトロポゾンがある。

進化に有効なDNA変異としては遺伝子重複（gene duplication）がある。これは、複数のコピーの1つに変異が起きて、仮に不利なものであっても他の遺伝子がカバーすれば、影響を抑えることができる。つまり、試作品のお試し期間が設定できるからである。例えば、ヘモグロビンの遺伝子重複によって、α鎖とβ鎖が生じた。ヘモグロビンはこれらの2種類の鎖をサブユニットとして構成されている。さらにβ鎖に遺伝子重複が起きてγ鎖となり、α鎖とγ鎖から胎児のヘモグロビンがつくられ、母体のヘモグロビンから酸素を効率的にもらうことができるようになった。

2. 植物の進化

地球上に生命が生まれたころ、陸上は強い紫外線がふりそそぎ生物がすめる場所ではなかった。しかし、シアノバクテリアをはじめとする植物の光合成により、大気中の酸素濃度がしだいに増加し、5億年前には現在の約1.5%に達したと考えられる。

酸素（O_2）は紫外線によってオゾン（O_3）に変わり、地上10〜50kmにオゾン層を形成しはじめた。オゾン層は有害な紫外線を遮断したため、陸上にも生物が棲めるようになった。古生代オルドビス紀（5億年前）からシルル紀（4億年前）にかけてカレドニア造山活動が起こり、新しい陸地が隆起した結果、浅瀬に取り残された緑藻類の一部が最初に陸上へ進出した。動物は餌場と住処（すみか）を求めてその後に続いた。

はじめて陸上に進出したのはリニア、プシロフィトンなどの古生マツバラン類（シダ植物）であった。しかし、陸上は光が十分なので光合成には有利であるが、水分が不足しやすく、温度変化

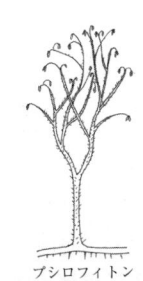

図27-3 古生マツバラン（上）
　　　　現生マツバラン（下）

も激しかった。陸上に進出した植物たちはこれらの環境に適応することが必要であった。

1）植物の陸生化〜乾燥への適応〜

植物が20〜30億年の穏やかな水中での生活から、古生代シルル紀（約4.4〜4.1億年前）に乾燥しやすい陸へ動いたことから、植物の進化が加速され、動物の進化もそれに伴った。

陸への進出は乾燥への適応ができるかどうかによる。植物は、次の①〜⑤のような変化をとげた。

① 水分や栄養塩類を体の先端まで運ぶことができるように維管束を発達させた。
② 水分の調節のために気孔をつくった。水分が少なくなると、葉の裏側にある通気孔の気孔を閉じて水の蒸発を防ぐことができた。
③ シダ植物は雨が降って地面がぬれたときにだけ精子をつくる。この精子が、泳いで卵細胞に到達するという効率の悪い受精の仕方をする。これに対して、種子植物は花粉管というベルトコンベアーで精細胞を運ぶという水を必要としない効率のよい受精方法に変換した。
④ 種子という乾燥に耐えることのできる器官を発達させた。
⑤ 体表面からの蒸発を防ぐために表皮にクチクラ（cuticle；キューティクル）層というロウのような成分を分泌した。

裸子植物（原始的な種子植物）のうちソテツやイチョウはベルトコンベアーという方式をとりながら、精子がある。さらに、種子を保護する子房という組織をもつ被子植物は、ライフサイクル（生活環）を裸子植物より短くすることで裸子植物との競争に勝つことができた。裸子植物では受粉後、受精まで半年から1年かかるのに、被子植物では3分〜1日というぐあいである。

2）きれいな花に滅ばされた恐竜

古生代の巨木の森をつくるシダ植物は、水から離れて繁殖できず、そのため陸地の奥には巨木の森はなかった。中生代三畳紀（2.5〜2.1億年前）にはシダ植物からソテツを中心とする裸子植物に置き換わった。これらの植物は胞子に代わって乾燥に強い種子という生殖器官を進化させた。この結果、裸子植物は果敢に陸地の奥を目指すことができた。やがて、陸地の内部に大森林を形成した。こ

の巨大な森林で木の頂上の葉も食べるために自らの体を大型化した草食恐竜は、裸子植物の森林を餌場として、豊かな生活を過ごしていたと思われる。

　ところが中生代ジュラ紀にきれいな花を咲かせるコブシの祖先と考えられる被子植物が誕生した。被子植物は種子を保護する子房という組織を発達させた。また、裸子植物に比べて受粉から受精までの時間がかなり短く、種子をつくりやすく繁殖に有利であった。そのため裸子植物は被子植物によって北へ追いやられた。恐竜は、餌の裸子植物を求めて寒い北の地へ移動していった。アラスカで草食恐竜の化石が多量に発見されているのはそのためだといわれる。

　シアノバクテリアが光合成をはじめたのは30億年前、今から4億年前のシルル紀に植物が陸上に進出した。水中で26億年の時間をかけて進化した植物は、陸上でわずか4億年で現在見られるような多様な高等植物に進化したことになる。水中という穏やかな環境から、陸上という厳しい環境の変化が植物の進化のスピードを速めたと考えられる。

コラム　生きている化石　イチョウ

　イチョウは地球上に1属1種しかない貴重な樹木である。イチョウは恐竜全盛の時代である1億5000万年前の中生代ジュラ紀に栄えた。日本では「公孫樹」「銀杏（ギンナン）」と表すが、中国では「鴨脚樹」という。葉の形はまさに水かきのついたカモの足である。『広辞苑』には「鴨脚」の近世中国音「ヤーチャオ」よりなまったものと記されている。

　イチョウは種子植物であるが、シダ植物のように精子をもつことを1896年に東京大学の平瀬作五郎が発見した。彼は顕微鏡でみた精子を「寄生虫ではないか」と思ったといわれている。種子植物がそれより下等な植物のように精子をもつ

イチョウ

ことは誰も考えなかったのである。このイチョウは今も東大の小石川植物園にあり、高さ25mの大木である。写真はその大木に実った銀杏を発芽させたものである。

3）花の戦略と昆虫の戦略～花と昆虫の共進化～

　最初に誕生した花はコブシのような花と考えられている。この花とコガネムシのような昆虫との出会いから花と昆虫の長い共生の歴史が始まった。花が目立つのは虫媒花の植物である。植物は虫に食べられていた花粉を虫につけて運ばせる

戦略をとった。虫の目をひくために色をつけ、花粉の場所を教えるサインとしてきれいな花が誕生したのだ。しかし、花粉は繁殖のために重要で食べられたくない。そこで、花粉の身代わりに甘い蜜で誘った。蜜の代わりに春先の寒いころ花の温度を高くして暖かさで昆虫を誘うフクジュソウ、甘い香りで誘う月見草（オオマツヨイグサ）などの戦略も現れた。とくに多くの昆虫の活動しない夜に咲く花は香りが強い。月下美人というサボテンは、何とコウモリを仲人にしている。

「チョウチョ　チョウチョ　なの花にとまれ　なの花があいたら　サクラにとまれ」のように浮気をされたのでは思うように受粉はできない。そこで、花は虫好みの色や香りをもつというしかけを準備した。その結果、多くの虫は同じ種類の花に集まるようになった。ただし、花と虫があまり密接に関係を持ちすぎると、どちらかが滅びれば、ともに絶滅する運命となる。

3. 進化とそのしくみ
1）進化の証拠

私たちが過去の生物を知る直接的な物証は化石（fossil）である。この化石を分析して生物が少しずつ形態を変化させていくことから進化を知ることができる。人類の祖先であるクロマニョン人の化石が発見されているが、この化石は貝の化石のターバンを装飾品として身に着けていた。ミイラとりがミイラになったような出来事であるが、人類の祖先にとっても化石は興味深いものだったのだろうか。また、始祖鳥やシダ種子植物などの中間的な化石の発見も進化の証拠となっている。

ヒトの手と鳥の翼などの相同器官（homologous organ）、昆虫の翅と鳥の翼などの相似器官（analogous organ）、クジラの後肢などの痕跡器官の存在も証拠と考えられる。さらに、「個体発生は系統発生を繰り返す」という発生反復、ニワトリの窒素排出物が発生とともにアンモニア、尿素、尿酸と変化すること、シトクロム、ヘモグロビンなどのアミノ酸配列が近縁のものほどよく似ているなどの証拠も示されている。

2）自然選択説

ダーウィン（イギリス）は、1835年にビーグル号によるガラパゴス諸島（南米エクアドルから1000kmの東太平洋の島々）に滞在した5週間で得た数多く

の観察データをもとに、「個体間の変異は、**生存競争**（struggle for existence）により有意な変異が生き残る**適者生存**（survival of the fittest）によって子孫に伝えられる。生物の進化は**自然選択**（natural selection）による」と考え、主著『種の起源』を発表した（1859年）。自然選択説が世に出るまで実に20年あまりの歳月が費やされた。

ガラパゴスとはスペイン語で「カメの島」という意味で、この諸島には1.7〜2.0メートル、体重270kgほどの大きなゾウガメが生息している。このゾウガメの甲羅の形が島ごとに違うこと、スズメより少し大きいダーウィンフィンチ（ヒワ科）のくちばしの形が食性の違いによって異なることなど、ガラパゴス諸島の生物は南米の生物とつながりがありながら、島ごとに固有の特徴をもっていることが、ダーウィンの進化論を育んだ。

3）中立説

1968年、木村資生（きむらもとお）の中立説（neutral theory）によると、分子レベルの突然変異はその生物にとって有利にも不利にもならないものが大半を占めているという。つまり、突然変異の多くは不利な場合が多く、この変異は集団内から消滅する。有利な変異は無視できるほど小さく、中立的な変異が大部分であり、集団内に蓄積するのは自然選択ではなく偶然によるものであるという。偶然とはびんの中に白と黒の碁石が同数入っていても、びん首から碁石を取り出した時に偶然に白い碁石が数多く出てくれば、取り出された碁石の白黒の割合は最初と異なってしまう。このように有利だから白の碁石が出てきたのではなく偶然にそうなったのである。碁石を遺伝子と考えると、集団内の遺伝子の割合は次代で偶然に変化することがある。これを**遺伝的浮動**（genetic drift）という。この遺伝的浮動による分子レベルの進化が中立説である。この中立説の証拠と考えられるのが**偽遺伝子**（pseudogene）である。この遺伝子は遺伝子重複によってできたもので「死んだ遺伝子」である。このような遺伝子に突然変異が起きても意味がなく、逆に機能している遺伝子は突然変異を蓄積していかなければならないと考えられる。ところが、遺伝子の突然変異の起きる頻度は機能している遺伝子ほど少なく、偽遺伝子の方が大きい。これは自然選択では説明できない。実際、マウスのヘモグロビンの偽遺伝子の突然変異は正常な遺伝子の2倍の進化速度をもつことが明らかにされている。むしろ、DNAの変化がない部分は何か重要な働きを

4. ハーディ・ワインベルグの法則

　集団内に遺伝子プールを考え、対立遺伝子の割合は一定の条件（個体数が多い、突然変異が起きない、集団内への移入や移出がない、自由交雑がおき自然選択が働かない）の下では変化しないというのがハーディ・ワインベルグの法則（Hardy-Weinberg's law）である。

　図27-4のように集団内に破線の円で囲んだようにAAが1個体、Aaが2個体、aaが2個体あるとき、集団内

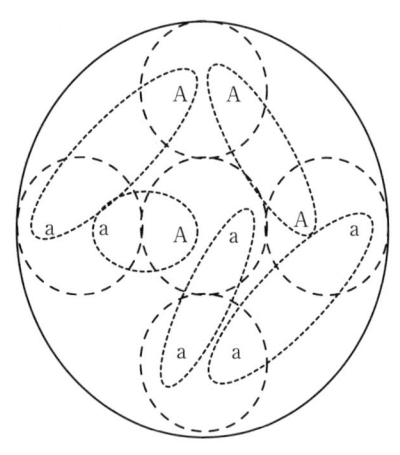

図27-4　ハーディ・ワインベルグの法則

の遺伝子プールを考えるとA遺伝子が4個、a遺伝子が6個の割合で存在する。いま、ハーディ・ワインベルグの法則が成立する条件で、それぞれの個体が配偶子をつくり、楕円で囲んだような新たな組合せで次代が生じる。とくに難しく考える必要はなく、親世代の遺伝子が配偶子の中にばらばらになっていったん入り、次世代に新しい遺伝子の組合わせができただけである。当然、遺伝子プールのA遺伝子とa遺伝子の割合は変化していない。

　数学的に示すと、A遺伝子の集団内にしめる確率をp、a遺伝子の集団内にしめる確率をqとすると（p+q=1）、集団内のAA、Aa、aaの頻度は（pA+qa）×（pA+qa）＝p^2AA+2pqAa+q^2aaとなり、遺伝子型の頻度はAA：Aa：aa=p^2：2pq：q^2となる。この次代集団内のA遺伝子の頻度は、$2p^2$+2pq=2p(p+q)=2p、a遺伝子の頻度は、$2q^2$+2pq=2q(p+q)=2qとなり、A：a=2p：2q=p：qとなり変化していないことになる。

　ハーディ・ワインベルグの法則は遺伝的な実験ができないヒトの遺伝において、集団内の遺伝子頻度をある程度近似できるところにある。例えば、日本人のRh式血液型のRh$^-$は200人に1人の割合である。Rh$^-$は劣性形質なので集団内にしめるaaの頻度は、q^2=0.005(1/200)となり、q≒0.07と求められる。潜

在的に a 遺伝子を持つ人（遺伝子型 Aa）は 2pq なので，$2pq = 2 \times (1-0.07) \times 0.07 ≒ 0.13$ となり，100 人に 13 人の割合，遺伝子型 AA の人は p^2 なので，$p^2 = (1-0.07)^2 ≒ 0.86$ となり，100 人に 86 人の割合と予想できる。また，男女の遺伝子プールが異なる場合でも，それぞれの対立遺伝子（A，a）の比率がわかれば，その積によって遺伝子型の頻度を求めることができる。

【確認テスト】

1　下図の家系図で，□は男性，○は女性を示す。この図で●は，単純な劣性遺伝をするある異常形質をもつ女性を示す。その他のものは外見上正常である。また，この一般集団における異常形質の出現頻度は 9% である。正常遺伝子を A，異常形質を支配する遺伝子を a として，あとの問いに答えよ。

問1　1 の女性の遺伝子型を示せ。
問2　3 の男性が保因者である割合は何%か。
問3　子供 6 が異常となる確率は以下に示す方法で求められる。文中の（イ）～（ヌ）に適当な語句，数字，記号を入れよ。

女性 4 は異常形質を有するので，その遺伝子型は（イ）である。それゆえ女性 4 から生じる配偶子には，すべて（ロ）遺伝子が含まれる。一方，全く血縁関係のない男性 5 の配偶子中には，A 遺伝子が含まれる場合と a 遺伝子が含まれる場合の 2 通りが考えられる。この 2 種類の配偶子の分離比は（ハ）の法則によって求められる。

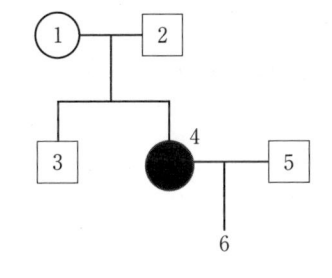

A 遺伝子の集団内にしめる確率を p，a 遺伝子の集団内にしめる確率を q とすると，集団内の AA，Aa，aa の頻度は，AA：Aa：aa ＝（ニ）：（ホ）：（ヘ）となり，aa の頻度が（ヘ）とわかる。また実際，集団内にしめる aa の割合が 9% だから，（ヘ）＝ 0.09 となり，q ＝（ト）と求められる。また，p ＋ q ＝（チ）だから，p ＝（リ）となる。つまり，A：a ＝（リ）：（ト）となる。これで男性 5 の配偶子の分離比が求められ，生まれてくる子供 6 の組合せは，a×[（リ）A ＋（ト）a] より求められる。よって，その子供 6 が異常となる割合は，((ト)／[(リ)＋(ト)])×100 ＝（ヌ）% となる。

第 28 講

生態系と生物多様性

　一定地域の生物とそれを取りまくすべての環境とのまとまりを**生態系**（ecosystem）という。雨上がりの小さな水たまりにも生態系があり、森林、砂漠、湖、海洋などにも、それぞれ生態系がある。また、地球全体も大きな生態系と考えられる。

　生態系の環境とは、生物のまわりのすべてのものが当てはまる。それは、光、温度、空気、土、水などの**非生物的環境**（abiotic environment）だけではなく、

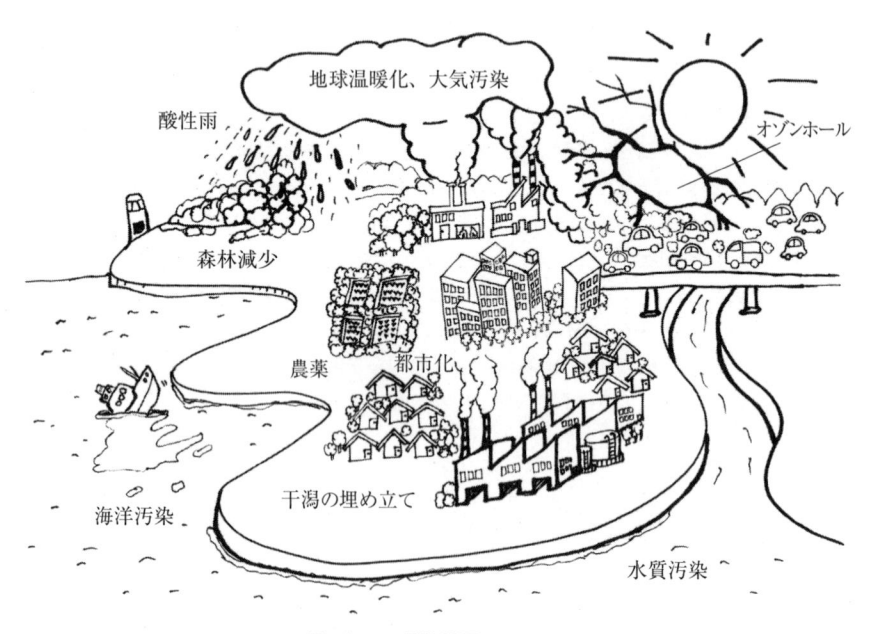

図 28-1　環境問題パノラマ

私たちのまわりのタンポポ、サクラ、スズメ、イヌなどをはじめ、すべての生物たちも環境（**生物的環境**；biotic environment）といえる。

生態系はある程度の変化に対しては復元することはできるが、とくに人間活動による急激で大きな変化が起きると、バランスが崩れ回復できなくなる。今日、人口が急激に増え、また生活のスタイルの変化によって、食料不足、ゴミの量が増えたこと、車の増加による大気汚染等などが世界共通の課題となり、いわゆる地球温暖化、酸性雨、オゾン層の破壊、森林の減少などに代表される地球規模の**環境問題**（environmental issue）が起きている。

今までは、科学技術がいろいろな難問に解決の道を与えてきたようにみえたが、これらの新たな問題は、文明を担ってきた科学技術自体が原因の1つになっている。

1. エコロジー

エコカー、エコバック、エコポイント等々、「エコ」という言葉をよく耳にする。この「エコ」とは地球にやさしいという意味ではない。「エコ」とはエコロジー（ecology；生態学）の略で、家や家庭を意味するギリシャ語の"oikos"に由来する。エコノミー（economy）は経済や節約の意味だが語源は同じである。

さて、生態学とは、生態系における生物どうしの相互作用や環境と生物との関係を研究する学問であり、全体をみて部分を考える巨視的（マクロ）に生物をとらえる学問である。例えば、かつて富士スバルラインや白山のスーパー林道では道路沿いの樹木が枯死した。山は一見すれば同じように樹木が生えている。しかし、人間の顔と同じで強いところもあれば弱いところもある。頬を指で突いても大事には至らないが、同じ強さで目を突くと失明の危険がある。山の強いところに道をつけるのは良いが、経済効率だけを考えて道をつくると山の弱い部分をつくこともある。そこを避けて道路をつくることが大切である。富士山をはじめ多くの山には登山のための古道がある。これらの道は鬱蒼とした樹木が両側に見られる。長い年月をかけて試行錯誤しながらつくられた道は弱いところを自ずと避けてつくられたのだろう。

生物どうしの相互作用には縄張り（テリトリー）、順位制、社会、共生、寄生、競争などがあるが、基本は食う食われるの関係であり、これを**食物連鎖**（food

```
                        生産者を1としたときの
   ┌─→ ヒト              エネルギー量の割合
1/10│
   ┌─→ マグロ ……(四次)消費者  1/10,000
1/10│
   ┌─→ サバ  ……(三次)消費者  1/1,000
1/10│
   ┌─→ イワシ ……(二次)消費者  1/100
1/10│
   ┌─→ 動物プランクトン …(一次)消費者  1/10
1/10│
   └── 植物プランクトン ……生産者    1
```

図28-2 生態ピラミッド

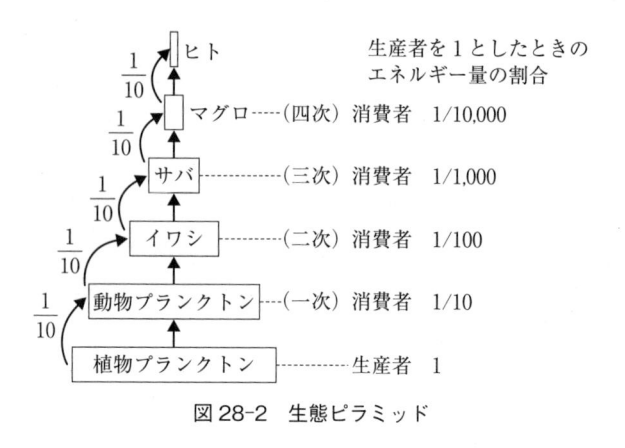

chain）という。また、食物連鎖は安定な生態系では網目状で複雑であり、これを**食物網**（food web）という。

食物連鎖のスタートが**生産者**（producer）、生産者を食べるのが**一次消費者**（primary consumer）、それを食べるものが**二次消費者**（secondary consumer）、さらに**三次消費者**（tertiary consumer）というような栄養段階がある。これらの栄養段階を積み重ねたものが生態ピラミッドである（図28-2）。

一般的に栄養段階が1つ上がるとエネルギー量は1/10程度になる。つまり食べたものの10%のエネルギー効率になるので、ヒトがマグロを1キロ食べれば、サバに換算するとサバ10キロを食べたことになる。イワシなら100キロ食べたと同じことになる。ところが、どれを食べてもエネルギー量としては同じだから、マグロを1キロ食べる人が代わりにサバを1キロ食べれば9人分の食糧が確保でき、イワシなら99人分を賄うことができる計算になる。栄養段階の下位のものを食べることも食糧危機の救う1つの方法である。

【実験】 煮干しのお腹のプランクトンから海の環境を考えよう

イワシは、口の中に入ってくるプランクトンをすべて食べますから、生きたプランクトンネットといえます。そんなイワシを乾燥させた煮干しを使えば、遠く離れた海にすむプランクトンをいつでもどこでも調べることができます。よごれた海にすむプランクトンが見つかれば、海がよごれているとわかります。

第 28 講　生態系と生物多様性　277

●観察のしかたとコツ
【用意するもの】
煮干し、つまようじ、紙コップ、コーヒーフィルター、
家庭用パイプ洗浄剤、顕微鏡
【実験の手順】
(1) 煮干しを乾燥したまま、手で頭をはずし、頭を半分
に裂き、大脳や中脳などを観察します。胴体も半分
に裂いて心臓、肝臓、胃、腸を確認し台紙に貼りつ
けて標本をつくります。
(2) 煮干しを10分間ほど煮てから、ザルなどにとり、水
を切り適度に冷ましておきます。

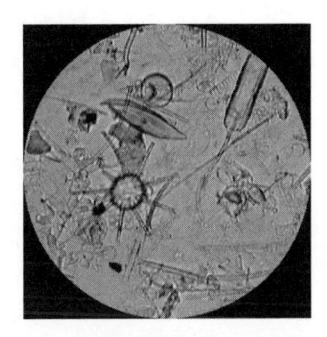

お腹のプランクトン

(3) 煮干しのお腹を開き、胃の中から黒いごみのようにみえる内容物を取りだします。取りだ
した内容物をスライドガラスにおき、水を1滴落としたら、つまようじでよく混ぜてから
カバーガラスをかけ、顕微鏡で見ます。
(4) 同じように黒いごみのような内容物を数匹分（大きな煮干しなら2～3匹）を取りだして、
紙コップに入れます。これに、水2mlを加え、家庭用パイプ洗浄剤を1ml加え、30分ほ
どおきます。
(5) コーヒーフィルターを使ってろ過します。フィルターに残ったものに、そのまま水300ml
を少しずつそそぎ、よく洗います。フィルターに残ったものを少量の水でうすめて、カバー
ガラスをかけて観察します。

●気をつけよう
・煮干しを煮るときは、やけどをしないようにしましょう。
・家庭用パイプ洗浄剤はパイプにつまったかみの毛などをとかす危険なものですので、とりあつ
かいには注意しましょう。
●参考文献：『日本海洋プランクトン図鑑』（保育社）

Thinking About the Ocean's Environment: Examining a Sardine's Stomach Contents

Toshiaki NAKANISHI

- Whatkind of experiment/observation is it?

Sardines eat the plankton that lives in the ocean. Since they all eat plankton that come floating into their mouths, they are called living "plankton nets". Therefore, by examining some dried sardines, we will be able to study plankton that comes from all over the world.

- Tips on observation and doing the experiment:

Materials needed :

Dried sardines, wooden chopsticks, toothpicks, microscope, pot, strainer, coffee filters, a rubber band, cup, liquid household pipe cleaner, and the reference book: *Japan Sea's Plankton* (Hoikusha)

① Boil the sardines for about 10 minutes and the use the strainer to drain out, the excess water. Let the sardines cool down.

② Using chopstick, open the stomachs of the Sardines. Take out the black contents (the plankton) from the Stomach and from the gut.

③ Put the Stomach contents that you got from ② on a microscope slide glass. Then, put a single drop of water on the slide glass, mix it well with a toothpick, put the cover glass on, and examine it with a microscope. (Figure 1)

④ Now, put several fish's stomach contents that you got from ② into a cup (about 2-3 fish's stomach contents): Add 2 mL of water and 1 mL of the liquid household pipe cleaner. Let it sit for about 30 minutes.

⑤ Filter the contents using a coffee filter. Then slowly add 200mL of water to wash the contents that are left on the filter. Dilute the remaining contents with a little bit

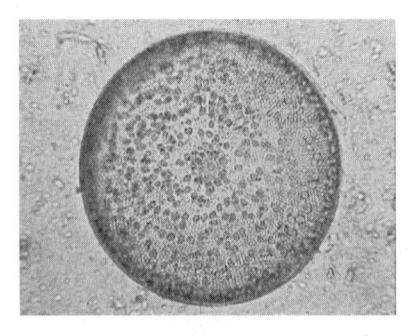

Figure 1 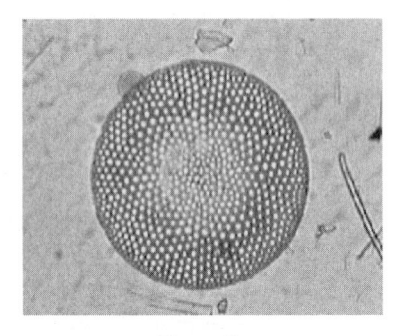   Figure 2

of water, put one drop of it onto a microscope slide glass then put on a cover glass and examine it. You may be able to see the vitreous shell of a figure 2.
・Make specimens of sardines that come from different environments and compare/contrast the different kinds of plankton found in their gut.
・It is recommended to observe not only the sardines' stomachs and intestines, but also their brains and eyes.
・CAUTION
　・Please be careful not to burn yourself while boiling the sardines.
　・Liquid household pipe cleaner is a dangerous base substance. It dissolves hairs that clog pipes. Please be careful when using it.

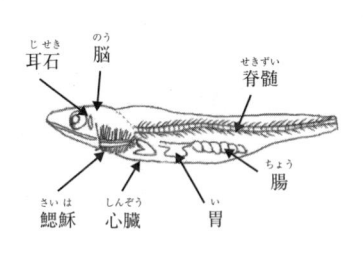

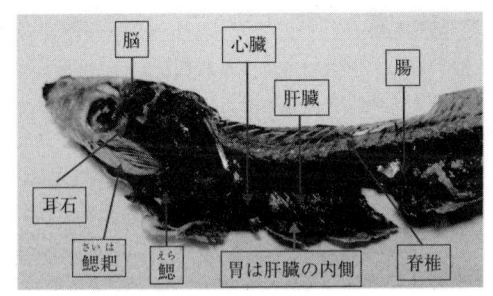

2. 環境問題
1） 地球温暖化

　この100年の間に地球の年平均気温が約0.74℃上昇した。気候変動に関する政府間パネル（IPCC）の第4次報告書（2007年）によると、21世紀末には1.1～6.4℃上昇すると考えられている。気温が上昇すると南極や北極の氷が溶けて海面が上昇し、21世紀末には海面上昇が18～59cmにも達すると予想され、小さな島々の水没、浸水被害、地下水の塩水化などの被害がでる可能性がある。

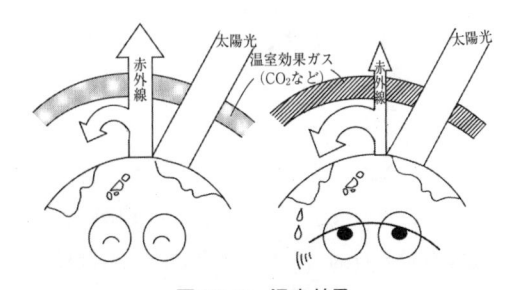

図28-3　温室効果

地球が温暖化（global warming）している主な原因はCO_2の増加であるといわれている。では、なぜCO_2が増えると暖かくなるのか。図28-3にように、地球は太陽のエネルギーを吸収して暖まり、暖まった地表は赤外線を放射することで熱を大気中へ放出する。晴れた夜は曇った夜よりもよく冷えるのは、雲によって地表から逃げ出した熱が地表にもどらないためだ。雲だけでなく大気中のCO_2も温室のガラスのように地表からの赤外線を吸収して熱に変え、地球を暖める（温室効果；greenhouse effect）。このおかげで地球の平均気温は15℃という快適な状態を維持している。もし、温室効果がなかったら地球は約-18℃の氷の星になってしまう。

> **コラム** 宮沢賢治も知っていた温室効果
>
> 賢治は『グスコーブドリの伝記』（1932年）で、冷害に苦しめられている農民を救うために火山を爆発させ、CO_2を大気中に放出させて温度を上昇させようとした内容を記している。
> 　ある晩ブドリはクーボー大博士のうちを訪ねました。
> 「先生、気層のなかに炭酸瓦斯がふえてくれば暖かくなるのですか。」
> 「それはなるだろう。地球ができてからいままでの気温は、たいてい空気中の炭酸瓦斯の量できまっていたと言われる位だからね。」
> 「カルボナード火山島が、いま爆発したら、この気候を変えるぐらいの炭酸瓦斯を噴くでしょうか。」
> 「それはぼくも計算した。あれがいま爆発すれば、瓦斯はすぐ大循環の上層の風にまじって地球ぜんたいを包むだろう。そして下層の空気地表からの熱の放散を防ぎ、地球全体を平均で五度位温かくするだろうと思う。」（『銀河鉄道の夜』新潮文庫）

※ 現在では火山の爆発によって吹き出される粉塵によって太陽光が妨げられ、全体としては温度が下がると考えられる。

○ 氷床コアに記録されたCO_2濃度

地球誕生当時の大気はほとんど水蒸気（H_2O）とCO_2であったが、地球が冷えて海ができると、CO_2は海中のカルシウムと結合して炭酸カルシウム（石灰岩）となって海底に沈んでいった。また、貝殻、サンゴの成分として動物に取り込まれたり、光合成を行う植物によって吸収された。また、動植物などの遺体や排出物は石炭・石油・天然ガスという化石燃料になって地中に蓄積されて大気中からCO_2は少しずつ減少していった。ところが、人類が化石燃料を燃やすことで、再

び CO_2 が増加し始めた。

南極は陸地の大部分が氷のかたまり（氷床）でおおわれている。最も厚いところで4,000 m以上にもなる。この氷床は雪が降って固まったものである。その際、空気がいっしょに閉じ込められた。地表から深いところにある氷ほど過去の空気が閉じ込められているはずで、ボーリングによって採掘した氷床コア（円柱状の氷のかたまり）をうすく切ってみると、閉じ込められた空気のつぶを見ることができる。深いところほど圧力によって、つぶは小さい。過去1000年間の CO_2 濃度が、採掘された氷床コアによって測定された（図28-4）。

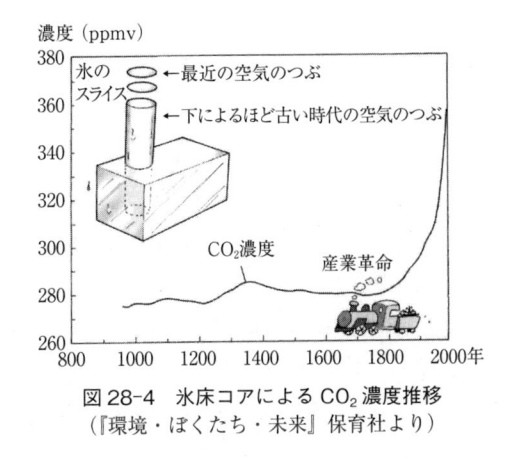

図 28-4 氷床コアによる CO_2 濃度推移
（『環境・ぼくたち・未来』保育社より）

18世紀の産業革命の時代に280ppm（100万分の1の濃度を示す単位）だった大気中の CO_2 濃度は、増加の一途をたどり現在では389ppmになっている（図28-5）。1997年、京都で地球温暖化防止会議（COP3[※]）が開催され、温室

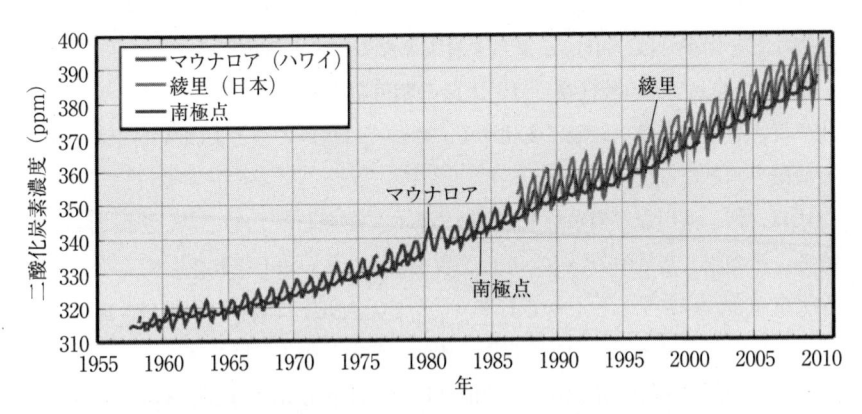

図 28-5　2010年までの大気中の二酸化炭素濃度の経年変化
（気象庁『気候変動監視レポート2010』）より
（マウナロア、綾里および南極点における大気中の二酸化炭素月平均濃度の経年変化を示す。温室効果ガス世界資料センター（WDCGG）および米国二酸化炭素情報解析センター（CDIAC）が収集したデータを使用）

効果ガスの削減を決めた京都議定書が締結され2005年に発効した。2011年、南アフリカ共和国のダーバンでCOP17が開催されたが、2013年以降の京都議定書の約束について先進国と途上国との利害の対立が大きく国際交渉は難航している。IPCCの4次報告書では、最も排出量が少ないＢ１シナリオでも2100年には549ppmと予測されている。

※ COPとは、Conference of the Pertiesの略で締約国会議、一般には気候変動枠組条約会議のことである。

2) 大気汚染や酸性雨の原因物質～NOx、SOx～

自動車・工場からの排気ガスや大量のゴミ焼却による空気の汚れは、酸性雨、光化学スモッグを生じ、さらにぜん息、肺がんなどの健康障害をもたらす。その主な原因物質は化石燃料を燃やしたときに生じる窒素酸化物（NOx；ノックス）や硫黄酸化物（SOx；ソックス）である。SOxは硫黄（S）を取り除く脱硫装置などの科学技術の発達によって減少しているが、NOxは横ばいの状態である。これは私たちが台所などでエネルギーを消費しても、空気中の窒素（N_2）と酸素（O_2）が反応して生成するためである。

NOxの毒性はSOxよりも高く、大気汚染物質の中心である。しかし、NOxは複雑な化学反応をへて硝酸となる。この硝酸イオンは肥料として、植物の根から吸収され、葉の中で糖と結びついてタンパク質をつくるアミノ酸に変わる。街路樹などを増やせば、NOxを減らす対策となると考えられる。

NOx、SOxなどの酸性物質は、太陽の紫外線などのエネルギーにより複雑な化学反応を経て硝酸や硫酸に変化する。かつては恵みの雨とよばれた雨は、硝酸や硫酸の雨となった。

雨は、海、河川などの水が太陽で暖められて蒸発し、上空で冷やされて降ってくる。その際、空気中のいろいろな物質を溶かしていっしょに落ちてくる。これが大気をきれいにするしくみである。しかし、大気中に酸性の物質が含まれていると**酸性雨**（acid rain；pH5.6以下の雨）となって地上に降り注ぐ。アメリカではふつうの雨の2,000倍も強い酸性雨（レモン汁pH2.3と同じぐらい）が降ったという報告もある。

酸性雨は、森林を枯らし、湖や沼を魚がすめないような酸性にしたり、大理石でできた歴史的な彫像やコンクリートの建造物を溶かしたりする。さらに、ス

ウェーデン南部では、酸性雨が地中にしみ込んで井戸水を酸性化し井戸の銅管が腐食した。そのとき溶け出した銅イオンで金髪が緑色に染まる事件もあった。

コラム　太古から降っていた酸性雨

酸性雨の歴史は古く、人類の誕生する以前、今から6,500万年前（中生代末期白亜紀）の恐竜の絶滅をもたらしたのも酸性雨ではないかという説がある。巨大な隕石が地球に衝突した際のエネルギーによって、空気中の窒素と酸素が反応しNOxを生じた。この濃度は現在の自動車による大気汚染の1,000倍にも達するという。この結果、強い酸性雨が地上に降り注いだ。このため地上では、恐竜の卵などの石灰質が溶かされ卵は孵化せず、海水の酸性化によりアンモナイトの石灰質は溶かされ、絶滅に追いやられたというのだ。

恐竜の卵の化石

---

3. 生物多様性

2010年、名古屋で生物多様性条約第10回締約国会議（COP10）が開催された。**生物多様性**（biodiversity）というと生物の種類数が多いことと思う人が多い。もちろん、「種の多様性」もその中の1つであるが、他に「遺伝子の多様性」「生態系の多様性」がある。

生物多様性から得られる自然の恵みを**生態系サービス**（ecosystem services）という。具体的には、マグロやサバなどの魚介類、野菜や果実などの農作物、木材などの建築材料、石炭や石油などの化石燃料などの供給サービス、森林による洪水や土砂崩れの防止、水や空気の浄化、気候の調整などの調整サービス、地球上の食糧を賄う植物の光合成などの基盤サービス、森林浴、キャンプなどのレクレーションの場、エコツーリズムなどの観光資源としての文化的サービスがある。

いま、この生物多様性が危機に瀕している。原因としては、1900年に16億5,000万人であった世界人口が、2011年には70億人という爆発的な増加とそれに伴う人間活動、つまり都市化による野生生物の生息地の破壊・環境汚染、資源

の過剰利用、地球温暖化などによる気候変動、そして人間が持ち込んだペットや外来種による生態系の破壊などが考えられる。

1）生物の絶滅

生物の絶滅は過去に6回繰り返されている。5.4億年前のカンブリア爆発（p.264）、オルドビス紀末（4.4億年前）、デボン紀末（3.6億年前）、ペルム紀末（2.5億年前）、三畳紀末（2億年前）、そして有名な白亜紀末（6,500万年前）の恐竜の絶滅である。きれいな花が咲く被子植物が恐竜を絶滅に追いやったという説もあるが、直径およそ11kmもある巨大な隕石（小惑星）がメキシコのユカタン半島に落下したことが主要因と考えられている。隕石の衝突で粉塵が舞い上がり、地球に届く太陽の光を遮った。このときの明るさは満月の10%ほどと推定され、この薄暗い状態が続いた地球では寒冷化や光合成の阻害によって植物が枯れ、食物連鎖が崩壊し、恐竜をはじめとして大量の生物絶滅につながったといわれている。しかし、恐竜の絶滅が隕石衝突後、数日で起こったわけではない。1,000年で1種ぐらいの割合で少しずつ起こったのだ。

ところが、今日の絶滅の速さは、13分間に1種の割合、つまり1年間で4万種もの生物が姿を消していると考えられている（表28-1）。

絶滅の恐れのある生物をリストアップして、その分布や現状を報告したものを「レッドデータブック」という。国際自然保護連合（IUCN）が1960年代から作成しており、絶滅種、絶滅危惧種、危急種、希少種などの段階を設けている。日本では、1989年に植物編、1991年に動物編が発行された。

環境省のレッドデータブック（2007年）によれば、日本の哺乳類の24%、鳥類の13%、爬虫類の32%、両生類の34%などが絶滅の恐れがあり、植物では維管束植物の24%、コケ類の10%が絶滅の恐れがあるといわれている。現在は「レッドリスト」として、インターネット上で閲覧できる。

表28-1 加速度的な種の絶滅

年　代	生物絶滅の速さ
恐竜時代	0.001種／年
1600～1900年	0.25種／年
1900年代前半	1種／年
1975年ごろ	970種／年
1975～2000年	40,000種／年

図28-6　ダルマガエル
（絶滅危惧種IB類）

なぜ、野生生物が絶滅していくのか。原因の1つは、都市化による影響である。森林の伐採、宅地・ゴルフ場・スキー場の造成、道路工事などにより、野生生物が自生地を失ったり、すみかを追われたりしている。また、農薬をはじめとする環境汚染物質によって絶滅に追いやられている。

2つめは、乱獲（資源の過剰利用）である。例えば、16世紀に北アメリカ大陸に50億羽のリョコウバトが生息していた。この鳥は大群で渡りをすることからリョコウバトとよばれていた。この鳥の肉が美味であったので、食用として乱獲され、1914年に絶滅した。また、食用以外に野生生物はペットとして捕獲されたり、毛皮の洋服、ワニ皮などのハンドバック、象牙などの工芸品として殺されている。

3つめは人間が運び込んだ外来種による野生生物の絶滅だ。例えば、モーリシャス島に生息していたドードーは、飛べない鳥で地上に卵を産むが、この卵を人間が持ち込んだブタが食べつくしたために1681年に絶滅した。また、オーストラリア大陸にいるカンガルーなどの有袋類がイヌ、ネコなどの移入された動物によって数を減らしている。同じことは日本の対馬や沖縄の動物にもみられる。さらにブラックバスのようにフィッシングのために外国から持ち込まれた生物が帰化し、アユやフナなどの在来種を絶滅に追いやろうとしている。

2) 生物多様性の保護

動物園はかつての見せる場としての役割から、動物を絶滅から救う役割をもつようになった。アメリカでは名称も△△動物園から○○野生生物保護公園に多くが変更している。つまり、動物園や水族館は種の保存、遺伝子の多様性の保存、環境教育の場となった。日本でも野生生物の保護や希少生物の繁殖・野外復帰などの活動を実施している。

野生生物を守る理由の1つは、人間も含めた多様な生物が生息している生態系を守る必要があるということである。1つの種だ

図28-7　生態系の安定度
（上図：不安定　下図：安定）

けが突出している生態系は環境の変化によって壊れやすい。

例えば、人間がつくる水田などの生態系では、イネ → イナゴ → カエル → クモ → カエル → サギなどのように単線型が多い。自然界では動物は1種類の餌だけを食べるのではなく複数の餌を食べる。自然界では動物はいろいろな餌を食べるので**食物連鎖**（food chain）は網目状になり食物網とよばれる。単線型の生態系では、食物連鎖の構成員が1種でも絶滅すれば簡単に崩壊するが、生物種の多い複線型では、耐えることができる。しかし、長い目で見れば、食物網が少しほころびたことになる。

2つめは人間が利用できる資源や遺伝子の宝庫だからである。野生生物は医薬品の開発、農作物の改良など人間生活に役立つ資源であり、経済的な価値が高い。例えば、ペニシリンという抗生物質はアオカビから、抗マラリア剤のキニーネは南アメリカのキナノキから、インフルエンザの特効薬のタミフルはトウシキミ（中華料理などに使うスパイスの八角）から開発された。

多様な生物がいる熱帯雨林を守ることは遺伝子の多様性を守るにつながる。ただ、多くの熱帯雨林は人間生活のために開発され、それとともに固有の遺伝子も失われている。一度失われた遺伝子は復元できない。その中には人類にとって有益なものも多数含まれているはずである。

マレーシアには整然と並んだアブラヤシのプランテーションがある。アブラヤシの実からパーム油をとることができ、その90%はドーナツ、フライドポテト、マーガリンなどに植物油として利用される。私たちの生活の必需品になっているパーム油は熱帯雨林との引き換えになっている現実がある。

4. 人は地球の救世主か？

19世紀のフランスの詩人、シャトーブリアンは「文明の前に森林があり、文明のあとに砂漠が残る」といっている。

私たちは、自然を壊すことで豊かな生活を続けてきたのかもしれない。それでも、私たちの数が少なければ、自然は壊れたところを修復して元にもどることができた。ところが、今、私たちの数があまりに多くなりすぎてしまった。

地球は46億年前に誕生し、生命の誕生は40億年前、恐竜の全盛時代は1.5億年前、人類の誕生は400万年前、現生人類は5万年前に現れた。46億年を1年

に換算して1年の始まりの1月1日に地球が誕生したとすると、最初の生物は2月18日、恐竜全盛は12月19日、人類誕生は12月31日午後4時23分、現生人類の誕生は12月31日午後11時54分となる。人類の歴史はわずか6分間にすぎない。

地球が2億年をかけて作りあげた化石燃料（石炭・石油など）を人類はわずか200年で消費しようとしている。このような生物は進化の歴史には登場しなかった。

図28-8 「文明の前に森林があり、文明のあとに砂漠が残る」
（『環境・ぼくたち・未来』保育社より）

シュミット・ニールセンによると、「生物の体重とエネルギー消費量は、ほぼ比例する。人間はその体重からヒツジと同じはずであるが、ゾウと同じぐらいのエネルギーを消費している。また、人間が地球上の陸地のすべてに生息できるとしても、エネルギー消費量からみてその数は1億8,000万人にしかならない」という。しかし、今日、世界人口は70億人に達し、地球が40個も必要になる計算である。人類は地球を食い尽くす勢いで増えており、21世紀の半ばに90億人となり地球は危機的状況になると考えられている。人類は自らの幸せためだけに科学技術を用いるのではなく、全体との調和を考えて科学技術を利用しなければならない。つまり、人類が地球の救世主になるためには、価値観の転換ができるかどうかにかかっている。

イソップ物語にアリとキリギリスの話がある。寒い冬に向けて、暑い夏にせっせと働いて冬の準備をしたアリは冬をのりきることができたが、気候のよいときに遊びつづけたキリギリスは冬を過ごすことができなかったという話である。私たちも「今がよければよい」というキリギリスのスタイルを改めて、アリのように未来への準備をしなければならないだろう。

1つの進路は科学技術の利用を抑制し、自然への負荷を小さくし、生活のレベルを下げる方法である。しかし、快適な生活に慣れた現代人が、電気やガスのな

い昔の生活にもどることなど不可能だろう。たとえ、そうしたとしても、病気の治療などでは科学技術に頼らざるを得ないだろう。

　２つ目は、生活のレベルを下げずに自然への負荷量を小さくする方法である。科学技術を大いに活用すれば、自然への負荷量を小さくしても、生産量を高めることができるはずである。例えば、電気製品を省エネ設計したり、バイオテクノロジーによって、医薬品や農産物も効率よく生産する。また、資源のリサイクルを積極的に行えば資源を有効に使う方法となる。人類が自分たちのためではなく、地球のために科学技術を利用するという価値観の転換をすれば、環境問題も解決できる可能性がある。

　「宇宙船地球号」の未来にどこへ行くのか。そのためのコンパス（羅針盤）が何であるのか。地球は人間だけのものではなく、すべての生き物のものであり、また未来からの借り物であることも忘れてはならない。

コラム　未来への警告書

●『沈黙の春』SILENT　SPRING（新潮文庫）
　ミューラーによって発見されたDDTは殺虫剤として農作物の収量を増やしたり、伝染病の蔓延を防ぎ多くの人命を救ったりすることができた。ところが、レーチェル・カーソンはその主著『沈黙の春』の中で「DDTは虫を殺し、鳥を殺し、最後には人に襲いかかる」と述べて、DDTを「死の妙薬」とよび、化学物質による生物の危機を初めて警告した。また、遺作となった『センス・オブ・ワンダー』の中で「小さなころから自然の中で遊び、自然を見つめることができていれば、大人になったとき何をしなければならないかがわかるはずです。〈中略〉もし、小さな子供たちに話しかける妖精がたった一つ私のお願いを聞いてくれるなら、世界中の子どもたちが自然の神秘と不思議に目をみはる感性（センス・オブ・ワンダー）が生涯消えることがないようにお願いします」というメッセージを残している。

●『奪われし未来』OUR　STOLEN　FUTURE（翔泳社）
　シーア・コルボーンは環境ホルモン（外因性内分泌撹乱物質）が生物の絶滅を招くと警告した。その主著『奪われし未来』の最後の章で次のように述べている。「われわれが直面しているジレンマは、簡単に言えば"地球には将来の青写真もなければ、使用説明書も付いていない"ということだ。オゾンホールや環境ホルモンの経験が教訓になるとすれば、それはこんなふうに言い表わせるだろう。"人類は未来に向けて猛スピードで飛んでいるが、それは無視界飛行にすぎないのだ"と」

> 　人類は便利さと裏返しに、自らの命と未来の子どもたちの命まで引き換えにしてしまった。20世紀は大量のエネルギーを使って、猛烈なスピードで走ってきた時代だった。いま、未来へ通じる道を探すために、ゆっくりゆっくり歩んでいくようなギアーチェンジをしなければならない。

【確認テスト】

1　絶滅のおそれのある野生生物の保護のための条約は次の①〜④のうちのどれか。
　① ラムサール条約　　② ワシントン条約　　③ ロンドン条約　　④ バーゼル条約

2　レイチェル・カーソンの『SILENT　SPRING』(1962)は、人類と環境との関わり合いについての警鐘の書である。次の一節を読んで、あとの各問いに答えよ。
　アメリカの奥深くわけ入ったところに、ある町があった。ア生命あるものはみな、自然と一つだった。町のまわりには、豊かな田畑が碁盤の目のようにひろがり、イ穀物畑の続くその先は丘がもりあがり、斜面には果樹がしげっていた。春がくると、緑の野原のかなたに、白い花のかすみがたなびき、秋になれば、カシやカエデやカバが燃えるような紅葉のあやを織りなし、松の緑に映えて目に痛い。丘の森からキツネの吠え声が聞こえ、シカが野原のもやのなかを見えつかくれつ音もなく駆けぬけた。
　道を歩けば、アメリカシャクナゲ、ガマズミ、ハンノキ、オオシダがどこまで続き、野花が咲きみだれ、四季折々、道行く人の目をたのしませる。冬の景色もすばらしかった。野生の漿果や枯れ草が、雪の中から頭を出している。漿果を求めて、たくさんの鳥が、やってきた。いろんな鳥が、数えきれないほどくるので有名だった。春と秋、渡り鳥が洪水のように、あとからあとへ押し寄せては飛び去るころになると、遠路もいとわず鳥見に大勢の人たちがやってくる。釣りにくる人もいた。ウ山から流れる川は冷たく澄んで、ところどころに淵をつくり、マスが卵を産んだ。むかしむかし、はじめて人間がここに分け入って、家を建て、井戸を掘り、家畜小屋を建てた、そのときから、自然はこうした姿を見せてきたのだ。
　ところが、あるときどういう呪いを受けたのか、エ暗い影があたりにしのびよった。
　いままで見たことも聞いたこともないことが起りだした。若鶏はわけの分からぬ病気にかかり、牛や羊も病気になって死んだ。どこへ行っても死の影。…〈中略〉…。
　自然は沈黙した。うす気味悪い。鳥たちは、どこへ行ってしまったのか。みんな不思議に思い、不吉な予感におびえた。裏庭の餌箱は、からっぽだった。ああ、鳥がいた、と思っても、死にかけていた。ぶるぶるからだをふるわせ、飛ぶこともできなかった。春がきたが、沈黙の春だった。いつもだったら、コマドリ、スグロマネシツグミ、ハト、カケス、ミソサザイの鳴き声で春の夜は明ける。そのほかいろんな鳥の鳴き声がひびきわたる。だが、今はもの音一つしない。野原、森、沼地－みな黙りこくっている。…〈中略〉…
　この地上に生命が誕生して以来、生命と環境という二つのものが、たがいに力を及ぼし合い

ながら、生命の歴史を織りなしてきた。といっても、環境のほうが、植物、動物の形態や習性をつくりあげてきた。地球が誕生してから過ぎ去った時の流れを見渡してみても、生物が環境を変えるという逆の力は、ごく小さなものにすぎない。だが、20世紀というわずかのあいだに、ｱ人間という一族が、恐るべき力を手に入れて、自然を変えようとしている。（RACHEL CARSON　青樹簗一　訳　新潮文庫）

問1　図は、下線部アをまとめたものである。a～dとe～iにあてはまるもの正しい組み合わせはどれか。それぞれあとの①～④のうちから、1つずつ選び番号で答えよ。

生物名

(a) ┌ 生物群集 ┌ (c) ‥‥‥‥‥‥‥‥‥ (e)・(シャクナゲ)
　　│　　　　│ 消費者 ┌ 一次 ‥‥‥‥ (f)
　　│　　　　│　　　　│ 二次 ‥‥‥‥ (g)
　　│　　　　│　　　　└ 三次 ‥‥‥‥ (h)
　　│　　　　└ (d) ‥‥‥‥‥‥‥‥‥ (i)
　　└ (b) ‥‥‥光、水、温度、土、空気、無機塩類など

	a	b	c	d
①	生態系	群れ	生産者	分解者
②	生態系	非生物的環境	生産者	分解者
③	生物群集	群れ	分解者	生産者
④	生物群集	非生物的環境	分解者	生産者

	e	f	g	h	i
①	カシ	コマドリ	キツネ	ニワトリ	キノコ
②	カエデ	ウシ	カケス	ハト	カイチュウ
③	カバ	ヒト	キツネ	シカ	ゴキブリ
④	ハンノキ	チョウ	クモ	ミソサザイ	アオカビ

問2　下線部イの穀物などの栽培植物は、野生の植物とは異なる特徴をもっている。野生のものと比べて、栽培植物の特徴として誤っているものはどれか。次の①～④のうちから最も適当なものを1つ選べ。
　① 種子が熟しても脱落しない。　② 無毒化されている。
　③ 生育地が限られている。　　　④ 収穫量が多く、栄養に富む。

問3　下線部ウについて、川の中に少量の汚物（有機物）が流れ込んでも、水は澄んでいる。この現象は何とよばれているか。また、その理由として最も適当なものを次の①～④のうちから1つ選べ。

① 細菌などにより汚物が完全に分解されるため。
② 水中の酸素により汚物が水に溶ける他の有機物に変えられるため。
③ 紫外線により汚物が分解されるため。
④ 水中は温度が低く、細菌が繁殖しないため。

問4 一般に汚れた川で生活する生物を、次の①～⑤から最も適当なものを1つ選べ。
　① ウグイ　　　　　② ヒメマス　　　③ ユスリカ
　④ ゲンジボタルの幼虫　⑤ プラナリア

問5 下線部エの暗い影とは、DDTのような農薬による汚染であった。DDTについての記述のうち正しいものはどれか。次の①～④のうち最も適当なものを1つ選べ。
① DDTは神経を麻痺させるが、体内で分解されるので、時間がたてば回復する。
② DDTによって害虫を駆除すれば、自然は安定な状態を維持できる。
③ DDT耐性昆虫は、DDTによって突然変異を起こしたものである。
④ DDTは殺虫剤であるが、多量に蓄積すると人体にも有害である。

問6 下線部オのような人間の行動は、自然からの逆襲を招いた。この自然の逆襲にあてはまらないものはどれか。次の①～④のうちから最も適当なものを1つ選べ。
　① 酸性雨　　② 紫外線の増加　　③ 地球の温暖化　　④ 熱帯雨林の減少

3　二酸化炭素（CO_2）についての次の文を読んで、あとの各問いに答えよ。

　地球誕生当時の大気はほとんどCO_2であったと考えられている。ところが、地球が冷えて海ができるとCO_2は溶け込み、₁海中のカルシウムと結合して炭酸カルシウムとなって蓄積された。また、植物の　1　によって植物体内に炭水化物（デンプンなど）となって含まれ、やがて植物が枯れると化石となり、今日の石炭・石油という化石燃料になった。このようにしてCO_2量は少しずつ減少していった。ところが、18世紀の産業革命の時代に280ppmだった大気中のCO_2濃度は増加の一途をたどり、ハワイの観測所のデータでは、現在およそ　2　ppmになっている。

　₂温暖化によって気候は北半球では北極の方向に、南半球では南極の方向に1年間あたり10kmの速さでずれている。しかし、植物の移動はせいぜい1年間あたり数km（クリでは200～300m／年、マツでは80～500m／年）なので、気候の変化に追いつけない。植物の生育できる範囲は毎年せまくなっていき、やがて絶滅することも考えられる。₃近畿、中国地方で、いまの鹿児島と同じ樹木がみられると考えられている。

　CO_2濃度がいまよりも増えると、植物は光合成をさらに活発に行うので、収穫量が増えるはずである。ところが、光合成はCO_2濃度だけではなく、　3　、　4　、水なども関係があり、CO_2濃度が、いくら増加しても他の要因がマイナスになれば結果的には収穫量が減少する。

　₄地球を暑くするおもな原因がCO_2といわれているから、このCO_2を光合成によって、植物に吸収してもらうのが一番よい方法である。植物の中にはトウモロコシ、サトウキビのように効率よくCO_2を吸収する植物もあり、このような植物を他にも見つけてCO_2を減らすことも考

えられる。

　また、植物はCO₂を吸い、私たちに必要な酸素（O₂）を放出する。アマゾンの熱帯雨林で地球上のO₂の｜ 5 ｜を作りだしているといわれている。しかし、残念なことにいまその熱帯雨林が失われつつある。この失われた森林を再生するには植林をしなければならない。「守る緑」だけではなく、「作る緑」が必要である。

問1　文中の｜ 1 ｜～｜ 5 ｜に、次の①～⑩の中から最も適当なものを1つ選び、番号で答えよ。
　　① 光の強さ　　② 湿度　　③ 温度　　④ 酸素濃度　　⑤ 炭酸同化
　　⑥ 窒素同化　　⑦ 360　　⑧ 500　　⑨ 2分の1　　⑩ 3分の1

問2　下線部1の海に溶け込んだCO₂は生体内にどのようなものの成分として蓄積されたか。次の①～④の中から、誤っているものを1つ選び、番号で答えよ。
　　① 魚の骨　　② 貝殻　　③ サンゴの骨格（さんご礁）　　④ 放散虫の殻（星砂）

問3　下線部2のような現象引き起こす原因を何とよんでいるか。次の①～⑤の中から最も適当なものを1つ選び、番号で答えよ。
　　① エネルギー効率　　② 温室効果　　③ エルニーニョ
　　④ 砂漠化　　⑤ 赤外線放射

問4　地球の年間平均気温は何℃か。次の①～⑤の中から最も適当なものを1つ選び、番号で答えよ。
　　① 5　　② 10　　③ 15　　④ 20　　⑤ 25

問5　下線部3の近畿地方の現在の群系を、次の①～⑤の中から最も適当なものを1つ選び、番号で答えよ。
　　① 針葉樹林　　② 夏緑樹林　　③ 照葉樹林　　④ 亜熱帯多雨林　　⑤ 硬葉樹林

問6　下線部4のCO₂のほかにも下線部2を起こすガスとして知られているものはどれか。次の①～⑤の中から適当なものを2つ選び、番号で答えよ。
　　① メタン　　② フロン　　③ 水素　　④ 酸素　　⑤ 窒素

資料　季節の話題

【こぼれ話】
春の話題

○　七草粥の節供（1月7日）

　「節句」の元の文字は「節供」であり、日常生活の節目を表していた。江戸時代には祝日となっており、五節供があった。その1つが1月7日の「人日の節供」である。つまり、「七草粥の節供（七種の節供）」のことである。他に「上巳の節供」（3月3日）、「端午の節供」（5月5日）、「七夕の節供」（7月7日）、「重陽の節句」（9月9日）がある。

　七草粥を食べるようになったのは、室町時代以降で、奈良時代には米・粟・稗・蓑米・胡麻・小豆・黍の穀物の粥を食べていたようだ。

　七草の種類は地方でも少し違うがせり、なずな、ごぎょう、はこべら、ほとけのざ、すずな（かぶ）、すずしろ（大根）である。

春の七草

○　阪神・淡路大震災（1月17日）

　平成7年1月17日午前5時46分兵庫県南部を大地震が襲った。大地を突き上げるような激しい揺れ、時間が経つにつれ、6,434名もの尊い命が奪われたことを知ることとなった。

　当時、私もまだ燃え盛る建物を迂回しながら安否確認を行った。訪れた避難所では、多くの方々などがボランティアとして、物資の運搬や食料配布などを行い、余震が続く中、まさに不眠不休の活動が行われていた。被災地では、このようなボランティア活動の輪がいたるところで広がり、人と人とのつながりの大切さ、優しさ、他者を思いやる心、そして命の尊さなどを、震災を通して学ぶことができた。

　今日、1月17日という日を機会に、私たちは、震災の経験を風化させることなく、次代に語り継ぎながら、今後に備えていくことを誓うとともに、あらためて震災で犠牲となられた方々のご冥福を祈りたい。…（黙祷）

○　節分・豆まき（2月3日ごろ）

　本来は季節の変わり目の前日が節分だから、立春だけでなく、立夏、立秋、立冬の前日が節分である。現在は冬から秋への変わり目、立春の前日をさすようになった。旧暦では立春を正月元旦としていたので、その前日の大晦日に鬼遣が行われていた。その名残が豆まきである。近頃は豆の代わりに殻つきピーナツが使われることもある。回収しやすいからだろうか。柊（ヒイラギ）に鰯（イワシ）の頭を刺したものを玄関におく風習もあった。鬼がヒイラギの葉で刺され、イワシの臭いにおいで家に入らないからというわけだ。恵方巻（太巻）を食べる習慣は

近年から、その年の恵方を向いて、願い事をしながら無言で食べる。太巻きは鬼の金棒を表しているらしい。

○ 立春（2月4日ごろ）

節分は「季節を分ける日」。節分の日は冬の終わる日であり、明日からは春が立つ日になる。

立春は中国では春節といい、1年で最も重要な祝日である。春分から数えて88日目は八十八夜は新茶を摘むころ、210日目、220日目は、二百十日、二百二十日といって台風が多いころ、キャンディーズ（若い人はわからないだろうなぁ）の「春一番」（雪がとけて川になって　流れて行きます　つくしの子が恥ずかしげに　顔を出します　もうすぐ春ですねえ　〜♪♪）で歌われた「春一番」は立春以降に初めて吹く南からの強い風のこと。

○ 上巳の節供（桃の節供）、雛祭り（3月3日）

3月上旬の最初の巳の日に行われたので上巳の節供とよばれる、女子の節供といわれる。中国ではこの日に河で禊をして汚れをはらう習慣があったが、日本では人形に汚れを移して川に流す「流し雛」になった（右写真）。紙やわらでつくられた簡単なものであったが、江戸時代（元禄）には豪華な雛人形になり、いまにつながっている。

桃の花も咲くころで、桃は邪気を祓うといわれ、白酒に花びらを浮かべて飲む。また、菱餅が供えられるが一番上は桃の色、一番下はヨモギの緑色、真ん中は純白の白色になっている。

流し雛

○ 春分・彼岸の中日（3月21日ごろ）

二十四節気の1つ。この日は昼と夜の長さが同じになる。秋分の日も昼と夜の長さが同じになる。この日、太陽は真東から上り、真西に沈む。西方は極楽浄土の方角なので、牡丹餅（ぼたもち）をつくって墓参りをする。牡丹餅もお萩も実は同じもの。春に牡丹（ボタン）の花が咲くので牡丹餅、秋の彼岸は萩（ハギ）の花が咲くのでお萩という。「棚から牡丹餅」（思いがけない幸運の意）という言葉はあるが、棚からお萩という言葉はないような。なお、彼岸の中日の彼岸とは極楽浄土のことで、現世は此岸といい、春分の日の前後3日間と合わせて7日間が寺院などで彼岸会が行われる期間である。

牡丹餅

○ ツクシの話

　春になるとツクシが顔を出す。昔、祖母と川の土手でツクシを摘み、はかまをとって佃煮にして食べたものだ。今はなかなか手間がかかるのでそんな調理はしないようだ。ツクシはスギナの胞子体であるが、胞子は弾糸という紐状のものが付いていて湿度変化でくるくると胞子に巻きついたり、展開したりする。ツクシを白い紙の上に数時間放置すると、写真のように緑色の綿菓子状の胞子があふれだす。顕微鏡で見ながら息をそっと吹きかけると激しく動き回る。生徒や学生の驚きの実験の1つだ。

ツクシの胞子 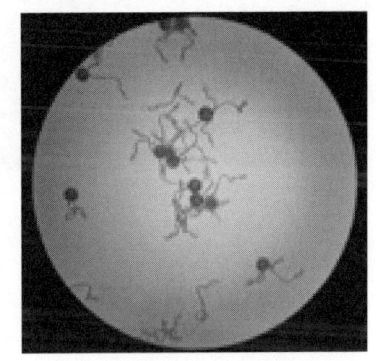　　　　　　　　ツクシの弾糸

○ 桜、桜餅、鶯餅

　3月末から4月にかけて、桜の季節。入学式での桜をバックに記念撮影もよくある。桜の塩漬けでつくる桜湯はお祝いの席で飲まれる。お茶では「お茶を濁す」というので、桜湯が好まれるようだ。かつて塩からい桜湯を飲んだことがある。たぶん、塩漬けを洗わないでお湯を注いだためだろう。

　関西では道明寺粉でこしあんを包み、オオシマザクラの葉を塩漬けしたもので包む。食べるときに葉も一緒に食べると、サクラの良い香りがする。あの香りの成分はクマリンという物質だ。生葉では匂わず、塩漬けにしたり、煮たり、焼いたりして葉を刺激すると、あの独特のよい香りがする。これを例えに、のほほんと生活していては、良い仕事はできない。逆境こそチャンスの到来だという話をする。また、桜餅の餡を作るときに、砂糖だけ加えるのではなく、僅かな塩をいれると甘味が増す。この一塩が良い塩梅になるのだというのも話のネタにできる。

桜餅

　鶯餅も桜餅の季節に和菓子屋に並ぶ。鶯色は淡い緑色をしている。緑色の大豆を挽いて鶯色

をつくる。梅に鶯（ウグイス）の絵柄に見られる鳥も確かにそんな色をしているが、実際のウグイスは茶色だ。どこで間違えたのか。たぶん梅に鶯の鳥はメジロだろう。メジロならきれいな鶯色だ。大豆を挽いた黄粉をまぶせば鶯餅となるのだが、それでは「おはぎ」になる。

メジロ 　　　　　　　　　　　　鶯餅

○　カスマグサ

　スズメノエンドウは左の写真の小さな淡紫色の花、カラスノエンドウは中央の大きい赤紫色の花。写真右は、カラスエンドウとスズメエンドウの中間的な花が咲くので、それぞれの最初の文字「カ」と「ス」の間の意味でカスマグサと名付けられた。実にいい加減な話であるが、このような命名はよくある話だ。

カラスノエンドウとスズメノエンドウ 　　　　カスマグサ（青紫色）

夏の話題

○　八十八夜（5月2日ごろ）

　立春から数えて88日めが八十八夜。「夏も近づく八十八夜〜♪　野にも山にも若葉が茂り　あれに見えるは茶摘みじゃないか〜♪」とうたわれる新茶の季節である。この頃は遅霜も心配もなく農作業が安心してできる。八十八は1つにまとめると「米」という字になり農業に大切な頃を意味している。

○ 端午の節供（菖蒲の節供、5月5日）

　3月3日の上巳の節供が女子の節供であるのに対して、男子の節供が端午の節供である。端午の節供は、田の神様に五穀豊穣を願う行事として行われていた。田植えの主役は女性で、早乙女が田植えの前に邪気を祓うために、香りが強い薬草の菖蒲や蓬で屋根を葺いた小屋で身を清めた。早乙女の「さ」や桜の「さ」は田の神や稲を表しているといわれている。つまり、端午の節供は女子の節供が始まりで、江戸時代になって菖蒲（ショウブ）が尚武と同音であることから、男子の節供になった（いまは、子どもの日）。幟は、元々は武士が戦場で使ったもので、鯉のぼりはその代用として庶民に広がった。鎧甲を飾るのもその頃からである。

　柏餅のカシワは新芽が出てから古い葉が落ちるので、代がつながるからであり、ちまきは、いまは笹の葉で包んでいるが元は茅で巻いていたので「茅巻き」という。茅は疫病を祓う葉と言われている。

○ 筍ごはん

　5月中旬から下旬は七十二候の「竹笋生ず（たけのこ　しょうず）」である。筍の旬は4月から5月にかけて、店頭にでるのは孟宗竹。竹かんむりに旬で筍と読むのは、旬は10日を示すので、10日もあれば大きくなり成長が速いことに由来する。この頃には食卓に筍ごはんがでてくる。大好物ではないが、味わい深い。この筍にはアミノ酸のチロシンが豊富に含まれているようだ。ゆでた後に白い粉のようなものが付いているが、それがチロシンの結晶化したものである。チロシンはドーパミン、ノルアドレナリン、アドレナリンという脳を活性化させる物質をつくるもとになるので、やる気がわいてくるということだ。5月は新しい学校、職場などでスタートしてからの緊張感がとぎれ、疲れがたまって五月病などのやる気がなくなる時期でもある。ちょうどよいタイミングで筍がでてくる。また、チロシンは甲状腺ホルモンのチロキシン（代謝の促進）の材料でもあり、チロキシンの合成には海藻に多いヨウ素が必要になる。若竹煮と

筍ごはんと若竹煮

いうのは筍とワカメが材料で、ワカメも春先に新芽が出て柔らかくて美味しい旬の食材である。この２つの食材が同じ頃に旬となるのは自然の妙といえるかもしれない。

○ 尾瀬

「夏が来れば思い出す　はるかな尾瀬　遠い空　～♪　水芭蕉の花が咲いてた　～♪」は『夏の思い出』の歌詞である。何回か尾瀬を訪れたが一番早いのは５月下旬。その頃の水芭蕉は見ごろだった。もう少し遅くなると、可憐な水芭蕉が、葉が1m近くになる巨大な水芭蕉に変身する。水芭蕉の花は白い苞の中にあるが、その苞が茶色になったのがザゼンソウである。この植物を見たのは兵庫県のハチ北高原、発熱して雪を融かして芽吹くそうだ。

○ 七夕の節供（笹の節供、７月７日）

七夕は棚機（たなばた）ともいい、織姫のこと。織姫と牛飼いの牽牛（けんぎゅう）が年に１回だけ会うことができるという星伝説は有名。東の空には、夏の大三角形がよく見える。こと座（織姫星）のベガ（織姫）とわし座（牽牛星）のアルタイル（彦星）の間は天の川で隔てられているが、その橋渡しをするのが鵲（カササギ）である。カササギにあたるのが白鳥座のデネブで、この３つの星を結ぶと夏の大三角形になる。

かつては、色とりどりの短冊に７つの願いを書いて笹の葉につるし、川に流すのは、お盆の前の禊（みそぎ）にあたる。１カ月遅れて旧暦の８月７日頃、東北では青森のねぶた祭り、仙台の七夕祭りが行われる。

○ 土用の丑（７月20日ごろ）

季節の終わりの18日間を土用という。今は夏の土用をさす。この時期に「う」のつくものを食べると夏バテしないといわれている。土用の丑の日といえば、ウナギの蒲焼きが頭に浮かぶが、これは平賀源内（江戸時代の発明家）が鰻屋のために発案したもの。うどん、牛、馬、梅干し、瓜など、それと土用餅、土用蜆（しじみ）などで、精のつくものを食べて暑い夏を乗り切る習慣である。

○ 大暑（７月23日ごろ）

大暑の真中は七十二候の「土潤うて溽暑し（つち　うるおうて　むしあつし）」。地球温暖化のためか、部屋の気温が体温を上回ることもある。ところで体温は何度まで上昇できるのか。限界は41℃、42℃になると体のタンパク質がゆで卵みたいに変性しはじめる。もちろん、41℃でも昏睡状態に陥る。病気で発熱して「火のように暑い」と言っても40℃ぐらい。

汗をかいた後、お風呂にはいるとさっぱりするが、お風呂の温度は40～43℃の間が普通。この温度は昏睡状態になったり、体のタンパク質が変性しはじめる温度である。ところが、サウナなら100℃の高温の中でも耐えることができる、なぜか。

これは、水と空気では熱の伝導率や比熱に違いがあるからだ。体のまわりは、対流層とよばれる体温に近い温度で覆われている。多少熱いお湯でもゆっくりと入り、じっとしておれば我慢できるのはこの対流層のおかげ。しかし、お湯の場合は43℃が限界。これ以上だと体は熱を吸収できず、対流層の温度も上がり、ゆであがってしまうが、空気の場合は、水に比べて2,800倍も熱を吸収できるので対流層の温度が上昇しない。つまり、人は気温100℃でも平気なのだ。この温度から比べると気温30～36℃なんて涼しいはず……。

秋の話題

○ 広島平和記念日（8月6日）、長崎原爆の日（8月9日）

　8月8日ごろは立秋、暦の上では秋だが、まだまだ夏の盛りである。

　1945年8月6日午前8時15分、広島に原爆が投下された。この日、各地で追悼式が行われ、広島の平和公園内では世界中から多く人々が参列している。1945年8月9日午前11時2分、長崎にも原爆が投下された。広島と長崎を合わせて40万人を超える人が原爆症で亡くなっている。2011年3月11日午後2時46分、東日本大震災で東京電力福島第一原子力発電所の事故。原子力の利用は国際的な課題である。

○ 重陽の節供（菊の節供、9月9日）

　五節供の1つ。1年の最後の節供であるが、他の節供ほど一般に知られていない。9月9日は、まだ暑い日が続くので1カ月遅れの10月9日ごろに行われる。この頃なら菊の花も咲き、各地で菊の品評会も開催されるが、重陽の節供の名残だろうと思われる。菊は中国から薬草として入ってきたもので、不老長寿の薬効があるといわれていた。そこで、菊を乾燥させて枕に入れたり、菊酒を飲んだりする習慣ができたようだ。

○ 秋分、彼岸の中日

　春分と同様に昼夜の長さが同じになり、この日から少しずつ冬至にかけて夜が長くなる。

　この日は、秋の彼岸の中日で、春の彼岸と同じようにあん餅のお萩をつくって、墓参りをする。「暑さ寒さも彼岸まで」といわれるが、暑さは和らぐが、「玄鳥去る（つばめ　さる）」のように寒い冬に向かうころでもある。この頃に、真っ赤な彼岸花が目につく（写真は白花のヒガンバナ）。ヒガンバナ（彼岸花）は、彼岸のころに咲くので、その名前がついた。ヒガンバナは全体が有毒だが、とくにリン茎の毒性が強い。毒素は水溶性なので、水にさらすと溶けだし、後には多くのデンプンが残るので非常食として植えられたという説や、畦をネズミやモグラに荒らされないように忌避剤として植えられたという説などがある。墓地に植えられているのも同じ理由のようだ。家の土塀や土壁にいっしょに埋め込まれたのもネズミなどの忌避剤として利用されたのだろう。

白いヒガンバナ

○ 中秋の名月、月見だんご

　初秋、仲秋、晩秋のうち、仲秋は白露（9月8日ごろ）から寒露（10月8日ごろ）にかけての期間をいい、この間の満月を「中秋の名月」「十五夜」という。芋、栗、柿などの秋の収穫物や月見だんごを供えるので、十五夜は「芋名月」、十三夜は「栗名月」ともよばれる。あわせてススキ（尾花）などの秋の七草も飾る。

　秋の七草は、「秋の野に　咲きたる花を　指折り　かき数ふれば　七種の花　萩の花　尾花

葛花　撫子の花　女郎花　また　藤袴　朝貌の花」『万葉集』、山上憶良がこの歌で選定し、現在に至っている。

冬の話題
○ 冬至（12月22日ごろ）
　冬至は冬の中間日。この日、北半球では太陽の高さが一年中で最も低くなり、そのため昼が一年中で一番短く、夜が長くなる。この日はカボチャを食べ、柚子湯に入って無病息災を祈る行事が各家庭で行われる。柚子湯は、肌がスベスベになる美肌効果があり、冷え性やリュウマチにも効き、体が温まってカゼをひかないともいわれている。これらの効能は、ユズに含まれている芳香成分ピネン、シトラール、リモネンによる。
　冬至の読みは「とうじ」、湯につかって病を治す「湯治（とうじ）」にかけ、ユズも「融通（ゆうずう）が利く」にかけている。5月5日に「菖蒲（しょうぶ）湯」に入るのも、「(我が子が)勝負強くなりますように」という願かけの意味もある。
　カボチャは、16世紀中頃ポルトガル船によってカンボジアからもたらされ、「カボチャ」の名は、このときの伝来先に由来している。カボチャは保存がきき、保存中の栄養素の損失が他の野菜にくらべて少ないため、冬至の時期の貴重な食べ物、βカロテン、ビタミンC、Eも多い。ところで、写真のカボチャはイタリア原産でトランペットに似ているので、パンプキン・トランペットという。

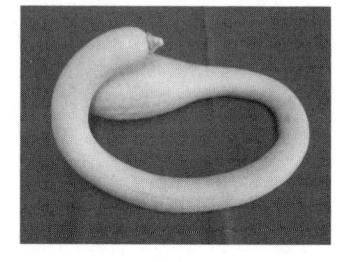

パンプキン・トランペット
(Di Albenga o Trombetta)

○ 大晦日（12月31日）
　晦日は三十日で月の最終日のこと。大晦日は1年の最後の晦日なので、大晦日。この日は年越し蕎麦を食べる。寿命が長く続くことを祈ってという説や毎月の晦日には蕎麦を食べていたのが、大晦日だけ残ったという説など、いろいろあるようだ。除夜の鐘は人間のもつ108つの煩悩を清めるために鐘をつくが、107声までは年内に、最後の108声は新年につくようだ。
○ 初詣
　狛犬は高麗犬のことで、朝鮮から伝わった。向かって右が口を開けた阿形（あぎょう）、左は口を閉じた吽形（うんぎょう）。阿は梵字の最初の韻、吽は最後の韻で、始めと終わりを表す（あうん）。マレーシアの寺でみたものは、雄と雌で、子どもを抱いているのが雌、お金を抱いているのが雄ということだった。
○ お年玉
　年神様（としがみさま）は、御歳神社の御祭神といわれている。元来、鏡餅は御歳神へのお供え物で、お下がりの餅には御歳神の玉（魂）がこめられており、これを「おとしだま」とよんでいた。元来は供えた餅をお年玉として子どもや使用人に与えていた。
　年神様の「トシ」とは、「稲や稲の実り」を意味する語。そして、稲の実りのサイクルを1年

とすることから、「トシ」は「年・歳」として1年を表す語になった。御歳神は稲の神様であるとともに、時の神様でもある。

季節の話題

1年を24回に区分した二十四節気（にじゅうしせっき）とさらに3つに分けた七十二候（しちじゅうにこう）は季節の話題を提供しながら、生物学の授業の中に季節感や自然への関心誘うのに便利である。

月	二十四節気	七十二候
4月 （卯月）	清明 （せいめい） 4月5日頃	玄鳥至る（つばめ きたる） 鴻雁北る（こうがん かえる） 虹はじめて見る（にじ はじめて あらわる）
	穀雨 （こくう） 4月20日頃	葭はじめて生ず（あし はじめて しょうず） 霜やみて苗出ずる（しもやみて なえいずる） 牡丹華く（ぼたん はなさく）
5月 （皐月）	立夏 （りっか） 5月6日頃	蛙はじめて鳴く（かわず はじめて なく） 蚯蚓出ずる（みみず いずる） 竹笋生ず（たけのこ しょうず）
	小満 （しょうまん） 5月21日頃	蚕起きて桑を食む（かいこ おきて くわをはむ） 紅花栄う（べにばな さかう） 麦秋至る（むぎのとき いたる）
6月 （水無月）	芒種 （ぼうしゅ） 6月6日頃	蟷螂生ず（かまきり しょうず） 腐草蛍となる（ふそう ほたるとなる） 梅子黄ばむ（うめのみ きばむ）
	夏至 （げし） 6月22日頃	乃草枯る（なつかれぐさ かるる）※1 菖蒲華く（あやめ はなさく） 半夏生ず（はんげ しょうず）
7月 （文月）	小暑 （しょうしょ） 7月8日頃	温風至る（あつかぜ いたる） 蓮はじめて開く（はす はじめて ひらく） 鷹乃技を習う（たか すなわち わざをならう）
	大暑 （たいしょ） 7月23日頃	桐はじめて結花（きり はじめて はなをむずぶ） 土潤うて溽暑し（つち うるおうて むしあつし） 大雨ときどき降る（おおあめ ときどき ふる）

月	二十四節気	七十二候
8月 (葉月)	立秋 (りっしゅう) 8月8日頃	涼風至る（すずかぜ　いたる） 寒蝉鳴く（ひぐらし　なく） 豪霧升降う（ふかききり　まとう）
	処暑 (しょしょ) 8月23日頃	綿のはなしべ開く（わたのはなしべひらく） 天地はじめて粛し（てんちはじめて　さむし） 禾乃登る（こくもの　すなわち　みのる）
9月 (長月)	白露 (はくろ) 9月8日頃	草露白し（くさのつゆ　しろし） 鶺鴒鳴く（せきれい　なく） 玄鳥去る（つばめ　さる）
	秋分 (しゅうぶん) 9月23日頃	雷乃声を収む（かみなり　すなわち　こえをおさむ） 蟄虫戸を閉ざす（むしかくれて　とをとざす） 水はじめて涸る（みず　はじめて　かるる）
10月 (神無月)	寒露 (かんろ) 10月9日頃	鴻雁来る（こうがん　きたる） 菊の花開く（きくのはな　ひらく） 蟋蟀戸にあり（きりぎりす　とにあり）
	霜降 (そうこう) 10月24日頃	霜はじめて降る（しも　はじめて　ふる） 小雨ときどき降る（こさめ　ときどき　ふる） 楓蔦黄ばむ（もみじ　つた　きばむ）
11月 (霜月)	立冬 (りっとう) 11月8日頃	山茶はじめて開く（つばき　はじめて　ひらく） 地はじめて凍る（ち　はじめて　こおる） 金盞花咲く（きんせんか　さく）※2
	小雪 (しょうせつ) 11月23日頃	虹かくれて見えず（にじ　かくれて　みえず） 朔風木の葉を払う（きたかぜ　このはを　はらう） 橘はじめて黄ばむ（たちばな　はじめて　きばむ）
12月 (師走)	大雪 (たいせつ) 12月8日頃	空寒く冬となる（そら　さむく　ふゆとなる） 熊穴にこもる（くま　あなに　こもる） 鮭魚群がる（さけのうお　むらがる）
	冬至 (とうじ) 12月22日頃	乃東生ず（なつかれぐさ　しょうず）※1 麋鹿角おつる（さわしか　つの　おつる） 雪下りて麦井出る（ゆきわたりて　むぎいずる）
1月 (睦月)	小寒 (しょうかん) 1月6日頃	芹乃栄う（せり　すなわち　さかう） 水温をふくむ（みず　あたたかを　ふくむ） 雉はじめて鳴く（きじ　はじめて　なく）
	大寒 (だいかん) 1月20日頃	ふきの華く（ふきの　はなさく） 水沢氷りつめる（さわみず　こおりつめる） 鶏はじめて鳥屋につく（にわとり　はじめて　とやにつく）

月	二十四節気	七十二候
2月 （如月）	立春 （りっしゅん） 2月4日頃	東風氷を解く（はるかぜ　こおりをとく） うぐいす鳴く（うぐいす　なく） 魚氷を出ずる（うお　こおりをいずる）
	雨水 （うすい） 2月19日頃	土脉潤い起こる（つちのしょう　うるおい　おこる） 霞はじめて棚引く（かすみ　はじめて　たなびく） 草木萌え出ずる（くさき　もえいずる）
3月 （弥生）	啓蟄 （けいちつ） 3月6日頃	蟄虫戸を啓く（すごもりむし　とをひらく） 桃はじめて咲く（もも　はじめて　さく） 菜虫蝶となる（なむし　ちょうとなる）
	春分 （しゅんぶん） 3月21日頃	雀はじめて巣くう（すずめ　はじめて　すくう） 桜はじめて開く（さくら　はじめて　ひらく） 雷乃声を発す（かみなり　すなわち　こえをはっす）

※1　乃草は、夏枯草（ウツボグサ）のこと
※2　金盞花は、水仙（スイセン）のこと

参 考 文 献

太田次郎他『図解フォーカス新版総合生物』啓林館　1998
D・サダヴァ他『大学生物学の教科書第1〜3巻』講談社　2010
和田　勝『基礎から学ぶ生物学・細胞生物学（第2版）』羊土社　2011
畠山智充・小田達也『はじめて学ぶ生命科学の基礎』化学同人　2011
栃内新・左巻健男他（中西敏昭）『新しい高校生物の教科書』講談社　2006
NHK「人体」プロジェクト『遺伝子DNA』NHK出版　1999
武村政春『生命のセントラルドグマ』講談社　2007
武村政春『文化系のためのDNA入門』筑摩書房　2008
ニュートンプレス『Newton　2011年11月号　DNA』教育社　2011
藤本淳他『ビジュアル解剖生理学』ヌーヴェルヒロカワ　2007
蒲原聖可『肥満遺伝子』講談社　1998
NHK取材班『生命を守る　免疫』NHK出版　1989
石浦章一『生命のしくみ』日本実業出版社　1993
安保　徹『絵でわかる免疫』講談社　2001
岸本忠三・中嶋　彰『現代免疫物語』講談社　2007
安保　徹『こうすれば病気は治る』新潮社　2009
岡田晴恵『H5N1型ウィルス襲来』角川SSC新書　2007
丸山工作『生体物質とエネルギー』岩波書店　1992
スコット F. ギルバート『発生生物学』トッパン　1991
岡田節人『からだの設計図』岩波書店　1994
伊藤正男・桑原武夫『最新　脳の科学Ⅰ』同文書院　1988
NHK取材班『脳と心─心が生まれた惑星（進化）─』NHK出版　1993
ニュートンプレス『Newton　2002年11月号　心と脳の世界』教育社　2002
生田　哲『食べ物を変えれば脳が変わる』PHP研究所　2008
後藤和宏『よくわかる「脳」の基本としくみ』秀和システム　2009
中原英臣・佐川　峻『利己的遺伝子とは何か』講談社　1991
木村資生『生物進化を考える』岩波書店　1988
ニュートンプレス『Newton　2007年5月号　進化のビッグバン』教育社　2007
ニックレーン『生命の跳躍』みすず書房　2010
中西敏昭・坂口正樹『環境・ぼくたち・未来』保育社　2002
左巻健男他（中西敏昭）『地球環境の教科書10講』東京書籍　2005
井田徹治『生物多様性とは何か』岩波書店　2010

索　引

◆アルファベット
ABCモデル　206
ATP　5, 26, 156
ATP合成酵素（ATPシンターゼ）　159
B細胞　117, 119
DNA　5, 22, 30, 75
DNAポリメラーゼ　36, 47
ES細胞　75
FAD　143, 158
HLA　121
IgE抗体　130
iPS細胞　76
MHC　74, 120, 121
mRNA　48
NAD$^+$　143, 152, 158, 228
NADP$^+$　143, 174, 228
NK細胞　117, 119
PCR法　66
PTSD　223
RNA　22
RNAポリメラーゼ　51
RNAワールド　25
rRNA　53
S-S結合　21
T細胞　117
TCA回路　157
tRNA　49, 54
T管　246
Z機構　174
αらせん構造　21
β酸化　166
βシート構造　21

◆ア行
アクチン　243
アシドーシス　82
アセチルCoA（活性酢酸）　157, 228
アセチルコリン　109, 210

アデノシン三リン酸　5, 26
アドレナリン　109, 111
アナフィラキシーショック　129
アポトーシス　120, 197
アミノ酸　18
アルカローシス　82
アルコール発酵　152
アレルギー　129
アレルゲン　129
アロステリック酵素　147
暗順応　234
アンチコドン　49
アンチセンス鎖　50
暗反応　175
異化　139
一遺伝子一酵素説　58, 59
一遺伝子一ポリペプチド説　58
遺伝子　22, 30
遺伝子型　182
遺伝子組換え　69
遺伝子重複　267
遺伝子治療　77
遺伝的浮動　271
インスリン　100, 110
インターロイキン　124
インドール酢酸（IAA）　259
イントロン　52
インフルエンザ　134
うずまき管　237, 238
エイズ（AIDS）　131
エキソン　52
エコロジー　275
エディアカラ動物群　264
黄斑　232
横紋筋　241
オーガナイザー　194
オーキシン　259
オーダーメイド医療　77

オペロン説　59
温室効果　280

◆カ行
解糖系　152, 155
海馬　222
灰白質　221
外分泌腺　99
獲得免疫　118, 122
下垂体　101
カタラーゼ　142, 148
割球　188
活性化エネルギー　141
活性部位　144
活動電位　212
活動電流　212
花粉症　129
可変部　123
顆粒球　117
カルビン・ベンソン回路　175
がん（癌）　62, 136
がん遺伝子　62
環境問題　275
幹細胞　75
肝臓　91
桿体細胞　232
陥入　190
間脳　220
カンブリア爆発　264
肝門脈　91
がん抑制遺伝子　62
記憶細胞　124
基質　141
基質特異性　144
逆転写酵素　132
凝集反応　126
胸腺　120
極体　185
キラーT細胞　119
筋原繊維　244

筋小胞体　246
筋繊維　244
クエン酸回路　157
組換え　180
組換え価　181
グラナ　170
グリア細胞　117, 219
クリアランス　95
クリステ　157
グルカゴン　100, 111
グルタミン酸　177, 210, 227
クレアチンリン酸　243
クローン動物　73
クロマチン　44
クロロフィル　169
形質細胞　124
形質転換　32
形成体　194
血液　81
血液凝固　87
血しょう　81
血小板　81
血清　88
血糖値　110
血ぺい　87
ゲノム　30
原核細胞　11
原基分布図　195
原口背唇　194
減数分裂　44, 180, 185
原腸胚　190
検定交雑　183
原尿　94
高エネルギーリン酸結合　26
光化学系　173
光学異性体　19
交感神経　108
抗原　118
抗原抗体反応　124, 126, 129
光合成　169

索引　307

鉱質コルチコイド　93
恒常性　80
甲状腺ホルモン（チロキシン）　103
酵素　140
酵素基質複合体　144
抗体　122
抗体産生細胞　124
好中球　117
興奮　212
呼吸商　164
コドン　49
コルチ器　238

◆サ行
再生　74
最適pH　144
最適温度　144
サイトカイン　119, 122, 124
細尿管　93
細胞骨格　15
細胞周期　43
細胞小器官　12
細胞性免疫　124
細胞説　8
細胞融合　72
サルコメア（筋節）　245
サンガー法　68
酸性雨　282
酸素解離曲線　82
酸素ヘモグロビン　82
シアノバクテリア　11, 267
視覚　231
自家受精　182
糸球体　93
軸索　210
始原生殖細胞　185
視交叉　235
視床下部　101, 222
耳小骨　237
自然選択説　264, 270

自然免疫　118
シナプス　210
シナプス小胞　215
集合管　94
重複受精　201
樹状細胞　119
樹状突起　210
受精　179
シュワン細胞　210
硝化　177
食作用　117
植物極　188
植物ホルモン　259
食物網　276, 286
食物連鎖　275, 286
自律神経系　108
真核細胞　11
神経管　194, 219
神経系　80, 107
神経鞘　210
神経終末　215
神経繊維（神経線維）　210
神経伝達物質　210, 216
神経胚　190
人工多能性幹細胞　76
腎小体　93
心臓　85
腎臓　92
腎単位　93
新皮質　221
髄鞘　210
すい臓　99, 100
錐体細胞　232
ストロマ　170
スプライシング　51, 52
刷込み（インプリンティング）　256
制限酵素　69
精原細胞　185
静止電位　211
性周期　104

生殖細胞　179
性染色体　183
生存競争　271
生態系　274
生態系サービス　283
生物多様性　283
精母細胞　185
脊髄　220
赤血球　81
接合　179
全か無かの法則　214
染色体　22, 31, 44
染色体地図　182
センス鎖　50
前庭　239
セントラルドグマ　48
相同染色体　23, 44

◆タ行

体液性免疫　124
対合　180
体細胞分裂　44, 185
代謝　139
大脳基底核　221
大脳髄質　221
大脳半球　220
大脳皮質　221
大脳辺縁系　221
太陽コンパス　251
対立形質　182
脱水素酵素（デヒドロゲナーゼ）　142
単収縮（れん縮）　242
タンパク質　5, 18, 20, 56
地球温暖化　279
窒素同化　176
チミンダイマー　64
中立説　271
聴覚　237
調節性T細胞　119
跳躍伝導　214

チン小帯　234
適応免疫　118
適刺激　231
適者生存　271
テロメア　43, 46
転移RNA　49, 54
電子伝達系　158
転写　48, 50
伝達　210, 215
伝導　210, 211
伝令RNA　48
同化　139
糖質コルチコイド　110, 223
糖新生　112, 167
糖尿病　114
動物極　188
トランスジェニック動物　71
トランスポゾン　266
トリプレット　48
トロンビン　88

◆ナ行

内部環境　80
内分泌系　81, 110
内分泌腺　99
ナトリウムポンプ　210
慣れ　252
二価染色体　45, 180
二次応答　124
二重らせん構造　23, 31
乳酸発酵　153
ニューロン（神経細胞）　209, 210
尿細管　93
ヌードマウス　121
ヌクレオチド　22
ネフロン　93
脳下垂体　101
脳幹　220
脳死　220
能動輸送　13, 210

索引　*309*

乗換え　180
ノルアドレナリン　109, 210
ノンレム睡眠　226

◆ハ行

バージェス動物群　265
ハーディ・ワインベルグの法則　272
配偶子　179
胚性幹細胞　75
胚のう　201
白質　221
バソプレシン　93
白血球　81, 117, 127
発酵　152
原核細胞　11
半規管　238
伴性遺伝　183
パンデミック　134
半保存的複製　34, 36
ビコイド遺伝子　192
ヒスタミン　130
ヒストン　22, 44, 75
ビタミン　228
肥満細胞　130
標的器官　99
ピルビン酸　153
フィードバック　103
フィードバック阻害　103, 147, 160
フィトクロム　259
フィブリン　88
フェロモン　250
副交感神経　108
複製フォーク　37
プライマー　47
プラスミド　69
プロセッシング　51
プロトプラスト　72
プロモーター　51
フロリゲン　259
分離の法則　183

平滑筋　241
ベクター　69
ペプチド結合　19
ヘルパーT細胞　119
扁桃体　222
胞胚　189
ボーマンのう　93
補酵素　142
ホメオスタシス　80
ホメオティック遺伝子　61
ホメオドメイン　61
ホメオボックス　61
ポルフィリン構造　142, 170
ホルモン　99
翻訳　48, 53

◆マ行

マクサム・ギルバート法　67
マクロファージ　117
マスト細胞　130
マトリックス　157
ミオシン　243
ミカエリス定数　145
ミトコンドリア　13, 157
無性生殖　179
明順応　234
明反応　173
免疫　117
免疫寛容　125
免疫記憶　125
免疫グロブリン　122, 123
毛細血管　85, 93
盲斑　232
毛様体　234

◆ヤ行

有性生殖　179
誘導　194
葉緑体　14, 170

◆ラ行

ライオニゼーション 184
ラギング鎖 37
卵割 188
ランゲルハンス島 100
卵原細胞 185
ランビエ絞輪 210, 214
卵母細胞 185
リーディング鎖 37
リガーゼ 69
利己的遺伝子 254
リプレッサー 60

リボザイム 25
リボソーム 53, 54
リボソームRNA 53
リンパ球 117
レトロウイルス 76, 132
レプチン 113, 225
レム睡眠 225
連鎖 180
ロドプシン 232

◆ワ行

ワクチン 134

■著者紹介

中西　敏昭　（なかにし　としあき）

　1949 年　兵庫県生まれ
　1972 年　神戸大学理学部卒業
　1974 年　神戸大学大学院理学研究科修士課程修了
　　　　　兵庫県立高等学校教諭・教頭・校長を経て
　現　在　甲子園大学総合教育研究機構特務教授
　専　門　環境教育、理科教育（希少生物の GIS 調査）
　著書
　　『環境・ぼくたち・未来』（共著）保育社　2002 年
　　『地球環境の教科書 10 講』（共著）東京書籍　2005 年
　　『新しい高校生物の教科書』（共著）講談社　2006 年　など

■イラスト

　野村真美・森本美幸・中西祐輔・中西可那子

みんなの生物学

2012 年 6 月 30 日　初版第 1 刷発行

■著　者────中西敏昭
■発 行 者────佐藤　守
■発 行 所────株式会社 大学教育出版
　　　　　　〒700-0953　岡山市南区西市 855-4
　　　　　　電話 (086) 244-1268　FAX (086) 246-0294
■印刷製本────モリモト印刷㈱

© Toshiaki Nakanishi 2012, Printed in Japan
検印省略　落丁・乱丁本はお取り替えいたします。
本書のコピー・スキャン・デジタル化等の無断複製は著作権法上での例外を除き禁じられています。本書を代行業者等の第三者に依頼してスキャンやデジタル化することは、たとえ個人や家庭内での利用でも著作権法違反です。
ISBN978-4-86429-149-1